L'odeur
et la fragrance

Gilles Sicard

L'odeur et la fragrance

Quarante ans de recherches sur l'olfaction et les odeurs
soutenues par la Fondation Edmond Roudnitska

Préface de Michel Roudnitska

LE SCRIBE L'Harmattan

5-7, rue de l'École-Polytechnique – 75005 Paris

www.editions-harmattan.fr

ISBN : 978-2-343-19987-0
EAN : 9782343199870

Sommaire

Préface

Tout au long de sa vie mon père s'est battu pour que la parfumerie soit reconnue comme un art au même titre que la peinture ou la musique. Ce combat s'est heurté à beaucoup d'incompréhension, tant les stéréotypes étaient ancrés dans les inconscients.
Le parfum était synonyme de séduction et de frivolité, conditionné par le désir de plaire et très lié aux impératifs commerciaux des grandes marques de luxe.
Longtemps les compositeurs de parfum sont restés dans l'ombre des créateurs de mode qui s'attribuaient la paternité de leur création. Il a fallu attendre l'an 2000 pour que Frédéric Malle rende enfin à César ce qui était à César, en faisant figurer sur ses flacons de parfum le nom de leur compositeur et en mettant l'accent plus sur la qualité du contenu odorant que sur le contenant.
A ce handicap s'ajoutait la dévalorisation du sens de l'odorat, notamment dans la tradition judéo-chrétienne qui pouvait même aller jusqu'à parler de « péché d'odeur », tant l'odorat était rattaché à une sexualité coupable.
L'absence d'éducation olfactive à l'école et à l'université n'a pas favorisé l'émergence dans le public d'une capacité à discerner les odeurs et à évaluer les qualités d'une composition. Jusqu'à l'apparition, très récente dans l'histoire de la parfumerie, des blogs et des sites web consacrés aux fragrances, la notion de critique d'art olfactif n'existait pas, au sens où nous la connaissons dans le domaine littéraire ou cinématographique. Il n'est donc pas étonnant que devant cette impuissance à défendre une parfumerie artistique, mon père ait cherché des moyens scientifiques et pédagogiques pour étayer sa démonstration et faciliter la compréhension des mécanismes en jeu dans la perception des odeurs. C'est dans ce but qu'il a décidé en 1978 de créer une Fondation susceptible de financer des recherches sur l'odorat sous les deux angles de la chimie et de la neurophysiologie, aidées également par l'outil informatique alors naissant. Il espérait ainsi, en dénouant les mystères de la reconnaissance des « formes

olfactives[1] » par le cerveau, parvenir à comprendre comment les matières premières se conjuguent dans une composition et comment il serait possible de prévoir la perception sensorielle de cette composition en établissant une relation entre la structure chimique d'une molécule et son odeur. Mais son principal objectif était aussi de pouvoir défendre les créations originales en parfumerie en établissant de façon objective le degré de proximité entre deux compositions similaires. Cela aurait permis d'assurer au parfum une reconnaissance comme œuvre de l'esprit et de bénéficier ainsi de la propriété artistique au sens de la loi du 11 mars 1956.
Malheureusement 40 ans après, ce dernier objectif, peut-être utopique, n'a pas été atteint, mais en revanche des progrès considérables ont été effectués dans les domaines chimiques, physiologiques, biologiques et psychologiques, grâce à une quarantaine de bourses de formation universitaire attribuées durant cette période.
Cependant ce combat n'a pas été vain puisqu'en novembre 2018 l'UNESCO a implicitement reconnu « l'Art de la composition des parfums » comme « Patrimoine Immatériel de l'Humanité » dans le cadre de l'acceptation de la candidature Grassoise à ce statut. Les écrits d'Edmond Roudnitska ayant également joué un grand rôle dans cette reconnaissance.
Après mon père, ma mère et mon frère, j'ai moi-même repris la direction de cette fondation afin de poursuivre les objectifs fixés à sa création, tout en les élargissant aux domaines psychologiques et médicaux. A raison d'une ou deux réunions par an, le comité scientifique décide, sur présentation de dossiers, des bourses à attribuer, en fonction du sérieux des projets et de leur pertinence dans le contexte sociétal et environnemental.
Je tiens à rendre particulièrement hommage aux premiers chercheurs à s'être engagés dans cette aventure pionnière car à l'époque les recherches sur l'odorat étaient encore très rares en France. Conseillé par les docteurs Jacques Sauvan et Bernard Weber, mon père va confier aux professeurs Andrey Holley et Maurice Chastrette le soin de piloter les premiers projets de recherche. En 2002, ma mère alors Présidente de la Fondation, appelle Gilles Sicard à siéger au conseil scientifique de la fondation. Plus tard deux femmes chercheuses

[1] Le concept est défini par Edmond Roudnitska dans plusieurs écrits, dont un article intitulé sans ambiguïté « Formes olfactives » (Roudnitska, 1991b).

rejoindront l'équipe : Catherine Rouby en 2003 puis Anne-Marie Mouly en 2008.
Lorsque je reprends la direction de la Fondation en 2007, je confie à Gilles Sicard, premier lauréat de la Fondation, la direction du comité scientifique afin de m'aider dans cette tâche assez complexe pour le non-scientifique que j'étais. C'est avec toute ma confiance qu'il a accompli brillamment cette fonction jusqu'à présent. Aussi il m'a semblé naturel à la veille du 40ème anniversaire de la Fondation, de lui confier également la rédaction du présent ouvrage, celui-ci ayant déjà été suggéré par le docteur Bernard Weber, décédé en 2013. Ce fut un travail de synthèse de longue haleine, nécessitant une approche multidisciplinaire embrassant en final un univers bien plus vaste que prévu. Je crois que mes parents auraient été vraiment comblés par la qualité de ce bilan et des ouvertures qu'il permet pour les générations suivantes.
C'est donc avec une profonde gratitude que je salue le travail de Gilles Sicard en espérant que cet ouvrage stimule d'autres chercheurs à poursuivre la voie tracée par mon père.

Michel Roudnitska, mai 2019
Président de la Fondateur Edmond Roudnitska

Préambule

Attention ! « Odeur », cela mérite un commentaire préalable : « Odeur » est un terme polysémique. Il désigne dans le langage courant le support de l'odeur, sa nature moléculaire, ou l'odeur elle-même qui est, de fait, une perception[2], c'est-à-dire une création du cerveau fondée sur des signaux chimiques de l'environnement. Dans bien des cas, les deux acceptions peuvent se superposer ou s'entrecroiser. Apparaît alors le risque de dénaturer le sens du discours. Cette dualité résonne, ou devrait toujours résonner, comme telle dans l'esprit des chimistes et des neurophysiologistes, et éveiller leur grande prudence lors de son usage. Après plusieurs dizaines d'années de discours et d'enseignement, je me suis rendu compte que ma propre vigilance peut faillir : Dans cet ouvrage aussi, je serai probablement pris en flagrant délit. On compte sur le contexte, en fait sur votre sagacité[3], pour lever les incertitudes…
Avec la « fragrance », l'ambiguïté disparait : On parle alors de la trace que les parfumeurs pensent pour nous, la trace perceptive de l'« odeur », un signal olfactif.

Bien sûr, le lecteur trouvera dans ces lignes un hommage au fondateur de la Fondation Edmond Roudnitska, artiste créateur de parfums et visionnaire. Cependant notre objectif était surtout de faire connaître l'existence et l'activité de sa fondation qui, depuis quarante ans, se consacre à la définition d'une sensorialité encore méconnue, l'olfaction, et du sens des produits qu'en livre sa maitrise, l'odeur… ou le parfum.
L'idée de cet ouvrage nous été soufflée par Bernard Weber, qui a siégé au Conseil Scientifique de la Fondation Roundniska depuis ses

---

[2] **Un verbe déchu permet de s'en rendre compte : « odorer ».** Aujourd'hui, on dit « le muguet sent le muguet », mais on pourrait dire « le muguet odore son message frais et suave ». J'utiliserai donc ce verbe, moins anonyme que « sentir », lui aussi transitif et intransitif.

[3] Savez-vous qu'en latin, *sagacitas,* désignait la finesse de l'odorat (du chien, entre autres) ?

origines. Bernard nous a quittés à l'automne 2013. Sa pertinence et sa délicatesse nous manquent… Et c'est grâce à l'actuel Président de la Fondation, Michel Roudnitska, que nous avons décidé de donner corps à son projet.
Nous aurions pu nous contenter de faire un rappel historique de la naissance et de la vie de la Fondation. En faisant ce bilan, nous avons pris conscience qu'il s'agissait en fait d'une œuvre, une œuvre scientifique qu'on peut ajouter à l'adresse d'Edmond Roudnitska.
En répondant, il y a quelques mois, à une question à brûle-pourpoint :
— « Qu'est-ce la Fondation apporte aux étudiants qu'elle soutient ? »
— « Elle change leur vie ! », ai-je affirmé.
Je reconnaissais simplement que la Fondation Roudnitska avait d'abord changé la mienne… et celle d'une quarantaine de jeunes scientifiques attirés dans un champ en friche où l'on cultivait et cultive encore des notions relatives à l'odeur.
Produire ce bilan, cela voulait forcément dire rendre intelligibles les avancées scientifiques que la fondation a encouragées. Pour la plupart d'entre nous, les moyens de la fondation sont certainement sophistiqués puisqu'ils engagent des travaux de pointe dans les champs de la neurophysiologie et de la chimie. Au demeurant, la fondation ne s'est pas privée d'une liberté exceptionnelle, celle de soutenir quelques thèmes de recherche assez ouverts, c'est-à-dire ceux qu'il aurait probablement été difficile de faire soutenir par les financeurs institutionnels de la recherche. Il y a une contrepartie pratique à cette élévation scientifique que nous devons, ici, subir : Lire et comprendre ce bilan nécessite d'acquérir une certaine technicité. Pour la cohérence de l'ouvrage nous avons donc dû insérer une partie scientifique, un rappel probablement (?) succinct pour quelques spécialistes, mais des notions nouvelles et probablement peu amènes pour la plupart des lecteurs. Nous espérons que, malgré ces difficultés, en délivrant une forme d'enseignement, nous réussirons à magnifier l'œuvre de la Fondation… Et puis, après ce bain initiatique, vous vivrez peut-être plus pleinement un sens trop effacé : Nous nous réjouirions vraiment si vous envisagiez alors avec plus d'acuité la grandeur de votre odorat.

Première partie

La fondation Edmond Roudnitska

« (...) *l'essentiel est invisible pour les yeux.* »

Antoine de Saint–Exupéry

Une mission : Comprendre l'« odeur »

Fondée en 1978 par Edmond Roudnitska, créateur de fragrances ou artiste parfumeur, la Fondation n'a pas cessé depuis cette date de soutenir la recherche en biologie de l'olfaction et la recherche sur les relations entre la structure des molécules odorantes et l'odeur. La fondation a muri, ses fonds ont été étoffés, et elle a pris rapidement une vitesse de croisière. La première thèse subventionnée par la fondation a été soutenue en novembre 1980. En 2019, la Fondation est toujours active, bien portante : En 2017, elle soutient trois thèses simultanément. Nous produisons ici un bilan de son activité scientifique et avec l'édition du présent ouvrage nous célébrerons 40 ans de recherches sur l'odorat et les odeurs accomplies avec la bienveillance de la Fondation.

Les objectifs de la Fondation ont été précisés dans ses statuts :

« (...) *Objet : La Fondation soutient des recherches sur le sens olfactif : mécanismes de la reconnaissance des formes, du codage et de l'esthétique dans le domaine des odeurs et des parfums ; étude de la relation entre la structure chimique et l'odeur.* »

C'est ce qui inspire donc les appels à candidatures, mais le libellé des appels est modulé selon les années. Voici, ci-dessous, deux extraits de ces appels émis par la Fondation en 2003 et 2015, qui illustrent les évolutions de l'intérêt de la Fondation :

L'appel à candidature 2003 stipule :

La Fondation soutient des recherches dont l'objectif général a été formulé comme suit par Monsieur Edmond Roudnitska :

« Toutes les recherches qui sont visées doivent concourir à :
1– permettre au compositeur de parfums de mieux comprendre ce qui se passe lorsqu'il conjugue ses matériaux,
2– faciliter la tâche des organiciens qui approvisionnent ce compositeur,
3– assurer l'application aux compositions originales en parfumerie de la loi du 11 mars 1957 sur la propriété artistique. »
Le présent appel d'offres vise donc des recherches :
– sur les mécanismes de la reconnaissance des formes, du codage et de l'esthétique dans le domaine des odeurs et des parfums. Une attention particulière sera portée à l'étude des mécanismes de la perception des mélanges ;
– sur la relation entre la structure chimique et l'odeur. L'approche suivant les méthodes de la biologie moléculaire est retenue à côté des méthodes plus classiques ;
– permettant de faciliter la comparaison de la qualité olfactive de mélanges odorants dans le but d'aider la reconnaissance de la propriété artistique en matière de création de parfums. A titre préliminaire, on suggère l'étude de l'influence de constituants infraliminaires sur la qualité perçue d'un mélange.
La Fondation Edmond Roudnitska peut également apporter son soutien à des études permettant de mettre en évidence expérimentalement et de mieux comprendre les effets cognitifs et émotionnels des odeurs sur le psychisme et le comportement humain.
En 2015, une nouvelle orientation est proposée, compte tenu de l'évolution du contexte scientifique, l'intérêt de la fondation s'est précisé :
Le nouvel appel à projets vise donc :
– Les recherches sur les récepteurs olfactifs, avec un intérêt affirmé pour les représentations des mélanges odorants.
– Les recherches qui explorent et qualifient les effets des odeurs sur l'organisme qui les perçoit. Olfaction et Santé est un axe à soutenir.
– Le modèle de système olfactif actuel provient de données recueillies chez les rougeurs, rat et souris. La fondation est attentive aux particularités de l'encodage des stimulus odorants chez l'homme.
– S'adaptant aux évolutions du contexte scientifique, la Fondation Edmond Roudnitska s'intéressera plus particulièrement aux effets psychologiques et physiologiques des odeurs et à des aspects intégratifs (par exemple : Odeurs stimulantes ou apaisantes, influences sympathiques / parasympathiques du stimulus olfactif,

rêves et odeurs nocturnes, relations avec les autres sens, synesthésie, influences de substances psychoactives sur l'odorat, hallucinations olfactives ...)
– Dans ce contexte, elle affirme aussi son intérêt pour des recherches se développant dans les cadres médicaux ou cliniques (aromachologie, récupérations fonctionnelles du système olfactif, valeur diagnostique de l'exploration fonctionnelle du système olfactif, récepteurs olfactifs ectopiques).
Cette fondation qui s'inscrit donc dans le domaine des sciences et techniques, a été créée par un fondateur privé. Elle distribue des bourses de formation (thèses ou aides post-doctorales) à de jeunes chercheurs répondant à des appels à candidatures ciblés, des aides ponctuelles personnalisées, ou octroie, plus exceptionnellement aujourd'hui qu'au début de son fonctionnement, des crédits de fonctionnement aux laboratoires de recherche impliqués. Elle a soutenu un Colloque international, le Symposium Européen Olfaction et Cognition, organisé à Lyon en hommage à Edmond Roudnitska en 1999, réunion qui a donné lieu à la publication d'une compilation d'articles, « Olfaction, Taste and Cognition » (Rouby et al., 2002).
Depuis ses origines, elle est logée et administrée par la Fondation de France[4]. Pour comprendre l'origine de la Fondation, il est important de savoir qu'Edmond Roudnitska, célèbre créateur de parfums, était contrarié par l'absence de reconnaissance de l'art de la création de parfum et sa conséquence aberrante, l'absence de moyen de défense, de protection juridique des créations aromatiques. Pour asseoir cette défense, il pensa alors que des arguments scientifiques aideraient à convaincre, un jour, le législateur que l'art du parfumeur existe bien, que le créateur de parfum fait bien une œuvre d'esprit, que sa création est une œuvre originale et, comme telle, est défendable. Nous proposons ci-après un état de la situation juridique en 2015, en signalant de récentes évolutions réglementaires qui retentissent sur les parfums.

---

[4] Fondation de France, 40, avenue Hoche, Paris, 75008. Nous devons remercier nos correspondants bienveillants à la Fondation de France, Estelle Lauvergne, Frédéric Bérard, et Marie Frédérique Legras et plus récemment, Charlotte VonThienen–Bardinet. Ils ont toujours répondu avec compétence et grâce à toutes nos demandes, en particulier à celles qui contribuent à la rigueur de cet ouvrage, en nous donnant accès à des informations qu'eux seuls stockent, contrôlent et ... retrouvent !

La décision de former cette fondation, en rassemblant des compétences classiques de la neurophysiologie[5] et de la chimie, en prenant soin d'y ajouter des méthodes plus innovantes de la modélisation doit sans doute beaucoup aux relations qu'entretenaient Edmond Roudnitska avec Jacques Sauvan[6], médecin français et bio cybernéticien de renom. Rappelons que la cybernétique[7], science des systèmes, reconnu par Ampère au XIXe siècle (il la classe dans les sciences « noologiques », sciences de la pensée et de la société – Ampère, 1838), formalisée par un médecin roumain dès la fin des années 1930 (Odobleja, 1938), s'est cristallisée au tournant des années 50, après la deuxième guerre mondiale, dans un ouvrage de Norber Wiener (*Cybernetics or Control and Communication in the Animal and the Machine,* 1948). Cette

---

[5] A l'époque du projet, Edmond Roudnitska discuta aussi du système olfactif avec Patrick Mac Leod, chercheur en physiologie de l'Olfaction au Collège de France.

[6] Jacques Sauvan, médecin et cybernéticien, a été parmi les précurseurs de la modélisation informatisée de l'intelligence humaine. Visionnaire, il a fait partie du « Groupe des Dix » réunion d'intellectuels privée, rassemblant des compétences variées. Sa carrière s'est déroulée dans une société industrielle (SNECMA) assez projective pour subventionner de telles avancées conceptuelles et … opérationnelles. Il a, entre autres, créé des machines d'ordonnancement de tâches (gestion de la production d'objets en ateliers), ou gestion de déplacements en réseaux (trains). Il a surtout proposé des algorithmes cérébro-mimétiques. Il prônait en particulier de construire des machines « *autonomes* » traitant l'information sans programmation, donc capables d'apprentissage. Il a laissé assez peu d'écrits théoriques (« Machines, intelligence, connaissance, conscience et liberté ». In *Progress in Cybernetics Vol 2.* N. Wiener, J.P. Schadé (eds). Elsevier, Amsterdam, 1965, p157–85) dont divers articles dans la revue *Agressologie*, 1962–1966, mais a fait enregistrer quelques brevets décrivant des modèles de mémoires associatives (*Active memory*, US 3651495 A, 1969. *Pattern recognition, and particularly determination of homomorphy between vector systems forming interrelated structures*, US 3629849 A, 1971).

[7] Cette science de l'information naissante inspira, en France, Louis Couffignal (*Les machines à penser,* Éditions de Minuit, Paris, 1952) et Henri Laborit (*La nouvelle grille*, Robert Laffond, Paris, 1974). A l'aube des sciences de la cognition, elle est, par essence, une science trans-disciplinaire. Elle tissa des liens entre science et politique, porteuse d'inspirations variées (sciences informatiques, philosophie, neurobiologie, biochimie, éthologie, archéologie, politique, médecine, sociologie, sciences économiques), contribuant en particulier à l'émergence d'une approche résolument multidisciplinaire de la neurophysiologie. A la faveur du révisionnisme soviétique, la cybernétique a rencontré une adhésion particulière des chercheurs roumains, N. Teodorescu, mathématicien, S.M. Milcu, endocrinologue, C. Balaceanu, neurologue. Voir, par exemple : Balaceanu C., Nicolae E.D.M. *Les fondements cybernétiques de l'activité nerveuse.* L'Expansion scientifique française. (Monographie du Collège de médecine des Hôpitaux de Paris, 1971).

science manipule des systèmes dynamiques décrits en termes de réseaux, de niveaux reliés par des boucles d'actions et de rétroactions. Dynamo, un langage de programmation, y puise son inspiration et a été utilisé par le Club de Rome au cours des années 70 pour réaliser ses projections économiques ou écologiques (*The limits of the growth*, Meadows et al., 1972).
La transdisciplinarité typique de la pensée cybernétique va s'appliquer ici, naturellement… à cause de la définition même de l'odeur. On comprend facilement le rapprochement des disciplines traditionnelles, neuro-physiologie et chimie, autour de la thématique « odeur ». L'adjonction des outils d'analyse numérique et de modélisation (analyses factorielles, algorithmes de classification automatique, réseaux de neurones formels) (voir note 93, ibid.) compétences cultivées par les deux équipes de recherches initialement élues pour travailler avec la Fondation Edmond Roudnitska, fait entrer ce projet dans la modernité de l'approche systémique (Joel de Rosnay, *Le Macroscope : vers une vision globale*, 1975), avant l'heure, le fait changer de siècle (Jacques Robin, *Changer d'ère*, 1989).

Remarque sur la définition de l'objectif

L'odeur et le fonctionnement du système olfactif sont ici envisagés selon deux axes :
D'une part, on remarque que la reconnaissance de l'odeur, pour le parfumeur ou pour le neurophysiologiste et même le chimiste s'inscrit dans le cadre d'une reconnaissance de forme. Nous verrons que le souci de protection des parfums qui sous-tend le projet de la Fondation trouve là un appui, au moins théorique.
D'autre part, l'*odeur* doit être envisagée sous sa double signification : Se référer au mot odeur, c'est désigner le support de l'odeur, le signal chimique, la molécule, mais parallèlement, évoquer une création/réaction du cerveau qui alimente les effets du stimulus olfactif sur l'organisme via l'entrée sensorielle, l'appel à la mémoire, la sphère cognitive, les effets sur l'humeur, les réponses comportementales et affectives, émotionnelles, du sujet qui odore. Utiliser le synonyme *fragrance* qui cerne l'effet sensoriel de la substance, l'évocation perceptive réaliste ou artistique du stimulus olfactif, évite de confronter le lecteur ou l'auditeur à la polysémie du terme « odeur ».

La présidence d'Edmond Roudnitska 1978-1996

La fondation a d'abord été présidée par son fondateur, Edmond Roudnitska de 1978, jusqu'à son décès en 1996.
Le Président dirige fermement la Fondation, décide des actions (gestion et attribution des bourses), conseillé par les membres d'un comité de scientifiques. Dès 1978, les premiers conseillers furent le Dr Jacques Sauvan, le Dr Bernard Weber[8].
Sur leur conseil, le premier laboratoire à jouir d'un soutien est le Laboratoire d'Electrophysiologie de l'Université Claude Bernard dirigé par André Holley[9]. Le deuxième laboratoire soutenu sera un laboratoire de Chimie Organique de la même Université, animé par le Professeur Maurice Chastrette[10]. Ces deux chercheurs français viendront renforcer le comité qui deviendra le conseil scientifique de la Fondation. En effet, grâce à ce renfort de spécialistes de l'odorat et de l'odeur, le comité veille et informe la Fondation de l'évolution des connaissances dans le domaine. Ce comité oriente l'action scientifique de la fondation, sélectionne les projets à soutenir, puis, en viendra à rédiger les appels à candidature et sélectionnera les laboratoires

---

[8] Le docteur Bernard Weber (1928–2013), anesthésiste, sensible aux théories cybernéticiennes, a participé aux travaux du Groupe des Dix. Ami et collaborateur d'Henri Laborit (entre 1955 et 1993, ils cosignent plus de 140 articles scientifiques ; Laborit H & Weber B, 1959) ; il lui a succédé comme rédacteur de la revue Agressologie, revue internationale de physio-biologie et pharmacologie appliquées aux effets de l'agression (1958–1993). Il s'est, par la suite, intéressé à la régulation de la posture (Gagey P.M., Weber B. *Posturologie / Régulation et dérèglements de la station debout*. Première édition 1995, 3ème édition 2004, Masson, Paris ; Lacour M., Weber B. *Bipédie, contrôle postural et représentation corticale*. 2005. Solal, Marseille), vice-Président de l'Association Internationale de Posturologie, assumant la responsabilité éditoriale de ses multiples publications (Weber B., Villeneuve P. *Posturologie clinique. Tonus, posture et attitudes*. 2010, Masson, Paris).

[9] André Holley, (1935–2017) dirigea, à l'université Claude Bernard à Lyon, entre 1974 et 1990, plusieurs laboratoires universitaires dédiés à l'étude de la neurophysiologie de l'olfaction, puis fut Directeur du programme interdisciplinaire de recherche « Cognisciences » du CNRS (1990–1994). Il dirigea le Centre Européen des Sciences du Goût de Dijon (1999–2002). Il a publié trois ouvrages de physiologie sensorielle, accessibles, *L'éloge de l'odorat* (1999), *Le cerveau gourmand* (2006), *Le sixième sens* (2015) chez Odile Jacob.

[10] Maurice Chastrette dirigea, dans la même université lyonnaise, entre 1967 et 1997, le laboratoire de Chimie Organique. Il a publié *L'art des parfums* (1995) chez Hachette, et *Démarche et outils de l'évaluation* (1989), IREM–LIRIS, impliquant sa compétence dans le domaine de la didactique. Il est coauteur du livre *Guide du formateur*, De Boeck, 1999, 2007.

auxquels ils seront transmis. Annuellement convoqué, son principal objet consiste à discuter la pertinence des projets qui sont soumis à la fondation et à les sélectionner par un vote. Il contrôle aussi l'activité des étudiants : les récipiendaires doivent soumettre un rapport annuel au conseil scientifique, bilan de la progression de leur projet. Dans quelques cas (3 en 40 ans), constatant l'arrêt de leur activité, la bourse a été suspendue, la thèse n'a pas été soutenue.
Plus tard, la vie de l'Université imposera d'éventuels changements de noms, voire de directeurs, mais les équipes assureront la continuité des thématiques étudiées et seront encore soutenues.
On notera qu'un nombre non négligeable (9 !) des doctorants soutenus seront recrutés comme chercheurs dans le laboratoire de physiologie de l'olfaction lyonnais et y œuvrent toujours en 2018.

Portraits des laboratoires pressentis

Dirigé par André Holley, le laboratoire spécialisé dans l'étude de la neurophysiologie du système olfactif, exprime sa curiosité passionnelle pour le fonctionnement du système nerveux. Il dissèque et soumet à la question le système sensoriel d'où surgit la perception de l'odeur. A l'origine, ses moyens vont de l'arsenal de l'histologie qui permet de caractériser les structures neurologiques du système olfactif des vertébrés à l'électrophysiologie neuronale qui en révèle les fonctions et les analyses comportementales qui permettent d'enregistrer les effets de la manipulation des odeurs ou du système olfactif sur l'organisme entier. S'y adjoindront des compétences en psychophysiologie humaine. L'autre, dirigé par Maurice Chastrette, laboratoire classique de chimie organique est bien sûr capable de synthétiser des molécules odorantes mais surtout modélise les interactions impliquées dans la manifestation de l'odeur. Spécialisé dans la relation entre la structure moléculaire du stimulus olfactif et l'odeur perçue, il traque la qualité odorante, pronostique l'odeur des molécules, sonde l'intimité structurale de la molécule ou des mélanges de corps purs qui la supportent. Dans les deux cas, l'analyse des données ou la modélisation sont armées d'instruments et de programmes informatiques. Dès 1977, ces laboratoires, utilisent les services d'un Centre de Calcul Inter–universitaire de Lyon–Saint–Etienne (machine CII Honeywell–Bull *IRIS 80).* Ils vivent la révolution micro-informatique, grâce à laquelle Gilles Sicard et Bernard Eminet, premiers lauréats de la Fondation Roudnitska,

implémentent sur des ordinateurs personnels des programmes d'analyses multidimensionnelles, imaginent des machines olfactives, suivent simplement les pas des cybernéticiens[11]... sans le savoir !
En effet, ces deux laboratoires, voisins, se parlent, leurs étudiants complotent ensemble. Le dialogue s'enrichit constamment : A presque toutes leurs rencontres, le chimiste a l'habitude de constater que ce qu'annonce son collègue neurophysiologiste rend le système olfactif « toujours plus compliqué qu'il ne le pensait » ! Les résultats s'accumulent en effet (voir les graphiques ci-dessous), et la science du cerveau n'est effectivement pas des plus simples !

La succession du Président Fondateur

Après le décès d'Edmond Roudnitska en juin 1996, la Fondation poursuit son travail sous la présidence de sa femme, Thérèse Roudnitska, animant de façon très dynamique et bienveillante la vie de la fondation. Sur le plan professionnel, Thérèse Roudnitska, ingénieur diplômé de l'Ecole de Chimie de Paris, était une véritable collaboratrice d'Edmond. Bien sûr, elle a été une fabuleuse inspiratrice[12]. Elle assistait son mari pratiquement au laboratoire, assumant, par exemple, la direction de sa société Art & Parfum.
C'est alors que la composition du comité évolue, les anciens membres sont reconduits. Sous la présidence de Thérèse Roudnitska, en 2002, le premier lauréat de la Fondation, Gilles Sicard, est accueilli, et la Présidente fait entrer en 2003 dans le comité une autre femme, Catherine Rouby, psychologue de formation, enseignant-chercheur universitaire. Pour la fondation, cette période a été prolifique, puisqu'elle y a subventionné 11 thèses en 8 ans. En février 2004,

[11] En 1981, pour sa thèse, Bernard Eminet, second lauréat de la Fondation, utilise des algorithmes comme le «Perceptron», simule les effets de permutations aléatoires de matrices de données expérimentales pour estimer une erreur expérimentale de données neurophysiologiques; Gilles Sicard a écrit et implémenté sur les premières machines informatiques personnelles, un compilateur du langage «DYNAMO», capable de modéliser des systèmes dynamiques (en particuliers des réseaux de neurones!), (Sicard, « Dynamo », 1984 rapport de stage, DESS de micro-informatique et de gestion, Lyon 3, http://gilles-sicard-dynamo.monsite-orange.fr/index.html.).

[12] Un chef-d'œuvre d'Edmond Roudnitska, conçu dans les années 50 pour sa femme Thérèse fut porté longtemps uniquement par elle, « Le parfum de Thérèse », a été révélé au public en 2003 par les Editions Frédéric Malle.

Thérèse décède et laisse la présidence à Edmond Pierre Roudnitska[13], conformément aux instructions du fondateur. Celui-ci restera à la Présidence pendant deux années, période au cours de laquelle l'investissement de la fondation s'infléchit, assumant l'achèvement de ses engagements mais n'enregistrant qu'un seul recrutement. Finalement, Edmond–Pierre après son court mandat invitera en avril 2006 son frère, Michel Roudnitska[14] à lui succéder. Celui-ci relance alors fermement l'activité de la Fondation.
Michel Roudnitska, né en 1941, est diplômé de l'ESSEC, mais aussi compositeur de parfums (Noir Epices, Frédéric Malle ; Eau illuminée, Ellie, Parfums DelRae...), créateur de correspondances entre les formes visuelles et les formes olfactives (Roudnitska, 1991b ; Edwards and Roudnitska, 2000) pour, entre autres, la publicité des parfumeurs. Il imagine depuis 1996 des spectacles où les fragrances projetées dans la salle de spectacle viennent féconder des images vidéo ou des chorégraphies[15].

---

[13] Edmond Pierre Roudnitska, né en 1931 à Argenteuil. Athlète, spécialiste des courses de haies, (records de France, 1956–1960). Ingénieur chimiste, il a fait ses premières armes à Art & Parfum, puis est parti diriger une entreprise de Parfums à Mumbai (Inde). Il a continué sa carrière comme consultant international.

[14] Courier de Gilles Sicard à Michel Roudnitska du 30 avril 2007 :

« *Michel,*

J'ai très été heureux que tu fasses redémarrer la Fondation. La réunion du nouveau conseil scientifique s'est bien passée et je suis sûr que tous (Chastrette, Holley, Rouby, Weber), étaient satisfaits. Afin de lancer l'appel à projets 2007, objectif pressant, je t'adresse un pré-projet.

J'essaie, sans succès pour l'instant, de contacter Maurice Chastrette pour lui soumettre une idée : Selon mes informations, au Collège de France, une équipe de physiciens pourrait peut-être s'occuper des problèmes d'évaporation des mélanges odorants.

En attendant, l'appel sera envoyé aux laboratoires du Centre européen des Sciences du Goût de Dijon, du laboratoire de Physiologie sensorielle lyonnais, du laboratoire Neurosciences de l'Université de Franche–Comté (Besançon), des laboratoires de l'INRA de Dijon et de Jouy–en–Josas, et le laboratoire de Psychologie de Bordeaux dont je t'ai parlé. Avec ton assentiment et tes éventuelles remarques, je transmettrai cette proposition ensuite aux membres du conseil scientifique pour amendement et accord.

(...)

Bien amicalement,

Gilles »

[15] Quelques réalisations de Michel Roudnitska : « Quintessence », ballet (Ballet de l'Opéra d'Avignon), 1996 : en Avignon, 1998 : Cannes ; « Pierre de Soleil », spectacle multisensoriel ; 1998 : Paris ; partition olfactive de Nabucco de Verdi, 2002 : Rotterdam ; « Un Monde en Senteurs, *Word Scents* », Concert musical

Après un court arrêt, la Fondation est alors véritablement réveillée en 2007, Michel Roudnitska nomme Gilles Sicard, Directeur Scientifique de la Fondation, et réunit le comité scientifique. En 2008, Anne–Marie Mouly, électrophysiologiste, ancienne lauréate de la Fondation, chercheur au CNRS, est nommée au Conseil Scientifique.
Malheureusement, alors que ses moyens financiers sont plutôt restreints par une conjoncture boursière défavorable, la Fondation doit alors faire face à une nouveauté légale : Depuis 2008, la loi française impose que les étudiants en thèse touchent un véritable salaire plutôt que des subsides. Pour les aider efficacement (c'est à dire leur donner les moyens de soutenir une thèse), il faut donc aujourd'hui acquitter un salaire minimum, payer les charges et impôts afférents, option qui divise environ par deux les ambitions de la Fondation. En outre, cela veut aussi dire que l'Etat récupère un impôt sur le fonctionnement de la Fondation (les bourses n'étaient pas soumises à l'impôt)... La Fondation a malgré tout contribué au démarrage ou à la soutenance de 9 thèses entre 2007 et 2016. Alors que la Fondation versait directement la bourse aux étudiants, elle donne à présent des fonds aux universités ou au CNRS, s'engageant officiellement pour 3 années dans chaque cas. Ces nouvelles dispositions modifient profondément le fonctionnement, les tâches d'évaluation et de conseil de la Fondation.
Entre 1978 et 2007, après l'embellie des études des relations structure/odeur liée à l'explosion de l'usage de l'outil informatique, on constatera une stagnation des possibilités techniques qui permettaient de faire avancer la chimie de l'odeur telle que l'envisageait le conseil scientifique de la Fondation. Au cours de ces années, la Fondation recrute de moins en moins de chimistes, aucun pendant 10 ans. Après la découverte des gènes des récepteurs olfactifs par Buck et Axel publiée en 1991, on s'attend à voir des développements des idées sur l'encodage du stimulus odorant, la représentation du stimulus

---

(violoncelle, Nathalie Manser), olfactif et aquatique, 2002 : Montreux, Paris. « *Soleils intérieurs, Inner Suns* », vidéo multisensorielle (son, Sylvain Menoud) ; 2013 : Paris, 2014 : Ibiza, San Cristobal (Mexique). Publication « Voyage au cœur des chakras et des cinq éléments. Une aventure multisensorielle. », livre et vidéo, 2017. Récemment, il s'investit dans le soutien de populations isolées (association Cœur de Forêt), proposant d'extraire de la forêt des huiles essentielles inédites, pourtant bases culturelles de ces peuples envahis. Des alambics distillent maintenant des plantes sacrées qui donnent une âme aux parfums chamaniques... et libèrent des odeurs naturelles magnifiées dans une création récente de Michel Roudnitska, *Agua Nativa*.

chimique : On dispose désormais de la preuve de l'existence de plusieurs centaines de récepteurs disponibles par espèce, utilisables pour un code combinatoire (Malnic et al., 1999) tel qu'il était envisagé depuis les années soixante au moins par Robert Gesteland (1963) et dument confirmé par les travaux du laboratoire de physiologie olfactive lyonnais. Plusieurs auteurs avaient montré des images de cette combinatoire grâce aux enregistrements des réponses des neurones récepteurs aux stimulus olfactifs et cette conception était le fer de lance de l'équipe des physiologistes de l'olfaction de Lyon (Duchamp et al., 1974 ; Revial et al., 1982, 1983 ; Sicard et al., 1984, 1985, 1986). Ce mode d'encodage était en effet une évidence pour les spécialistes qui remarquaient simplement, par exemple, que pour représenter des dizaines de milliers d'odeurs différentes, il était impensable de disposer d'autant de récepteurs distincts : On devait concevoir qu'ils étaient un nombre suffisant avec des sélectivités variées afin de réaliser en les combinant un nombre conséquent de représentations discriminantes des stimulus.

En 1991, le code combinatoire du signal olfactif par de multiples récepteurs prend donc corps. La vraie surprise qu'apporta la découverte des récepteurs, c'était d'abord leur nombre, plusieurs centaines, plus de mille chez le rat ou la souris[16] !

A partir de ce moment-là, compte tenu de la conjoncture et de la faible représentation de la génétique de l'olfaction en France, la Fondation va orienter son soutien plutôt vers l'étude des effets des odeurs sur le sujet qui odore : La psychophysiologie de l'olfaction est donc entendue par la Fondation, cette écoute sera renforcée par l'entrée de Catherine Rouby au conseil scientifique). L'axe neurophysiologique reviendra en force après 2010. Durant la même période, les chimistes eux ne seront plus mobilisés par la Fondation, malgré nos efforts pour trouver des compétences pour prolonger les travaux selon leur inspiration. En fait, ils fourbissaient leurs armes et en 2013, ils s'élancent à nouveau : C'est grâce aux travaux d'une équipe de L'Institut de Chimie de Nice sous la direction de Jérôme Golebiowski, jeune théoricien de la chimie et modélisateur, que l'investissement de

---

[16] En 1994, à Aussois, au cours d'une Conférence Jacques Monod, Gilles Sicard montra à ses collègues qu'avec 100 récepteurs différents on pouvait théoriquement constituer un code binaire de 10^{30} combinaisons différentes pour représenter les stimulus odorants ! Conscient de la multiplicité des récepteurs olfactifs, on s'attendait à une certaine redondance du code, mais on était encore surpris, à l'époque, d'en avoir trouvé plusieurs centaines…

la fondation dans l'axe chimique sera repris. De façon remarquable, la fondation réunit une fois encore, les points de vue des chimistes et des biologistes. La modélisation de l'interaction entre le système récepteur olfactif et le signal odorant, à l'aide d'outils numériques performants, continue donc avec de jolies perspectives (Charlier et al., 2013). Sous l'impulsion de Gilles Sicard, Jérôme Golebiowski, viendra d'ailleurs dès 2014 renforcer l'expertise en chimie du conseil scientifique de la Fondation.

Un objectif sous-jacent : La reconnaissance d'un art

Préoccupation incessante d'Edmond Roudnitska, la promotion du travail artistique du créateur de parfumeur reste d'actualité (Roudnitska et al., 1977). Pour certains, la question semble saugrenue, pour d'autres, (probablement anosmiques[17]), elle ne semble même pas devoir se poser : Le parfum est-il une œuvre d'art, une œuvre de l'esprit ?
La reconnaissance d'une œuvre d'art dépend, avant même sa qualité esthétique, de son inscription dans une évolution historique, de sa place sein de l'histoire de l'Art, d'une culture. Dans les quelques pages qui suivent, nous confirmerons que le « parfum » surgit de la profondeur des temps et que, comme d'autres productions de la pensée et de la main de l'homme s'enrichissent mais que de tous temps, il s'agit pour ses créateurs d'exposer une intention qui ne se limite pas à la simple utilité.
Certes, l'œuvre d'art n'est pas si facile à définir : Il s'agit d'une œuvre de l'esprit, même s'il a d'abord été difficile d'admettre qu'on puisse la juger comme telle sans forcément lui reconnaitre une valeur esthétique[18].

---

17 Ailleurs, on aurait écrit aveugle ! Anosmie : préfixe « a », privatif, « *osme* », odeur en grec ancien. Une cécité « olfactive », ici, au sens figuré, nous lui envisageons une origine centrale… ou plutôt culturelle, dans une acception métaphorique et polémique.

18 *aisthesis* signifiant en grec ancien, beauté/sensation. Maurice Chastrette fait référence à la dimension artistique de l'œuvre parfumée en citant l'Exode 30–25 : « *Tu feras avec cela une huile pour l'onction sainte, composition de parfums faite selon l'art du parfumeur* ». Certes le parfum est déjà là conçu selon l'art du parfumeur mais aussi comme un objet de commerce et signe de puissance. En Egypte, en Assyrie, des expéditions, militaires ou commerciales, rapportent des arbres à encens, des essences exotiques pour constituer de fameux jardins. Les Assyriens au Xe siècle av. J.-C., apprécient les odeurs exotiques et cultivent leurs

Si l'on s'en tient à la définition proposée jadis par la Grèce antique, les Arts sont définis en extension par une liste limitée à sept, engageant la vision, le sens tactile et l'audition, mais ignorant les sensibilités chimiques... qui seraient, on ne sait pas pour quelles raisons, incapables d'accéder à la *beauté, ou peut-être, plus sensiblement, au plaisir partagé* (Ellena, 2011). Au cours du siècle des Lumières émerge le concept d'une œuvre d'art qui mobilise les sens et la conscience, un jugement qualitatif au-delà du « bon goût ». La beauté de l'œuvre est mise en avant, des règles à respecter pour qu'une œuvre soit œuvre d'art sont même édictées. Des nuances essentielles seront apportées plus tard par Kant imposant une discussion sur l'esthétique. L'observation de règles passe alors au second plan tandis que l'intention de l'artiste, qui convoque nos sens, nos émotions, et *au-delà* du corps, notre esprit, devient primordiale, essentielle. Selon un autre rythme de la pensée, avec Nietzsche, l'art, plus exactement ses réalisations, forcent une ouverture de l'esprit. Rien ne semble régir sa persistance, on exploite même aujourd'hui la fugacité de l'œuvre avec, par exemple, les « installations » par définition temporaires. En fait, l'instantanéité est un mouvement essentiel de l'œuvre d'art, perçue selon notre état. Malgré son évanescence, la création olfactive, comme la musique interprétée, franchit l'abîme de l'éphémère... s'inscrivant aussi dans la mémoire. Notons qu'au XXe siècle, le 8ème art, le cinéma, vient bousculer un certain éloignement élitiste de l'Art. Après la littérature et ses supports portables, les livres qui propagent largement art et savoir, le cinéma ouvre définitivement l'ère d'un art destiné aux masses. Certains procédés de reproduction picturale, dont la lithographie, avaient avancé vers cette multiplication du public, vers la consommation des œuvres. Selon cet axe, on pourrait dire que le parfum a atteint cette maturité bien avant les Arts majeurs si on en juge par les dizaines de milliers de petits flacons qu'on trouve partout lorsque qu'on gratte les sols archéologiques du pourtour méditerranéen !

---

sources : *"When Tiglah–Pilese I (1114–1076 BC) campaigned victoriously to the north-west of Assyria, he brought home foreign trees including rare and exotic fruit trees, as already quoted. Ashurnasirpal II (883–859 BC) had set another precedent in his palace garden at Nimrud, by naming more than 39 types of trees in his new garden, to which the Assyrian public was invited to come for feast of inauguration (...) Cedars, cypresses, junipers, and the incense-bearing kanaktu tree afforded shade and aroma; almond, quince, fig, pear, vines and pomegranate contributed blossom in spring and fruit in late summer".* (Dalley, 2013).

Un art olfactif né d'inspirations préhistoriques

La maitrise du feu a été un évènement fondateur de l'humanité. On découvre de nombreuses traces de foyers volontairement allumés 400 000 ans av. J.C. en Europe, vers 790 000 av. J.C. en Israël (Alperson–Afil, 2008).
D'après Neugebauer–Maresc (1999), dans telle grotte, on trouve des suies ou même des charbons de pin noir, épicéa et sapin, restes de foyers, dans des sites de fouille datés de 25 000 ans grâce à la radiométrie au carbone ^{14}C et à l'analyse des pollens fixés dans les sols écorchés (palynologie); ailleurs, de charme et de chêne, dans des couches datées de 24 000 av. J.-C. Ces indices botaniques révèlent que ces feux-là ont été allumés sous des climats tempérés. Notons que si on s'intéresse à la composition des combustibles anciens, on ne s'intéresse que très exceptionnellement à ce que libère leur combustion (cf. infra).
Pourtant, en même temps qu'il s'exprime avec des pigments sur les parois des grottes, les archéologues montrent que l'homme utilise vraisemblablement des fumigations dont on suppose qu'elles favorisent le contact avec « son » au-delà, par le truchement de leurs odeurs. L'homme préhistorique n'aurait-il pas de nez–plaisir [19]? Qu'apprend-t-on alors lorsque qu'on découvre que dans poteries du néolithique, l'homme assaisonnait sa viande avec des graines de l'herbe à ail, délicatement odorantes (Saul et al., 2013)?
Avant tout, dans l'obscurité, il doit s'éclairer (dans le froid, il doit aussi se chauffer) : Il n'y alors pas de lumière sans feu. Il n'y a pas de feu sans odeur. Les archéologues explorant le Paléolithique supérieur, c'est-à-dire une période qui s'étend entre 35 000 et 10 000 ans avant notre ère, trouvent déjà des lampes sculptées, façonnées, et, exceptionnellement, décorées. Ils établissent que la graisse animale enflammée en était le combustible (Glory, 1961). Ils y décèlent aussi des fragments de charbons de genévrier et de conifères, dont on peut remarquer qu'il s'agit d'essences boisées qui libèrent des odeurs bien caractéristiques lorsqu'elles brûlent. (Ces fragments sont interprétés comme jouant le rôle de mèches). Quels étaient donc les rapports de l'homme des cavernes avec l'odeur des feux, l'odeur du foyer ? On

---

[19] Les évolutions de la morphologie de la lame criblée, passoire osseuse interposée entre la muqueuse olfactive et le cerveau, à la base du crâne, dans le genre Homo ont fait l'objet de recherches assez étonnantes (Bastir et al., 2011)… mais, rassurons-nous, Néandertal (comme ses ancêtres) avait bien un « nez » !

sait aussi par ailleurs que l'art rupestre si suggestif à l'abri des grottes s'exprime aussi à la lumière (Anati, 2003), et laisse de très nombreuses traces peintes ou plastiques au Néolithique (comme, par exemple, les pétroglyphes du Hoggar vers 9 000 av. J.-C., Lajoux, 2012), et il n'y a pas de raison de douter que l'odeur volontaire s'expose ou se renifle alors elle aussi, libre, au grand jour, au grand air… mais bien sûr l'évanescence interdit aujourd'hui d'en trouver les preuves. Cette antécédence supposée ne serait pas plus étonnante que celle de l'art pariétal (« art » reconnu comme tel !) des grottes préhistoriques. On aimerait toutefois que les archéologues nous renseignent mieux sur les herbacées qui ont été brûlées sous les voûtes naturelles… mais à l'évidence, ils semblent avoir là des difficultés à s'attarder sur ce qui pourrait être « gratuit » ! Probablement, inhumain ?

Des traces archéologiques solides

L'histoire des parfums passe assurément par celle des combustibles odorants solides, parfois élaborés, à dessein : Cueillir les larmes séchées que les arbres lèguent à la postérité (la Myrrhe…), choisir les « bonnes » essences, apprendre à provoquer l'épanchement des sèves sans exténuer leur source, et, enfin, inventer les mélanges attractifs, conduit à rendre les résines aromatiques, les encens, indispensables à la vie cultuelle, mais aussi probablement à l'hygiène par exemple grâce aux fumigations des habits, salutaires contre la vermine, mais route probable vers la séduction. L'encens né dans la nuit des temps, sort des grottes, entre dans les temples, élève donc les âmes, satisfaisant autre chose que le corps sensible, parcourt le Moyen–Age, et prolonge le rêve de l'homme.

En lisant les archéologues, nous avons remarqué qu'on semblait peu s'inquiéter des émissions odorantes des combustibles solides des foyers vitaux de la préhistoire. On ne trouve ni odeur, ni parfum, ni même encens, dans les 270 pages qui présentent la nouvelle lecture, puissamment armée par les outils technologiques du XXe siècle, de l'évolution des hominidés par l'anthropologie moderne, pourtant passionnante et admirable (Hublin et al, 2011). Pour les encens, on dispose de quelques rares données sur les émissions de leurs équivalents contemporains ou anciens, « originaux » reconstitués (Chuang et al., 2011). Malheureusement, on démontre aussi que la composition en molécules volatiles des restes archéologiques eux-

mêmes est altérée par l'âge et la restitution de leurs propriétés olfactives reste énigmatique (Hamm et al., 2005). On peut toutefois noter qu'aujourd'hui encore, on se désaltère à Beyrouth de boissons qui évoquent la fumée (*Jellab* : sirop de mélasse, eau de rose et encens), que le tabac fait recette partout, et que les notes boisées (santalées) sont très présentes dans la palette du parfumeur contemporain : Le plaisir est encore là !
Plus tardifs, datés du VIIe jusqu'au Ie millénaire av. J.-C., à l'est de la Méditerranée sur les lieux de vie de nos ancêtres citadins, des milliers de récipients destinés à recevoir des substances parfumées sont découverts. Leurs formes sont stéréotypées et adaptées à des usages différents, petits (les aryballes des îles grecques, ou les alabastres égyptiens) ou plus grands (les lécythes, les jarres) de diverses origines, parfois luxueusement artistiques, mis en forme ou décorés avec une extrême élégance (Verbank–Piérard et al., 2008 ; Casanova, 2007). On prouve que certains, au moins, ont contenu des graisses odorantes pour paraître aux festivités, des huiles aromatisées pour séduire… intention universelle, attestée chez les Égyptiens ou chez les Chinois (à l'époque des dynasties des Sang ou des Zhou, Ier millénaire av. J.-C., McGovern et al., 2004) mais aussi chez les sumériens (dès les IIIe–IIe millénaires av. J.-C. !) dont les fameuses tablettes cunéiformes portent le témoignage (Levey, 1960 ; Michel et al., 2007). Selon Levey (1954), au VIIe siècle av. J.-C., à Babylone, « La préparation des substances aromatiques est l'une des industries chimiques les plus importantes ». Mais selon une tablette encore plus ancienne, des extraits végétaux à visée thérapeutique ont été préparés dès le IIIe millénaire av. J.-C. (Kramer, 1963 ; McGovern et al., 2009) !
On retiendra que sur les rives du Fleuve Jaune, de l'Indus, du Tigre ou du Nil, des céramiques néolithiques, ont été utilisées, on peut dire consommées, au regard de leur si grand nombre, pour rendre accessibles de multiples « parfums » de conceptions ancestrales.
Issues des fouilles archéologiques, certaines pièces sont mêmes déjà des sortes de bouilloires à bec longs et sont prises pour preuves, avec circonspection parfois, de l'usage de « parfums »[20] (Casanova, 2007).

[20] Il est frappant de constater que des milliers de vases font partie des collections représentatives des Beaux-Arts antiques dans les musées, incluant des flacons du néolithique trouvés dans la région du Tigre et de l'Euphrate (Levey, 1954). Ces œuvres plastiques ont été conçues pour protéger leur contenu odorant, précieux sans doute ! Leur seule évanescence condamnerait-elle ces créations odorantes au néant ?

Leurs formes suggèrent un usage, l'extraction, la récupération des vapeurs de jus gras ou aqueux, macérations de multiples végétaux, de composés odorants qu'on met en « conserve » (Dubur–Jarrige, 2001 ; Belgiorno, 2017). Ces instruments paraissent ancêtres de l'appareil évolué proposé par les arabes au Moyen Age qui va donner un essor extraordinaire à la distillation alcoolique, et être à l'origine d'une révolution industrielle du parfumage, en Occident. En tout cas, on comprend que la distillation naît bien avant l' « alambic inventé par les arabes », idée qu'on continue à propager malgré tout (Levey, 1954 ; Rysanek et al., 1989; Belgiorno, 2017). Par ailleurs l'existence d'ateliers de parfumeurs, lieux de production d'huiles parfumées dès le IIe millénaire av. J.-C. est établie (Shelmerdine, 1985; Vlazaki, 2010; Belgiorno, 2017). S'y inscrivent aussi des presses (à coins, puis, plus tard à vis, Brun, 1999), des systèmes de filtration… pour extraire des jus !

Il faut noter bien avant notre ère, la diversité des matériaux odorants naturels selon, par exemple, le répertoire donné par Théophraste (Amigues, 2010). Les ingrédients sont parfois multiples, mais, bien sûr, cela présage mal de la complexité chimique de leurs composantes volatiles, donc odorantes ! Plus de 120 composés chimiques sont trouvés dans un récipient exhumé lors des fouilles d'un atelier de parfumerie de Chamalevri/Bolanos en Crète (2130–2000 av. J.-C.) (Dubur–Jarrige, 2001 ; Dodinet, 2007)[21].

De ces ingrédients, on constate souvent les origines géographiques très éloignées qui font la richesse des commerçants dont on retrouve les inventaires gravés sur les tablettes cunéiformes. Ces écritures,

---

Aujourd'hui, le flacon de verre de Chanel N°5 est exposé au Museum of Modern Art. Sa fragrance, elle, se joue-t-elle dans la tête du visiteur ? Cette inégalité flagrante des sens, cette injustice, est-elle de nature à faire réfléchir nos juristes ?

[21] Selon Hamm et al, (2005), une reconstitution du fameux Kyphi brûlé dans les temples égyptiens, contient du safran, de l'oliban, de la résine de pistachier lentisque, du benjoin, des graines de cardamome, du rhizome de galangal, de la citronnelle, du bois de santal, du bois d'aloès, des pétales de rose, des raisins, du vin rouge, du miel et diverses herbes. Certains de ces ingrédients sont effectivement attestés par « les » descriptions originales. Elles sont en effet multiples, variant selon leurs sources sur les murs des temples d'Edfou ou de Philae, ou les nombreuses versions du Textes des Pyramides… proposant entre 16 et 50 ingrédients. Ce qui retient notre attention, c'est qu'il s'agit de mélanges riches et concertés de multiples produits odorants. En particulier, élaborés, il ne s'agit pas de reproductions de la beauté de la nature (Ah ! Le sublime coucher de soleil !). Il n'y a donc pas un Kyphi, mais bien des Kyphi ! Des inspirations variées !

sources essentielles de l'archéologie des parfums, sont confirmées par les bas-reliefs architecturaux, et même par les analyses chimiques et botaniques de contenus des vases d'époque (Dalley, 2013).
On remarquera ici que les sources végétales faisant l'objet de fumigations produisent des odorants qui se voient (fumées) et probablement s'opposent aux odorants floraux « en conserve », donc transportables, des huiles et des eaux parfumées, dont la fragrance est invisible. Par ailleurs, leurs résidus sont solides, alors que les eaux de fleurs sont (presque) totalement évanescentes, et, en conséquence, probablement mésestimées par la littérature archéologique.
Pourtant l'attrait pour ces effluves légères ou capiteuses, ne fait aucun doute. Il peut être illustré par la présence de lotus bleu sous le nez des hommes et des femmes en bas-reliefs des murs égyptiens, ou peut-être, par ces fleurs, aujourd'hui séchées, enfermées dans les tombes des demi-dieux (Ramsès II) ou exposées en collier sur la poitrine d'or de Toutankhamon. Attirant sur elles l'attention par leur nez, elles ont été là choisies comme des perles pour leur harmonie colorée (bleu : pétales lotus bleu, et bleuets, Carter, 1978 ; jaune : camomille, Picris asplenoides, ou blanc : céleri sauvage, peut-être choisi pour son odeur caractéristique, Hepper, 2009). On trouvera, en outre, une guirlande de roses autour du cou d'une jeune femme enterrée à Fayoum en 200 av. J.-C. (Hamdy, 2007). Certaines de ces fleurs odorantes seront cultivées, les lys ou les roses, en Grèce, en Crète, et en Mésopotamie par exemple, comme le suggère les allusions d'Hérodote, père de l'Histoire, (Ve siècle av. J.-C.), ou, bien sûr, resplendissant et indispensable, le traité de botanique de Théophraste compilé au IVe siècle av. J.-C. (Amigues, 2010). Virgile (mort en 19 av. J.-C.) confirme l'existence de véritables champs de rosiers dans la région de Paestum (Campanie, Italie du sud), avant le début de notre ère (les Géorgiques, IV, 119), tout comme Properce, (mort en 16–15 av. J.-C.), évoque la « cité odorante » de Paestum (Elégies, IV, 4, 69 – cité par Brun, 2003). Bien sûr, on rappelle ici que les roses de l'Orient ont permis depuis apparemment plus longtemps l'essor des eaux de roses (Baser et al., 2012). Les textes cunéiformes confirment que l'eau de rose sert de solvant ou de support à de multiples préparations pharmacologiques chez les Assyriens (Thompson, 1949 ; Farrar, 2016). La rose, cultivée, servira aussi de marque ou de garantie « commerciales » puisqu'on la trouve gravée sur les drachmes, monnaies grecques, accompagnant l'effigie d'Hélios, dieu du soleil, protecteur de Rhodes, aux alentours de 240 ans av. J.-C.

Finalement, les traces objectives de l'usage des parfums de l'Antiquité se sont accumulées, indiquant d'abord leurs applications cultuelles, mais découvrant aussi leur fonction médicinale, et dévoilant enfin leur affichage social et, clairement attestées au cours de la deuxième moitié Ier millénaire av. J.-C., leurs intentions séductrices (Dodinet, 2008 ; 2014). On remarquera que les poètes antiques célèbrent déjà la sensualité des parfums naturels ou artificiels qui embellissent leurs vies (Homère, Odyssée, VIIIe siècle av. J.-C. ; Sapho, VIe siècle av. J.-C. [22]).

La dimension commerciale du parfum

Alors que l'eau et les vents de la Méditerranée exportent les idées et les inventions des peuples marchands, les matériaux odorants, voire des produits finis, voyagent aussi et sont sélectionnés avec soin, prémisses du processus créatif. Les substances aromatiques précieuses orientales (Indes et Moyen–Orient), fleurs[23], fruits[24] ou bois d'arbres odorants asiatiques, encens du sud Yémen, huile de cèdre (du Liban) ou épices, sont transportées brutes ou transformées, au travers du monde arabe antique, du lieu de leur naissance vers les contrées occidentales[25], la Grèce, Rome, et au-delà. Tandis que vers l'est,

---

[22] « Prés fleuris, si les dieux vous donnaient une reine,/ Ils choisiraient une rose entre toutes les fleurs,/ La rose de Venus respire toutes les faveurs,/ Elle efface l'éclat des plus vives couleurs,/ Et des tendres Zéphirs embaume les haleines ». Poinsinet de Sivry, L. (1771). Traduction de Sapho, Ode à la rose. In *Les muses grecques, ou Traduction en vers françois de Plutus, comédie d'Aristophane, suivie de la troisième édition d'Anacréon, Sapho, ...* Lacombe, Paris. p. 199.

[23] Citons par exemple le *Pandanus* odoratissimus, un arbre sauvage répandu largement en Asie, en particulier dans le sud-est de l'Inde. L'inflorescence mâle est protégée par une sorte de feuille odoriférante (bractée) et sert à fabriquer un attar (ibid., note 28), une eau et une huile parfumées. L'huile qu'on en extrait (*Kewda oil*) est composée de molécules odorantes évoquant, entre autres, la rose (Methoxy-2-ethyl-benzene; terpinen-4-ol; α-terpineol et alcool 2-phenyl éthylique). Ces produits sont utilisés depuis les temps anciens comme onguent ou comme arôme dans les préparations culinaires et en parfumerie.

[24] Comme les coings de Babylone, importé de Perse ou du Caucase (?) dans les jardins d'Assurnasirpal II attestés au IIe siècle av. J.-C. (ibid., note 18)

[25] Sur la route des matériaux odorants, le Liban (en arabe : « *Loubnan* » – étymologie : de l'arabe *loubna* ou du grec *oliban*, encens). L'oliban, résine-gomme blanche aromatique, toujours commercialisée, provenait du sud du Yémen, mais on cultivait au Liban un arbre, l'aliboufier (le fameux *Styrax* officinalis), dont l'écorce entrait dans la composition de l'encens. Evoquons aussi bien sûr, l'huile de cèdre, emblème majestueux libanais. Nul doute que les Phéniciens originaires de ce

depuis le IIe siècle av. J.-C. (dynastie Han), la « route de la soie » est aussi le vecteur d'échanges de matières odorantes entre la Perse et la Chine, entre l'Orient et le Moyen–Orient[26]… D'Ethiopie en Egypte, des arbres à acclimater seront importés par des expéditions envoyées par la reine Hatchepsout, au XVe siècle av. J.-C. Tout cela suggère que la construction de la fragrance est réalisée avec une grande conscience, pour parfois des propos élevés (la signature olfactive des dieux !), depuis bien longtemps. L'histoire d'un art en marche donc.

Rappelons ici, au passage, que la forme olfactive, autre dimension de la création olfactive c'est-à-dire de l'intention du compositeur, est traitée selon sa dimension temporelle, inhérente selon Edmond Roudnitska aux odeurs elles-mêmes. Le compositeur joue avec une dynamique, et, entre autres, avec l'adaptation sensorielle : Notes de tête, cœur et fond, successivement se mêlent et s'épuisent. Au cours de cette dynamique, la fragrance exprime ses multiples facettes, destin presque humain. Cet aspect-là de la création, échappe aux archéologues exploitant des résidus secs… jusqu'à ce que des reconstitutions de l'évanescence des parfums ancestraux deviennent accessibles (Hamm et al., 2005; Castel et al., 2009).

Assurément, des essences moins solides, au sens propre ou figuré, sont portées par les fleurs. Dodinet (2007) stipule que « les premières indications de notes florales viennent de la civilisation mycénienne (entre 2000 et 1200 av. J.-C.) avec des huiles à la sauge, au souchet et à la rose (?) ». Plusieurs sources d'huile servant de diluant sont connues (sésame), mais les huiles d'olives ont été majoritairement utilisées. Leur production remonterait au XVIIIe siècle av. J.-C.

---

territoire, sur la route de l'encens, les livraient aux Grecs. En même temps, ces navigateurs instillaient leurs puissantes conceptions philosophiques préislamiques (dont le dieu unique !), aux penseurs grecs (Ammoun, 1983). Dès le XIIIe siècle av. J.-C., Moschus de Sidon (aujourd'hui Saïda, port antique au sud de Beyrouth), est-il, avec dix siècles d'avance sur les classiques grecs, à l'origine de la théorie de l'atome ?

[26] Quelque peu obnubilés par la culture égyptienne, moyen-orientale ou greco-romaine, les archéologues oublient un peu que la Chine est aussi un centre culturel où le parfum s'est développé. Madame Elisseeff nous rappelle : "*A partir du IIe siècle avant notre ère, en revanche, il semble qu'un important enrichissement des palettes d'odeurs se produise. A l'époque, en effet, l'empereur Han Wudi inaugure les premières expéditions (...) vers le sud-est asiatique. De nouveaux arômes pénètrent alors dans l'empire et suscitent l'engouement : dont l'eau de rose venue de la Perse, le jasmin, le patchouli, le camphre, le santal de l'Inde et des mers du sud.*" (Elisseeff, 2007).

(Bardet et al., 1984) et elles sont toujours utilisées comme solvant des composés aromatiques à Délos au Ier siècle av. J.-C. (Brun, 1999), attestées, entre autres, par Théophraste (Amigues, 2010).
Les techniques rustiques de macération à chaud (une sorte d'enfleurage accéléré lorsqu'elle se fait avec de l'huile) pour obtenir des parfums floraux persisteront longtemps (Brun, 1999). Sans ambiguïté, en Egypte ancienne, la filtration et l'extraction d'un macérat de lys est affichée dans les bas-reliefs.
Sur les rives de l'Indus sont trouvés des « alambics » de céramique primitifs, ainsi qu'en Crète mycénienne (où l'on produit, entre autres, de l'eau de rose) (Belgiorno, 2017). D'autres formes de poteries sont suspectées d'avoir servi à une proto-distillation[27] (de Chesnel, 1838 ; Georgiou, 1980 ; Dubur–Jarrige, 2001).
Les rhizomes séchés d'iris qui ont fait l'objet d'un commerce à ces époques, servaient en Roumanie, il y a quarante ans encore, à fabriquer chez-soi, par simple macération à chaud, une eau d'iris pour repasser le linge. Si les productions de parfums huileux sont bien documentées, on dispose aussi de preuves de l'existence précoce d'hydrolats de fleurs. Nous venons de signaler que le matériel adéquat pour chauffer des macérations aqueuses et récupérer leurs vapeurs existaient, indépendamment de l'avènement beaucoup plus tardif de l'alambic arabe dont le développement débouchera au Moyen Age sur l'avènement d'une parfumerie alcoolique. L'usage des hydrolats est attesté, nous l'avons vu, par exemple, chez les Assyriens et on peut prêter une attention particulière à l'eau de rose (Thompson, 1949); voir aussi de l'attar de rose faisant parti de la pharmacopée des civilisations préchrétiennes de l'Indus[28], selon le *Charaka Samhita,*

---

[27] Des vases de céramique considérés par certains comme des alambics primitifs, ont été trouvés dans le nord de l'Irak (Tepe Gaura, Mésopotamie). Ils sont datés de 3500 ans d'après Roget et al., 1990. On a trouvé, dans les fouilles de Kéos, datée du XVIe siècle av. J.-C. (Crète), une tablette représentant un vase, posé sur un feu et surmonté d'un couvercle en cône, qui pourrait également être un alambic primitif. Le mot grec *ambikos*, désignant un vase cylindro-tronconique, est à l'origine du mot arabe *al-ambic.*

[28] L'attar est un type de parfum naturel dilué dans une huile (par exemple de bois de santal). La solution concentrée est extraite des produits naturels (fleurs, herbes, épices…) par pressage, pulvérisation, ou distillation d'un macérat. Sans alcool, ancestral, les attars sont encore fabriqués de nos jours. L'Ayurveda, « science de la vie » indienne, constitue un des systèmes de santé qui considère les facteurs de santé et de maladies à la fois sur le plan physique que sur le plan de l'esprit. Cette tradition médicale remonte au XIIe siècle av. J.-C. Les premières traces écrites de

même si elle est peu évoquée par la littérature. Il est vrai que ces eaux florales sont volatiles, moins concentrées peut-être, et surtout moins résistantes aux dégradations biologiques et donc difficiles à exhumer.
Les corps odorants d'alors, sont majoritairement d'origine végétale (répertoriés par Théophraste, Amigues, 2010 ; Thompson, 1949), pas toujours faciles à identifier sans ambigüité offrant de jolies énigmes aux traducteurs (Dodinet, 2018). Mais surtout, certains procédés de fabrication de ces époques sont répertoriés. Ils démontrent, entre autres, un savoir-faire, une technicité, utilisant déjà l'assemblage d'odorants et de fixateurs. Parce que des notes écrites déclinent les ingrédients, on sait reproduire certains parfums antiques avec une plus ou moins grande précision, souvent en effet sans la certitude des proportions. Dans cette optique, on profite aussi des procédures d'analyses chimiques que les chercheurs ont développées pour déterminer les compositions de traces séchées des flacons à parfums exhumés par les archéologues (Castel et al., 2009 ; Garnier et al., 2012). Là, on peut mentionner les apports de la recherche et l'analyse des pollens qui ont surtout permis de qualifier l'environnement, et même les saisons, où les évènements archéologiques qu'on explore se sont déroulés. Nous pensons qu'on pourrait mettre à profit cette *palynologie* pour retrouver et identifier les eaux parfumées contenues dans les alabastres comme on l'a fait pour des récipients alimentaires l'âge de bronze (Bohncke, 1983 ; Tipping, 1994 ; Rosch, 2005) ou la chevelure soignée de la dépouille d'une jeune femme, révélant des cosmétiques d'origine exotique du fait des espèces végétales représentées (Girard et al., 1999).
Au-delà du savoir-faire, pour réaliser des assemblages de matériaux odorants, les parfumeurs de l'époque, ont déjà un problème de choix des associations d'odorants à mélanger, avec un souci d'efficacité et d'harmonie : Là, réside l'Art. Il existe bien avant notre époque de véritables palettes de substances odorantes (Elisseeff, 2007).

La création de parfums s'installe en occident

L'histoire des parfums, écrite, existe (voir par exemple, Le Guérer, 2005). Après ses origines ancestrales encore discutées, le parfum prend pied en Europe, profitant bientôt de la distillation alcoolique

l'Ayurveda sont constituées de plusieurs parties, dont celle transcrite par un médecin Chakara, rédigée à la charnière entre l'ère pré-chrétienne et la nouvelle.

permise par les alambics. L'alcool magnifie des compositions d'antan qu'on aimerait bien sentir ! L'Eau de Hongrie, à base de romarin et de bergamote, un ancêtre né en 1370 a survécu, maintes fois réinterprétée, jusqu'à aujourd'hui, la très célèbre Eau de Cologne, passée en 1709 dans les mains de Jean–Marie Farina. La modernité s'affiche avec un parfum composé par Ernest Beaux, en 1921, N°5 de Chanel, assuré déjà d'une belle longévité (cent ans !) puisque beaucoup d'entre nous l'on senti... Des sommets réputés inatteignables, sont conquis, comme par exemple, l'évocation synthétique du muguet, avec Diorissimo d'Edmond Roudnitska...
Une multitude d'autres compositions dont la découverte par le nez démontre l'originalité ! Inventions, inspirations, de ce point de vue, l'œuvre olfactive ne diffère pas de celles s'exprimant au moyen d'autres sensorialités pour émouvoir ou interpeller leurs destinataires.
Retiendra-t-on que le premier parfum « grand public » est *Chypre* de François Coty, en 1917 ? Peut-être. En tout cas, dans ces années-là apparaît un tournant important pour l'histoire du parfum, accompagné, entre autres, par le développement de la chimie industrielle, découvrant dans la nature ou inventant par centaines des composés odorants inédits. Cette « palette » d'odeurs artificielles, de matériaux à combiner, nous a convaincu du talent d'illusionnistes qu'affichent les compositeurs de parfums (Ellena, 2011). Bientôt, se développeront des « maisons », en particulier, de haute couture, qui distribueront des fragrances de haute qualité, diffusant de véritables créations olfactives d'artistes le plus souvent anonymes. En fait, après avoir été artisanale, la production des parfums est devenue une affaire industrielle : Elle s'établit dans le sud méditerranéen français, la ville de Grasse, où l'on tannait dans la pestilence des cuirs depuis le Moyen-Age. Ainsi forcés, les tanneurs apprirent l'enfleurage des cuirs pour rendre leurs produits consommables... Cette industrie s'épuisant, la ville étant l'ultime étape sur la route de la lavande sauvage des Alpes, en tira des leçons et cultiva les senteurs florales pour cacher ces odeurs trop animales, des Roses de Mai, des fleurs de l'oranger ou de jasmin , et s'est érigée en centre de la parfumerie mondiale[29]. Le parfum devient un objet de

[29] Fin 2018, Grasse jouait son inscription au patrimoine culturel immatériel de l'UNESCO pour son savoir-faire lié au parfum. La lavande sauvage cueillie dans les Alpes de Haute Provence, a été remplacée vers 1920 par des lavandes cultivées (lavandin) dans la région de Valensole, puis dans la Drôme, le Gard ou l'Ardèche. Appréciées pour leurs senteurs, pendant des siècles, les huiles distillées des lavandes ont aussi été utilisées pour leur vertu antiseptique.

grande consommation, un accessoire de communication, parfois même un acte publicitaire, même s'il a été amené rapidement à apporter de très substantiels revenus par lui-même. Les sociétés qui les produisent ou les livrent s'appuient sur l'art des grands maîtres du parfum mais n'affichent pas leurs noms ! Le nom même du parfum, le titre de l'œuvre, n'est pas toujours maitrisé par le compositeur bien que certains d'entre eux parviennent à exprimer leur choix (Ellena, 2011)… Pour exister, les créateurs soumis aux *briefs*, objectifs fixés par les commerciaux, (le service *marketing*), s'accordent ou souvent se plient[30].

Assez récemment, des boutiques plus confidentielles proposant des parfums de « niches » créations authentiques ou rééditions de parfums contemporains oubliés, se mettent à foisonner, une forme de réaction. Dans de véritables maisons d'édition, le compositeur voit son nom affiché, la création n'est plus anonyme (citons ici[31], L'Artisan Parfumeur, fondé en 1976 par Jean Laporte, précurseur). Serait-ce une évolution marquante et salvatrice ? Créée en 1946, la société commerciale Art & Parfum imaginée par Edmond et Thérèse Roudnitska, forme de liberté pour le créateur, avait bien montré la route et persiste !

Il est certainement intéressant de noter que les parfums alcooliques nés au XIVe siècle ont fleuri les cours royales (l'Eau de la Reine de Hongrie, *consommée*[32] du XIVe au XVIIIe siècle puis l'Eau de

---

[30] Il fut toutefois un temps de la parfumerie moderne où le commerçant demandait au compositeur de parfum, une création « clé en main » : Dans un hommage à Edmond Roudnitska, Jean Claude Ellena décrit un contrat où la créativité du compositeur est clairement convoquée : *« A 30 ans Edmond Roudnitska vient de signer un contrat de compositeur d'odeurs avec les Fabriques de Laire, société située à Issy les Moulineaux. Ce contrat prévoit la réalisation de compositions dont il enverra des échantillons accompagnés de larges et précises explications : motivation, idée-support de parfum, description, proposition de présentation aux clients »*. Jean–Claude Ellena, inspiré, crée un *Terre d'Hermès*, alors que le titre « Terres » était déposé par Hermès depuis plusieurs années.

[31] En fait, et on les comprend, de multiples créateurs se sont décidé à exister indépendamment des distributeurs. Annick Goutal, Patricia de Nicolaï, Frédéric Malle, etc.

[32] A ces époques, le parfum servait aux ablutions, aux soins de la peau, mais pouvait aussi être ingurgité, pour ses vertus médicinales.

Maurice Chastrette nous a fait part du commentaire suivant : « *A l'époque, les solutions alcooliques étaient considérées comme des médicaments et c'est l'alcool (quintessence) qui était le composé actif, pour ainsi dire. L'Eau de la Reine de Hongrie était une macération, un alcoolat, de romarin dans lequel les vertus*

Cologne, un succès inégalé, inventée en 1695 par Giovanni Paolo Feminis, utilisée déjà par plusieurs rois de France et par Napoléon, et dont la formule est, jusqu'à aujourd'hui, inchangée) ont été d'abord des objets de luxe, réservés un temps à une clientèle argentée, à faible diffusion. Donc la tendance actuelle de modes de création et de distribution plus élitistes, parait un retour aux sources. Incidemment, on constate ainsi une tendance à la possession jalouse, à l'exclusivité de l'œuvre parfumée !
Cette personnalisation des fragrances signifie aussi probablement une lassitude du public vis à vis de la multiplication des lignes à très large diffusion, qui déclinent une fragrance en eaux de parfums, des eaux de toilettes, etc., saturant le marché et introduisant une redondance qui s'ajoute au plagiat, à l'air de *famille*[33] que présentent des parfums d'origines diverses qui essaient de capturer le succès d'une idée originale authentique.
Très récemment, à cause de la réelle séduction de ces nouvelles formules commerciales, on a assisté à la prise en main des maisons d'édition de parfums indépendantes par l'industrie du luxe extrêmement puissante. Estée Lauder a acheté *Le Labo* et les *Editions Frédéric Malle*, le groupe *Puig* (*Paco Rabanne*), *L'Artisan Parfumeur,* et *Shiseido*, *Serge Lutens* (Barbery-Coulon, 2016). Mais les compositeurs, en majorité, revendiquent leur liberté…

L'art du compositeur de parfum

Tous ces arguments, en confirmant un impact culturel de ces parfums, ne témoignent-ils pas de leur expression esthétique et de leur dessein ? Les témoignages des créateurs de parfums eux-mêmes sont assez rares. L'exception, par son autorité et sa compétence, sont les témoignages écrits d'Edmond Roudnitska (Roudnitska, 1991a). Mais nous incitons aussi vivement les juristes et autres amateurs à découvrir

---

thérapeutiques de cette plante, connues depuis longtemps, étaient magnifiées par l'alcool. Alors que les traités de distillation paraissent à partir de 1450 environ, il semble que le premier qui mentionne explicitement les odeurs des « eaux » dont on donne les recettes est le traité de Porta paru vers 1600. L'eau de Cologne elle-même n'est devenue un parfum que sous la pression d'un décret de Napoléon sur la publication des formules des médicaments ».

[33] On a parlé en effet, dans la profession, de « famille » dont on désigne le chef de file, c'est à dire une création d'inspiration nouvelle, de forme olfactive inédite, comme par exemple, le serait l'*Eau Sauvage* d'Edmond Roudnitska ou le *Shalimar* de Guerlain.

cette réalité artistique et à former leur jugement en lisant, en particulier, celui qu'offre *Le Journal d'un Parfumeur* de Jean–Claude Ellena, 2011. Des documents indispensables. Et puis, peut-être, pouvons-nous leur conseiller d'odorer quelques œuvres !
Laissons, ici, un compositeur de parfum nous convaincre de l'investissement du créateur d'aujourd'hui dans son œuvre. Michel Roudnitska nous dit :
« *La création d'un parfum naît effectivement d'une émotion et doit transmettre une émotion, (et ce n'est d'ailleurs pas toujours la même ...), mais qu'y a-t-il de plus fugitif qu'une émotion ou une sensation olfactive ? Le temps d'en prendre conscience, elle est déjà remplacée par une autre... C'est cette fugacité et cette volatilité du stimulus de départ comparées à la lourdeur du processus de création propre au parfum qui rend ce métier si difficile. Un musicien qui entend un chant d'oiseau ou une mélodie dans sa tête peut la retranscrire en quelques secondes ou la siffler, de même pour le peintre qui va rapidement faire un croquis. Construire une formule de 40 à 50 constituants peut prendre des heures, la peser pour la sentir encore une heure ou deux...mais il faudra certainement des centaines de modifications de cette formule avant d'arriver à reconstituer cette vision fugitive ; donc des mois et parfois des années avant de toucher au but. On n'a pas encore trouvé le Mozart du parfum capable de restituer du premier jet, ou presque, le fruit de son inspiration.*
A titre d'exemple, mon père a travaillé pendant près de 10 ans sur l'Eau Sauvage. [34] »
Ajoutons, sur le plan technique, qu'il serait simpliste de considérer qu'un parfum comme une simple juxtaposition de composés odorants. En particulier, son évanescence même constitue un trait essentiel de sa distinction... Classiquement, il déroule successivement une tête, un cœur et un fond. L'évolution de la fragrance lors de sa vaporisation est une caractéristique essentielle de sa forme !

La matière odorante, le support d'une idée

Le statut juridique du parfum, fatalement, se préoccupera de son aspect matériel ! Preuves matérielles certes, mais cela n'épuisera pas le débat... Le témoignage des hommes est encore audible. A ce

---

[34] Réponse de Michel Roudnitska à une interview de Valérie Brisebois–Samuel. http://www.art–et–parfum.com/relookingshop_fichiers/jdcparf_fichiers/mic–itw.htm

propos, il est essentiel de reconnaitre l'erreur fondamentale de Descartes, et de bien comprendre la réhabilitation des perceptions humaine qu'impose la critique de l'émotion par Damasio [35]! Pour être homme on ne pas se contenter de penser, il faut aussi assumer ses émotions !

Le secret des formules, listes pondérées de composants naturels ou chimiques, fut longtemps le seul rempart à garantir l'originalité de l'œuvre parfumée, sa transmission permettant aussi sa multiplication (comme des lithographies) et son partage, ce qui ne nuit en rien à sa qualité artistique. Mais les techniques des physiciens contemporains (la chromatographie alliée à la spectrographie de masse[36]) sont venues à bout de ces secrets, capables d'analyser, d'identifier les composants de nombreuses œuvres parfumées. Encore faut-il, pour leur reconstitution ou leur copie, que les matériaux, les sources de substances fragrantes, soient encore disponibles…

Parmi les conséquences de ces absences, on doit remarquer qu'il est difficile, voire trompeur, de présenter une histoire « illustrée » des parfums : Pour l'essentiel, leurs compositions et leurs structures se sont évaporées dans l'ombre du temps. Pour tenter de s'en faire une image, il ne resterait que des témoignages écrits comme ceux de Dioscorides ou Pline l'Ancient, voire des « recettes » anonymes inscrites en bas-reliefs dans la pierre égyptienne parfois recopiées dans les textes plus humides des bibliothèques (Le Guérer, 2005 ; de Feydeau, 2011), ou encore, par exception, libérées par leurs auteurs contemporains (Ellena, 2012).

Même aujourd'hui, la conservation pérenne des œuvres parfumées est techniquement délicate : L'*Osmothèque*[37] de Versailles est un conservatoire unique où une mémoire des parfums est réunie. Avec la bienveillance de la Présidente, Patricia de Nicolaï, parfumeur créateur indépendant, l'Art olfactif entre là dans l'Histoire vivante. On peut y

[35] Antonio Damasio, neuropsychologue contemporain, ibid., note 71.

[36] La chromatographie sépare les constituants moléculaires des mélanges, la spectrographie de masse les analyse, et permet de les identifier rapidement grâce aux bases de données.

[37] L'Osmothèque, conservatoire international des Parfums, imaginée par Jean Kerléo, compositeur de parfums, a été ouverte en 1990, avec l'appui du Comité Français du Parfum, de la Chambre de Commerce et de l'Industrie de Versailles, de la Société française des Parfumeurs et de l'Institut Supérieur International de la Parfumerie, Cosmétiques et Arômes (ISIPCA). L'Osmothèque et ses collections d'œuvres olfactives sont ouvertes aux professionnels, aux étudiants des écoles de la Parfumerie et au public, de plus en plus intéressé.

odorer les compositions originales de parfums anciens ou plusieurs centaines d'œuvres contemporaines. Distribués sur des touches, ces fragrances originales ne sont pas affectées par la norme « sanitaire » destructrice imposée par la normalisation incongrue de l'Europe !

La protection des parfums

Malgré tous les efforts qui magnifient les parfums et assoient l'idée que leur création est bien un geste artistique, la distribution des parfums restent très majoritairement dans les mains de l'industrie des arômes et parfums.
Le succès des parfums, auquel indubitablement ces sociétés contribuent, a une contrepartie : L'universalité de leur distribution par de très solides marques, mobilisant l'image du luxe, en fait des produits à haute valeur ajoutée, cela excite l'avidité des contrefacteurs : Le parfum est devenu une cible très rentable.
Tant, qu'il faut envisager leur défense.
Comme l'indique la pratique, protéger par la loi les parfums contre la contrefaçon ou le plagiat est possible, de diverses manières.
Avec le temps, le statut juridique du parfum semble se clarifier, et les défenseurs des parfums savent trouver des arguments de défense efficaces du produit (Poitou et al., 2008) : La thèse de Delphine Galan soutenue en 2008 devant l'Université d'Avignon, faisait le point, indispensable, sur la situation en France[38]. Elle examinait bien sûr les possibilités de protection de la création olfactive par le droit de la propriété intellectuelle, mais surtout distinguait deux propriétés du parfum qui peuvent donner prise à une défense : Elle insistait, avec justesse, sur la distinction entre, d'une part, sa constitution chimique, en quelque sorte l'objet, et d'autre part, son effet, la fragrance. Sur le plan artistique, la fragrance prévaut.
Sur le plan scientifique, la constitution chimique est l'affaire de descriptions chimiques produisant la liste des constituants d'un mélange odorant. En plus des « partitions » originales de la main des auteurs, ces listes peuvent être obtenues ou confirmées par des mesures physico-chimiques, permettant une identification implacable

[38] Voir aussi, par exemple l'article de P. Breese, *La contrefaçon de parfum,* http://breese.blogs.com/pi/files/ParfumBREESE.pdf (consulté le 9/9/2016) ou celui de A. Cousin–Hennin, *Quelle protection pour la fragrance ?* https://www.village–justice.com/articles/Quelle–protection–pour–fragrance,18556.html (consulté le 9/9/2016).

des constituants chimiques (souvent une chromatographie suivie d'une spectrographie de masse...). La formule établie par l'analyse, est admise comme élément de preuve par certains tribunaux mais il y a un risque qu'elle ne soit pas suffisante : On sait qu'une variation minime de composition (ajout ou retrait d'un composé quantitativement mineur parfois) peut entrainer la modification de la signature olfactive, de la fragrance.
Bien sûr du point de vue industriel, l'« objet » est élargi au produit, on s'intéresse aux copies du flaconnage, de l'emballage, voire même du nom du parfum. Ainsi, le droit des marques produit aussi un argumentaire de défense contre la contrefaçon.
Cependant, du point de vue des créateurs, ce qui est en jeu, c'est bien le résultat sensible de l'œuvre. Plus avant, le message.
L'effet sensible du parfum ici est l'odeur évoquée par le stimulus sensoriel, et les effets olfactifs sont objectivables soit par des mesures physiologiques et par des mesures psycho-physiologiques. Il dépasse le strict effet neurophysiologique puisqu'il intégrera jusqu'à la mémoire du sujet qui odore, son histoire, sa culture, son humeur etc... L'odeur fait sens !

La défense juridique de la fragrance

On envisage alors la protection du message olfactif par le droit d'auteur. L'article L. 112–1 du Code de la propriété intellectuelle protège « *toutes les œuvres de l'esprit, quels qu'en soient le genre, la forme d'expression, le mérite ou la destination* », et donc aucunement n'interdit que le parfum, vecteur d'un message, soit protégé par cette loi qui fonde le droit d'auteur.
Mais, en France, avec la décision en date du 13 juin 2006, en considérant que « *la fragrance d'un parfum, qui procède de la simple mise en œuvre* d'un savoir-faire[39] *ne constitue pas la création d'une forme d'expression pouvant bénéficier de la protection des œuvres de l'esprit par le droit d'auteur* », la Cour de Cassation réfute toujours qu'une fragrance puisse être considérée comme une œuvre d'art. L'argumentaire à l'évidence est très court, et nous semble démontrer une certaine ignorance. D'ailleurs le juriste n'a pas de qualification

[39] A. Cousin–Hennin, avocate, remarque judicieusement que : « *Cette affirmation n'est pas anodine, et pour cause : le savoir–faire est défendable* ». http://www.village–justice.com/articles/Quelle–protection–pour–la–fragrance,18556.html, (consultée en mai 2015).

particulière pour juger qu'une œuvre de l'esprit est une œuvre d'art ! En tout cas, on voit mal comment réfuter le caractère artistique d'une œuvre en se fondant sur les moyens qui ont été mis en œuvre par le créateur ! Le juge a pour mission de défendre, ou non, une œuvre de l'esprit... Tout le monde peut constater que ce commentaire pourrait aussi bien s'appliquer aux assemblages de mots qu'aux assemblages de couleurs : Il n'est pas démonstratif et, même archaïque. Bien évidemment, pour tout le monde, l'œuvre du peintre ne peut pas être considéré uniquement comme un mélange de couleurs, celle du romancier comme un mélange de mots... De même, par ignorance ou insensibilité, on ne peut pas limiter la forme olfactive, la fragrance à l'assemblage de ses constituants. Dans tous les cas, l'œuvre résulte bien d'un savoir-faire... mais pas seulement (Ellena, 2011). Encore faut-il être capable d'appréhender ce qui se cache sous « seulement ».
L'originalité de l'œuvre, en particulier, est un critère indispensable pour justifier que l'objet peut jouir d'une protection par le droit d'auteur. De ce fait au centre des débats, la description de la fragrance n'est pas malheureusement si évidente[40]. L'olfaction humaine, sa fiabilité, sa subjectivité, sont en question...
Certains juristes invoquent la prétendue faiblesse des capacités olfactives de l'homme : Son sens olfactif, considéré frustre, ne lui permettrait pas de distinguer des produits contrefaits de l'original. Or, c'est totalement faux ! En effet, on a montré par une approche rationnelle qu'experts et novices avaient des aptitudes très voisines à décrire les parfums (Worch et al., 2010).
On doit en tout cas attirer l'attention des légistes sur le fait que les consommateurs sont moins impuissants avec leur nez qu'on ne le juge hâtivement : Ils sont capables de consensus et montrent une bonne reproductibilité de la description des odeurs qu'ils perçoivent (Moskowitz, 1996 ; Husson et al., 2001 ; Worch et al., 2010).
Sur le plan juridique, il apparait malgré tout quelques espoirs.
Dans les procès, les défenseurs font de plus en plus souvent part d'études comparatives des produits originaux et de leurs contrefaçons par des jurys de consommateurs. Une mesure objective de la proximité des parfums a été introduite par un expert, Pierre Breese[41],

---

[40] A ce propos, l'ouvrage de Stéphanie Perrouty-Perret, *Rhétorique des senteurs*, (2006), donnent des clés qui dépassent celles qu'ont apportées de nombreux linguistes. Indispensable.

[41] Pierre Breese, Ingénieur Expert près la Cour d'appel de Paris, confronté à la défense des parfums, s'appuie sur une expertise technique qui combine trois

proposant un protocole qui évalue la distance entre les parfums originaux et leurs copies. Ces expertises ont été produites avec un certain succès depuis quelques années dans plusieurs procès nationaux ou étrangers relatifs à la contrefaçon des parfums. Fondée sur une approche méthodologique logique statuant sur l'identification chimique (comparaison des compositions des « jus », description du support), l'analyse sensorielle des effluves (comparaisons des fragrances par des jurys) et descriptions des fragrances (jugements émis par un professionnel de l'odeur), il s'agit d'une arme de la défense. En parallèle, la production de telles expertises joue aussi le rôle d'un outil pédagogique auprès des juristes. Utilisées pour évaluer la volonté de contrefaire, donc la similitude de fragrances, les analyses sensorielles démontrent en même temps l'acuité olfactive d'au moins certains consommateurs qui distinguent très bien certains produits très proches.

Ainsi, malgré les difficultés techniques de ce combat, on note quelques coups de griffes à la pesante pression de la Cour de cassation.

Par exemple, le 13 septembre 2007, la Cour d'appel d'Aix en Provence rend un avis favorable à la reconnaissance du parfum comme une œuvre de l'esprit, défendable par la loi sur la propriété intellectuelle (articles L. 112–1 et L. 112–2 du Code de la propriété intellectuelle). La Cour de cassation, le 22 janvier 2009, arc-boutée sur l'argument du savoir-faire, annule le jugement de la Cour d'appel d'Aix–en–Provence.

La fronde couve, un arrêté du 10 décembre 2010 de la Cour d'appel d'Aix–en–Provence reconnaît le principe d'une protection du parfum par le droit d'auteur. La Cour de Cassation, inflexible, confirmera une fois de plus cependant sa position conservatrice, le 10 décembre 2013 (Cass. com., 10 déc. 2013, n°11–19.872)[42]. Le 31 mars 2016, la Cour d'appel de Toulouse… La lutte continue.

---

arguments : L'analyse chimique, l'analyse sensorielle par un échantillon de consommateurs, et une description comparative original/contrefaçons. Celles-ci peuvent être produites par l'Institut Supérieur International de la Parfumerie, Cosmétiques et Arômes (ISIPCA).

[42] En avril 2014, cette conception a été confirmée au cours d'un procès intenté par plusieurs marques à un site commercial vendant sur internet de parfums reproduits en conscience car considérés comme « libre de droits ». Le tribunal de Grande Instance de Paris a condamné l'entrepreneur pour l'usage de la notoriété des marques, mais a exclu encore qu'il puisse l'être pour la contrefaçon de « produits libres» !

Bref, en France donc, les tentatives s'accumulent. Quoiqu'il en soit, pour l'instant, les parfums, leurs formes, ne sont pas protégés par des droits de propriété intellectuelle.

Il est à noter que cette conception française n'est pas universelle, certains pays reconnaissant la qualité artistique du parfum. C'est le cas par exemple au Pays-Bas, où, en 2006, la Cour suprême a condamné un contrefacteur de *Trésor*, parfum lancé par Lancôme, en se fondant sur le droit d'auteur. Suivant les conclusions de la Cour de justice européenne (affaire C–487/07), en 2010, la Cour d'appel anglaise condamnera au nom de la défense de la propriété intellectuelle une société imitant des parfums et dont la publicité mentionnait, sans détours, des tableaux de concordances entre ses produits et, entre autres, ceux de la marque L'Oréal.

En Europe, les mentalités évoluent... Ce qui est paradoxal, c'est que la parfumerie est économiquement et ... artistiquement, grandement une affaire française !

L'Europe, un coup d'arrêt à l'histoire du parfum ?

Mais il existe aussi une action européenne ravageuse.

Pour une « bonne » cause, la protection de la santé des consommateurs, l'Europe s'est penchée sur les constituants des cosmétiques et des parfums dont certains sont des allergènes connus. On dispose en particulier d'un rapport européen de 340 pages rédigé par des allergologues et maladroitement intitulé : « Opinion *on Fragrance allergens in cosmetic products* » (European Union, 2011)[43]. Constatons d'emblée qu'un amalgame est alors fait entre cosmétique et parfum, ce qui masque leur possible distinction dans les études épidémiologiques qui s'en suivent.

---

[43] On s'inquiétera peut-être du nouveau style de rapport inventé par les instances européennes et intitulé « *Opinion* sur tel sujet ». C'est le cas de celui qui concerne les allergènes de contact présents dans les produits cosmétiques, et volatiles, pouvant donc faire partie des constituants de leur fragrance. Ce rapport du Scientific Commitee on Consumer Safety peut être consulté sur internet « Opinion on Fragrance allergens in cosmetic products » (European Union, 2011, Doi:10.2772/77628). Les auteurs commis par les services européens, sont tous biologistes, spécialistes des allergies plutôt que des parfums. En conséquence de leur formation et leur pratique, leurs compétences sont circonscrites aux allergènes *de contact*. Ce qui laisse penser que selon l'usage qu'on fait du parfum, leur toxicité pourrait être patente ... ou non : Il y a peu de chances que le revers de votre veste manifeste une éruption !

Dès 1999, l'Europe admet l'existence de 26 substances odorantes allergènes présents dans les cosmétiques et demande que leur nom soit affiché sur les produits qui les contiennent. Il faut savoir qu'au moins 2500 substances interviennent dans la formulation des fragrances... Aujourd'hui, l'affichage tourne à l'interdiction !
Quand l'on cherche à savoir pourquoi l'Union européenne se mobilise sur ce sujet, le rapport technique ne donne pas relativement aux parfums d'indications précises sur l'étendue du risque qu'elle veut combattre, surtout du fait de l'amalgame signalé plus haut. En résumé, après analyse de ce rapport et la publication d'informations mieux circonstanciées (Schnuch et al., 2007 [44]; Ter Burg et al., 2014)[45], nous avons encore quelques difficultés à évaluer la dimension du problème. On annonce qu'environ 1% des usagers présenteraient des allergies *de contact* aux *produits parfumés*. On estime que 16% des eczémas (atteintes de la peau), sont dus à l'usage de produits parfumés. Si la prévalence de l'eczéma sous diverses formes aux Etats Unis est de 10,7% en 2007 (Hanifin et al., 2007), on devrait constater des eczémas attribuables à des contacts de la peau avec les parfums toucheraient 1,7 % des américains... S'intéressant à la sensibilisation *par inhalation*, Ter Burg et al. concluent qu'il y a très peu de chances pour que les concentrations des principaux allergènes véhiculés par des aérosols rafraichisseurs d'air soient responsables de sensibilisations allergiques. Une revue de cette question publiée récemment conclut à l'absence d'effet allergique lié à inhalation des fragrances (Basketter et al., 2015). En fait, il n'y a pas de données suffisantes pour statuer sur d'éventuelle sensibilisation par les seules fragrances. Selon ces données, il n'y a donc pas lieu d'interdire des substances volatiles aromatiques, sauf par précaution : Il serait plus judicieux de donner

---

[44] Selon Schnuch et al., 2007, après une série de mesures par tests épicutanés (patch tests) sur les 26 substances inscrites dans la liste des indésirables, 7 représentent un risque allergénique compris entre 2,4% et 0,9%, 9 sont très faiblement inducteurs (entre 0,6% et 0,3%), 10 ne présentent pas de risques allergiques sérieux (<0,3%).

[45] Certaines molécules odorantes, comme le linalool, l'iso-eugénol ou le D-limonène sont fréquemment utilisées comme agents parfumants dans les aérosols rafraichisseurs d'air. Afin d'évaluer la propension de ces agents odorants à provoquer une réponse allergique par inhalation chez les consommateurs, les auteurs ont comparé leurs effets sur la prolifération des cellules des ganglions lymphatiques mandibulaires de souris exposées à celui de di-isocyanates, connus pour leur pouvoir allergénique (test normalisé). Selon ces mesures, l'iso-eugénol, par exemple, aux concentrations habituellement proposées par ces produits, n'est pas capable d'induire d'allergisation par la voie respiratoire.

des conseils d'utilisation... comme on devrait le faire pour les cacahouètes !
Au-delà, la conséquence aujourd'hui, c'est l'interdiction de l'usage d'un certains nombres substances odorantes dans la confection aromatique.
C'est surtout ça qui nous émeut. Le résultat amer de ces considérations, est une véritable catastrophe culturelle : On s'aperçoit en effet à l'étalage des distributeurs que les créations olfactives nées avant leur promulgation sont modifiées. Avec cette mesure, on peut détruire l'histoire du parfum, un véritable autodafé !
Parmi les substances allergisantes[46], on trouve, par exemple, l'hydroxy-citronellal, évoquant le muguet (ces immaculées clochettes printanières dont il est impossible de réaliser une essence) qui compte beaucoup dans la fragrance de *Diorissimo* (Sell, 2003), une création novatrice d'Edmond Roudnitska née en 1956. Ceux qui commercialisent ce parfum se sont engagés dans une modification de sa composition, altération objective de la création qui, pour certains amateurs au moins, rend cette composition méconnaissable. Nous nous abstenons ici de juger de la qualité des d'ersatz que les éditeurs ont proposés sans changer le nom des produits, sans information du consommateur. Le vrai problème posé est celui de la propriété de l'œuvre et de ses rapports avec les distributeurs. Cet avatar illustre parfaitement la préoccupation visionnaire d'Edmond Roudnitska. Les exemples, malheureusement sont légion et concernent des parfums extrêmement célèbres, historiques. Sous le même nom commercial, désormais, on trouve donc en vente des fragrances altérées... d'œuvres devenues (en principe) inaccessibles. Quid des droits d'auteur ?

Conclusion : La Fondation et les parfums, demain

Nous proposons qu'on laisse vivre les parfums, au moins pour leur conservation muséologique. La seule manière, c'est d'enregistrer la composition des jus, en espérant que les composants resteront disponibles. En effet, la force des marchés risquent de faire disparaitre

[46] La directive européenne 2003/15/CE produit une liste de 26 substances (nombre qui ira forcément en s'accroissant) potentiellement allergisantes qui doivent figurer en clair sur les emballages parmi les constituants, quelle que soit leur fonction, dès que leur concentration dépasse 0,001% dans les produits qu'on peut appliquer sur la peau sans rinçage, etc...

certaines sources naturelles. D'ailleurs, la normalisation, vorace, pourrait vouloir contrôler la production des sources elles-mêmes !
Nous remarquons qu'il n'est pas nécessaire, pour apprécier ces œuvres olfactives, de s'en oindre, ou de s'en asperger ! On peut juste les flairer, comme le font d'ailleurs leurs créateurs grâce à leurs touches. Respectant notre peau, il a existé et existe d'ailleurs des bijoux créés spécialement pour supporter nos liqueurs fragrantes. A la Renaissance, on utilisait des pendentifs d'or ou d'argent, sphères creuses et ajourées, des *pommes de senteur*, pour y cacher un ou plusieurs parfums. Les parfums ne sont plus dès lors assimilables à des *allergènes de contact*, laissant les directives sanitaires sans voix.
Quant à la législation, elle a prouvé qu'elle était capable d'évolutions, et le socle bouge déjà... Et les sciences de l'odorat démontreront encore la nature de l'odeur, confirmeront la part de la subjectivité de la perception olfactive nécessaire à l'art, les chimistes créeront de nouvelles molécules tous les jours et comprendront toujours mieux les rapports entre la structure moléculaire et l'odeur. La Fondation Edmond Roudnitska exprime sa préoccupation pour le lien entre la substance odorante, la fragrance et les émotions. Ainsi, avec la bienveillance de ses administrateurs, elle contribue et contribuera à ces avancées.
Finalement, nous sommes plutôt confiants :
Même à partir des contraintes européennes, le génie des créateurs de parfums saura s'adapter... Mieux, nous savons tous que les artistes sont novateurs et surtout rebelles...
Malgré tout, aujourd'hui, à cause de la pléthore réglementaire ou des inconstances des matières premières, une question reste en suspens : « Les parfums d'antan sont-ils vraiment perdus à jamais » ?

Deuxième partie
Odorer

> *« L'odorat, comme tous les autres sens, a pour but d'assurer le commerce continuel de l'être qui en est doué, avec les corps extérieurs au milieu desquels celui-ci existe : il appartient donc à ces corps autant qu'à l'animal lui-même, et les lois qui règlent son exercice doivent être étudiées dans les objets de la nature, d'une part, et dans les faits de l'animalité, de l'autre ».*
>
> Hippolyte Cloquet, 1821.

Le support biologique de l'odorat, le système olfactif, est une partie du système nerveux qui fait naître dans l'organisme une sensation signant la présence de molécules diluées dans l'environnement, l'air pour les êtres terrestres, et l'eau pour les animaux aquatiques. C'est un objet biologique complexe. L'olfactologie, c'est la science qui décrit le sens olfactif, et ce dont il est capable, l'olfaction.
« Olfaction » est aussi le terme qui nomme cette sensorialité. L'olfaction est un sens téléonomique dans la mesure où il rend capable l'organisme d'identifier des sources émettrices à distance. Mais il dépend quand même d'un contact matériel étroit entre le stimulus, de nature chimique, moléculaire, et l'organe qui lui est sensible, la muqueuse olfactive. En ce sens, ainsi, il est question d'un contact intime avec les objets odorants de notre environnement qui laissent s'échapper d'infimes parties d'eux-mêmes, signatures chimiques, que notre olfaction sait mettre à profit. Pour aider les psychanalystes à investir ce champ refoulé, (Sechaud, 2001), suffira-t-il de remarquer qu'un petit bout de l'autre, du non-soi lui-même, nous pénètre (superficiellement, il est vrai), et nous émeut (parfois profondément, il est vrai) !
Le lecteur de cet ouvrage doit pouvoir insérer les résultats qui ont été apportés grâce à l'investissement de la Fondation dans un contexte scientifique, puisqu'il s'agit de son objet. Le lecteur trouvera donc pour l'aider ou l'instruire, dans le chapitre suivant (chapitre 3), un rappel de physiologie de l'olfaction.

Mais, lorsqu'on s'apprête à décrire l'organisation d'un système, il est bon d'avoir quelques idées sur ses performances. Pour le chercheur, c'est d'ailleurs le seul moyen de poser les bonnes questions à la machine biologique qu'il étudie : Pour que ça marche, il faut que la structure remplisse telle ou telle fonction. « Quelles fonctions » ? Pour la science, c'est le temps rare des pourquoi, vient ensuite le temps des comment : « Pourquoi faire ? » d'abord, et ensuite, « comment la nature s'y prend-elle »? Notons que parfois ce repérage initial, le travail d'identification, sorte d'inventaire, peut demander à lui seul de considérables investissements des chercheurs (penser à la découverte de Lucy[47] par exemple), et n'est pas en dehors des préoccupations scientifiques ! Pour nous, à ce stade, il s'agira de poser une question apparemment triviale « Un système olfactif, à quoi ça sert ? ». La réponse prendra, dans les paragraphes qui suivent, la forme d'une liste de propriétés remarquables de l'odorat.

Dans ce parcours, marquant la dépendance des chercheurs et de leurs conceptions vis-à-vis de leur milieu technologique, nous n'oublierons pas que dans la période couverte par l'activité de la Fondation Edmond Roudnitska (née en 1978), une révolution méthodologique et conceptuelle s'est produite. Grâce à l'exploitation technologique d'une réaction enzymatique (Mullis et al., 1986)[48], les protéines et leur génétique ont envahi techniquement et conceptuellement les sciences biologiques. L'olfaction a *ses* protéines, et cela modifie l'angle d'attaque du sujet : La Fondation, en plus de la révolution informatique, a vécu cette évolution capitale.

---

[47] le 30 novembre 1974, le squelette presque complet de Lucy est découvert en Éthiopie par Maurice Taieb (géologue), Yves Coppens (paléontologue) et l'Américain Donald Johanson (paléoanthropologue), « Australopithèque » datée de 3,2 millions d'années. Il ne s'agit que d'une cousine de l'homme moderne, mais sa bipédie marque les esprits, et on lui a attribué le titre de « mère de l'humanité », à tort. On a trouvé plus tard d'autres « ancêtres », bien plus vieux !

[48] Kary Mullis et Michael Smith ont reçu le prix Nobel de chimie en 1993 pour la mise en œuvre de la multiplication des brins d'ADN par une polymérase contrôlant une réaction en chaîne (PCR). Un brin de génome peut dès lors être reproduit des millions de fois et on dispose alors en conséquence d'une quantité de matériel génétique manipulable. La méthode a ouvert la voie au décodage des génomes, l'identification et l'isolation des gènes, et par suite, à leur manipulation extrêmement efficace, dont leur transfert, leur greffe, d'un type cellulaire à un autre. Finalement, en dix ans à peine l'utilisation du code génétique pour réfléchir la biologie s'est imposée.

Vivre au milieu de la chimie du monde

Dans la mesure où les organismes vivants utilisent des ressources nutritives environnementales (au bout du compte, de la chimie) et peuvent être agressés par les toxiques, on est conduit à penser que cette dépendance doit être assumée en appréhendant les caractéristiques chimiques du milieu. La chimie du monde est une source d'information vitale. Tout, ou presque, autour de nous (vivant ou même inerte), sent, c'est à dire libère des particules chimiques dans son environnement. Connaitre cet environnement, c'est une obligation primordiale du sujet, une capacité qui permet d'organiser sa survie. C'est une nécessité, presque une définition de la vie. En parlant d'odorat, nous parlons vraisemblablement d'un sens « premier ».

Histoire naturelle des récepteurs

A l'aube de la vie, était la gloire conquérante des bactéries. Chez les bactéries, on constate déjà la grande diversité des systèmes récepteurs qui permettent de reconnaitre l'hétérogénéité chimique de leur environnement, fondamentalement l'eau, des signaux chimiques offrant une vie de relation substantielle à ces organismes primitifs [49].
Les mécanismes de réception / transduction des bactéries, engagés dans le chimiotactisme ont été très étudiés, très tôt (Adler, 1969). La nage de la bactérie est sous dépendance du battement d'un flagelle, sorte de petit fouet qui, en s'agitant, propulse la bactérie. On connait chez Escherichia coli et d'autres bactéries, un petit groupe de récepteurs transmembranaires, appelés MCPs (pour *methyl-accepting chemotaxis proteins*), qui s'articulent sur une chaine de protéines enzymatique dont la cible finale est le mécanisme qui contrôle la mobilité du flagelle. On a constaté que lorsque le ligand du récepteur est favorable au développement de la bactérie, attractif, la chaine de transduction active le flagelle, la cellule peut nager dans un gradient de concentration croissant vers la source. Lorsque le ligand est défavorable, le flagelle peut être ralenti, ou le sens de déplacement, selon le gradient, se trouver inversé, le micro-organisme fuyant la source indésirable. On distingue de multiples récepteurs aux capacités

[49] « Primitif » est-il vraiment le terme adapté ? N'oublions pas que l'évolution de ces cellules a duré au moins trois milliards d'années ! Les pluricellulaires n'ont, eux, que 800 millions d'années.

de reconnaissance variées. Par exemple, sensibles au galactose (un sucre, source d'énergie), ou d'autres, sensibles à tel ou tel acide aminé. Il existe dans certains cas un intermédiaire de transport, une protéine, livrant le ligand au récepteur. Le plan d'organisation de ce dispositif « sensoriel » ressemble à celui des mécanismes de la réception olfactive mais ses éléments sont structurellement et fonctionnellement très distincts (voir par exemple, Bren et al., 2000 ; Webre et al., 2004 ; Szurmant et al., 2004). Toutefois, apparaissent chez ces mêmes micro-organismes des photorécepteurs eux aussi inclus dans la membrane cellulaire[50] mais captant des signaux lumineux. Ces dispositifs préfigurent eux, la réception olfactive du futur (Hildebrand et al., 1975 ; Spudich et al., 2000), et, aussi d'ailleurs, d'essentiels récepteurs (de neuromédiateurs) indispensables au fonctionnement du cerveau ! Ces photorécepteurs sont formés d'une serrure, une protéine membranaire, à 7 domaines transmembranaires précisément, qui offrent un site de fixation pour une petite molécule, le rétinal, la clé du système visuel. C'est en agissant sur cette molécule, petit intermédiaire judicieux, sensible enchâssé, que l'énergie lumineuse (le photon) modifie la forme de la protéine réceptrice. Cette déformation constitue l'événement physiologique initial manifestant pour l'organisme la présence d'un signal lumineux dans son environnement. Extraordinaire, ce mécanisme de détection optique est conservé jusque dans l'œil des vertébrés !

Chez les unicellulaires ciliés, algues ou protozoaires, on décrit aussi des systèmes récepteurs de signaux chimiques directement articulés avec la commande des flagelles propulsant ces cellules dans leur milieu[51] (Govorunova et al., 2005 ; Lang et al., 2011). Par rapport aux bactéries, ce qui est nouveau, c'est que ces récepteurs à 7 domaines transmembranaires, couplés à des protéines G (c'est à dire capables de contrôler immédiatement certains composants du milieu intracellulaire), gèrent de multiples réponses intracellulaires (van Es et al., 1999). C'est bien l'organisation chimioréceptrice pour laquelle ont opté les vertébrés.

---

[50] Toutes les cellules des êtres pluricellulaires ou unicellulaires sont limitées par une membrane, la membrane cellulaire. Il s'agit d'une couche lipidique, dans laquelle flottent diverses protéines, Elle isole la cellule du milieu, mais doit aussi ménager, contrôler des échanges, de matière ou d'information, avec cet environnement. Les protéines membranaires sont les effecteurs de cette communication, vitale.

[51] On trouve un tel dispositif chez les spermatozoïdes des vertébrés.

Chez les organismes pluricellulaires, la nécessité d'une organisation complexe va inscrire la chimiosensibilité dans un réseau nerveux tandis que se mettent en place à leur interface avec le milieu des cellules dédiées porteuses de récepteurs protéiques membranaires reconnaissants les événements chimiques extérieurs. Par exemple, chez *Caenorhabditis elegans*. L'animal est un modèle de choix pour les biologistes intéressés, en particulier, par la mort cellulaire programmée (apoptose) et le vieillissement. Il s'agit d'un ver transparent long d'un millimètre, comptant un millier de cellules environ. Fait scientifique extraordinaire, le lignage de chacune de ses cellules entre l'œuf et l'adulte est parfaitement connu (Sulston et al., 1977) ! Ce ver montre de véritables organes chimiosensibles composés d'une vingtaine de neurones ciliés tournés vers le milieu de vie (sur les 302 neurones que compte cet organisme) et équipés de récepteurs membranaires reconnaissants des stimulus volatiles ou solubles. Cinq pourcents de son génome sont consacrés à la chimioréception, un répertoire de 1000 récepteurs à 7 domaines transmembranaires dont une grande partie consacrée au sensoriel. Cette taille relative souligne la grande importance de cette modalité sensorielle pour cette espèce : Elle conditionne la capture des aliments (des bactéries), la fuite des territoires toxiques, et pour les mâles, l'approche des femelles (Bargmann, 2006). Ici aussi, les récepteurs sont articulés sur des protéines G, disposition similaire à la cascade de transduction des vertébrés (Sengupta et al., 1996) ! Distinction fonctionnelle importante du système d'encodage du stimulus olfactif chez *C. elegans* toutefois : Alors que le nombre de récepteurs du répertoire impliqués est grand, le nombre de cellules porteuses est faibles (3 paires pour les stimulus volatiles). A cause de ce simple fait, le mode d'encodage des stimulus chimiques ne peut pas être le même que celui des vertébrés. De ce dernier, nous reparlerons bien sûr (cf. Chapitre 3).

Chez la drosophile, mouche modèle pour généticiens, on trouve un système nerveux hautement organisé avec des neurones récepteurs à l'entrée du système chimiosensoriel sont aussi équipés de protéines réceptrices de molécules volatiles (Clyne et al., 1999). Là aussi, un même neurone peut porter plusieurs des 62 récepteurs à 7 domaines transmembranaires articulés sur des protéines G du répertoire inscrit dans leur génome (Vosshall et al., 1999). On sait cependant que le système de réception/transduction diffère de celui des vertébrés. En particulier, les protéines réceptrices, non apparentées à celles des

vertébrés, s'orientent de façon opposée (l'extrémité C-terminale est extracellulaire) à celle des récepteurs transmembranaires olfactifs des vertébrés et, surtout, s'arrangent par deux pour constituer un canal ionique (Kaupp, 2010). Assez récemment, on a découvert que le système olfactif des insectes[52] comporte d'autres types de récepteurs, une famille de 61 protéines, génétiquement affiliées à un récepteur/canal assurant la reconnaissance d'un neuromédiateur du cerveau des vertébrés (Benton et al., 2009). Ce qui est particulièrement excitant, c'est qu'on retrouve chez les insectes, comme hérité, ce type de structure déjà présent chez les bactéries, participant là aussi à la chimioréception tournée vers le milieu (Chen et al., 1999 ; Stern–Bach *et al*., 1994).
En résumé, dans le règne animal, la nécessité chimiosensorielle est bien ubiquitaire, mais, si on entrevoit certaines filiations, il existe plusieurs systèmes protéiques de reconnaissance de l'environnement chimique différents. A l'ère des protéines, effecteurs de la vie, compte tenu des aptitudes sensorielles des divers organismes, l'histoire de la vie apparaît comme une insertion réussie dans l'univers chimique.

Un sens chimique parmi d'autres

Les vertébrés disposent en fait de plusieurs systèmes sensoriels capables de reconnaissance chimique : l'olfaction, mais aussi la gustation et une chimiosensibilité trigéminale. Parmi ces sens chimiques, par sa sensibilité ou ses capacités de discrimination, la sensorialité olfactive est adaptée plus que tous à la richesse de la composition chimique environnementale, c'est à dire d'un tout-venant

---

[52] Les insectes sont des modèles pour l'étude de l'olfaction assez précieux du fait de réponses comportementales stéréotypées, faciles à observer. Les abeilles, par exemple, peuvent apprendre très rapidement (en deux ou trois essais) à associer un signal odorant à la présence d'une solution sucrée (représentant un aliment). La réponse comportementale observée par l'expérimentateur est l'extension de son probocis (elle tire la langue). Après ce court apprentissage, elle l'étend chaque fois qu'on stimule ses antennes avec l'odorant associé. La mémoire de cette association durera plusieurs mois… (Vous connaissez un apprentissage par association répétée d'un son et d'un stimulus appétissant, baptisé « réflexe de Pavlov », selon lequel le chien se met à saliver dès qu'il entend la cloche tinter, avant même de voir sa gamelle). Chez l'abeille, le support de la reconnaissance olfactive est aussi un répertoire de récepteurs chimiosensibles. Le répertoire génomique de l'abeille, 'Apis *mellifera,* comprend 170 récepteurs à 7 domaines transmembranaires articulés sur des protéines G (Robertson and Wanner, 2006).

extrêmement varié (des myriades d'espèces chimiques). Cette sensorialité est supportée par l'existence d'un système nerveux sensoriel dédié, le système olfactif, dont on se souviendra tout de même qu'il n'est qu'un des systèmes sensibles aux signaux chimiques environnementaux dont la plupart des vertébrés jouissent simultanément.

En effet, les muqueuses de la face, incluant donc les muqueuses de la cavité nasale, contiennent toutes des ramifications du nerf trijumeau dont les fibres sont sensibles aux produits irritants (gaz carbonique, ammoniac, acide acétique, etc), sans toutefois grandes capacités de discrimination. De nombreux produits odorants sont aussi des stimulus efficaces du nerf trijumeau, mais le plus souvent, le seuil de détection olfactive des molécules irritantes est atteint pour de concentrations bien plus faibles que celles qui caractérisent le seuil de détection trigéminale. En fait Doty et al. (1978a) ont montré que sur 47 produits volatiles odorants, 42 étaient détectés alors que le système olfactif était rendu inopérant. On note l'existence d'interactions entre la sensibilité trigéminale et l'olfaction (retentissant sur la sensibilité ou les jugements hédoniques) attestées par de multiples arguments neuro-physiologiques (Livermore et al., 1992).

Saveur et flaveur

Lorsque que nous goûtons la sauce, on explore à la fois sa saveur, son arôme, sa température, sa consistance... En fait, pour la plupart des individus, toutes ces informations sont inconsciemment confondues en une seule image sensorielle. Différentes sensorialités collaborent, le « goût » de l'aliment tel qu'on l'entend communément est une composition, une intégration que le cerveau peut réaliser avec délices ou dégout, sans que l'individu ne soit alerté ou conscient d'une telle complexité. Pourtant la perception gustative proprement dite, s'occupe de la seule saveur, décidant si l'aliment est sucré, amer, salé ou acide. (En fait, on peut lui demander plus ![53]). Elle repose sur la détection de

[53] Les japonais insistent sur l'existence d'une autre saveur, qu'ils appellent *umami* ou odeur délicieuse, qui évoque le bouillon de viande. Ils manipulent le glutamate, support typique de cette saveur, comme un condiment. Annick Faurion mentionnait que l'acide glycyrrhizique évoquant la saveur de la réglisse, pourrait être une autre saveur remarquable, indépendante de sa saveur sucrée pour certains. On sait maintenant qu'il existe pour cette molécule aussi des récepteurs membranaires dédiés.

signaux chimiques libérés à partir des matrices alimentaires au contact de la surface de la langue (mais aussi du palais et d'autres territoires moins spécialisés annexés aux voies digestives). Dans la cavité buccale, ces signaux voyagent dans la salive, donc sont généralement solubles dans l'eau. Ces surfaces muqueuses présentent des papilles gustatives, lieu où naissent les sensations gustatives. Ces papilles ont différentes formes (de calice, caliciformes, ou de champignon, fungiformes), mais toutes comportent des invaginations de la surface muqueuse où leur tapissage épithélial contient les bourgeons du goût. Il s'agit de petits sacs ouverts à la surface de l'épithélium où s'écoule la salive, comprenant quelques cellules sensibles aux stimulus gustatifs, entourées de cellules de soutien et logeant dans la profondeur, des cellules souches susceptibles de remplacer les cellules utiles accidentellement détruites. Peut-être plus exposées encore que les neurones récepteurs olfactifs, les cellules réceptrices gustatives sont, de fait, remplacées avec une fréquence plus élevée. Les bourgeons du goût sont innervés par des fibres nerveuses émanant de plusieurs nerfs crâniens[54]. C'est ainsi que les cellules sensibles (sans prolongements propres comme, par exemple, les neurones gustatifs) transmettent leurs activations à ces fibres nerveuses chargées de la transmission de la réponse gustative périphérique aux centres nerveux. Là encore, bien sûr, des protéines réceptrices jouent un rôle essentiel. Il existe plusieurs types de récepteurs (Matsunami et al., 2000 ; Adler et al., 2000) parmi lesquels la cellule sensible « choisit ». Ceux sensibles aux sucres, aux acides aminés, ou aux molécules amères qui sont de vagues cousins des récepteurs olfactifs, à 7 domaines transmembranaires... Dans certains cas, (pour détecter les ligands umami et sucrés), ils sont assemblés par deux pour constituer le site récepteur proprement dit. On retiendra la multiplicité des récepteurs qui président à la perception sucrée ou à la perception amère : La gustation dispose d'un répertoire génomique de quelques dizaines de récepteurs. La perception de l'amertume est associée à une trentaine

---

[54] Les nerfs crâniens impliqués dans la transmission des informations gustatives, nerf trijumeau (paire n°5), nerf facial (n°7) et nerf glossopharyngien (n°9), entrent dans le cerveau au niveau du pont, donc par des voies très postérieures bien distinctes des entrées olfactives, très antérieures. Toutefois, les informations olfactives et gustatives sont, de proche en proche, transmises à des centres intracérébraux très voisins, voire dans de mêmes structures nerveuses (Small et al., 2005). Elles peuvent dès lors s'influencer les unes les autres, se combiner étroitement (Rolls et al., 1994).

de récepteurs gustatifs, par exemple. La cascade de transduction des cellules « sensibles » aux sels ou à l'acidité (Ye et al., 2016) commence directement par des canaux ioniques perméables soit aux ions salins (sodium, potassium etc…) ou aux protons caractéristiques de l'acidité. En plus, y compris pour les cellules équipées de récepteurs à 7 domaines transmembranaires, la transduction gustative est riche de plusieurs voies différentes (Chaudhari et al., 2010).
Sur le plan fonctionnel, du système gustatif, le système olfactif se distingue d'abord par le fait qu'il s'agit d'un sens qui renseigne à distance sur les sources, même si le support de l'information est aussi ici un échantillon chimique, libéré ou émis, constitutif de la source. On peut également remarquer que le système olfactif est opérationnel pour des concentrations généralement plus faibles que celles qui déclenchent une réponse du système gustatif. Chez l'homme, les seuils olfactifs à des concentrations nano molaires (10^{-9} M) sont courants, alors que le seuil de la saveur sucrée par exemple, est au niveau du gramme par litre pour le saccharose, soit de l'ordre de 10^{-2} M. On connait toutefois des espèces moléculaires qui présentent des seuils gustatifs assez bas, par exemple 2.10^{-6} M pour l'amère strychnine (Pfaffman, 1959).
Notons toutefois qu'il est clairement démontré que les sensibilités spécifiques dans une espèce donnée, dépendent, y compris chez l'homme, des espaces écologiques dans lesquels ils vivent (Hladik et al., 1986). Finalement, conséquence d'un jeu de récepteurs variés, contre les idées reçues, on se persuadera que le sens gustatif est moins frustre qu'on ne le décrit presque partout en assurant qu'il ne permet de distinguer que quatre ou cinq saveurs (Faurion, 1988). Les sucres sont sucrés, certes, mais notre système gustatif est capable d'une plus fine discrimination… de formes moléculaires sucrées très variées, comme celle d'une petite molécule comme le glucose (masse molaire 180) ou celle de la thaumatine, protéine « sucrée » (masse molaire 22000)[55]. Il y a plusieurs manières d'être « sucré ». Nous pouvons distinguer des espèces moléculaires à saveur sucrées sur la base des perceptions de saveurs inégales qu'elles évoquent. « Sucré »,

---

[55] Cela conduit-il à reconsidérer la classique valeur adaptative qu'on attache à l'attraction (innée) pour les sucrés, qu'on dit « aliments » énergétiques ? Le glucose est certes une source d'énergie biologique, mais quid de la thaumatine dont la valeur calorique est limitée ? Serait-elle plus favorable en raison de ses pouvoirs antifongique et antiviral (Liu et al., 2010) et malgré son potentiel allergénique (Pastorello et al., 2003) ?

interprétation perceptive de diverses sensations qualifie donc une classe de sensations.

Des organes pour fantasmer et un nerf inattendu

Parce qu'il est l'objet de débats et peut intriguer, rappelons rapidement qu'un système individualisé, parfois qualifié de système olfactif accessoire, le système voméronasal avec son organe récepteur périphérique et un bulbe « olfactif » accessoire. Chez de nombreuses espèces, il côtoie le système olfactif (principal) et est, lui aussi, sensible à des composés chimiques. Il est engagé dans une détection de produits solubles, de messages chimiques biologiquement actifs : A la suite de son étude chez l'animal, on associe souvent cet organe chimiosensible à l'existence d'une communication phéromonale sexuelle. Il partage l'exquise sensibilité du système olfactif. Singulièrement, chez l'homme sur la surface de la cloison nasale (ou septum), il est possible d'observer une petite fosse, une trace anatomique, signature de cet organe nerveux vestigial. De fait, on constate l'involution de l'organe sensoriel sous-jacent au cours de l'embryogenèse humaine (Boehm et al., 1993). Son existence-même ou sa prétendue fonctionnalité (Monti–Block et al., 1991, 1994 ; Moran et al., 1995) ont été clairement réfutées (Trotier et al., 2000 ; Wysocki et al., 2004). La régression de cette sensorialité particulière chez l'homme a de plus été clairement confirmée puisque dans le génome humain l'essentiel des gènes de récepteurs et canaux ioniques spécifiques de l'organe voméronasal ne serait plus représenté que par des pseudogènes (Liman et al., 2003 ; Yildirim, 2007 ; Young et al., 2007, 2010).

Parlons aussi, d'un nerf oublié des vertébrés, confondu : Le nerf terminal est un nerf crânien tellement discret qu'on l'appelle « Nerf 0 », parce qu'il n'a été attesté que récemment, après les douze autres ! Le nerf olfactif étant le premier (Nerf I) des douze paires de nerfs crâniens « classiques ». Découvert chez un requin à la fin du XIXe siècle, depuis vu chez toutes les espèces vertébrées examinées, le Nerf 0 est aussi présent chez l'homme, ramifié sous la muqueuse tapissant la cloison nasale, y compris sous la muqueuse olfactive. Ses fibres, qui innervent des vaisseaux sanguins, empruntent des trous de la lame criblée de l'ethmoïde, passage vers le cerveau qu'il partage avec les fibres olfactives. Mais on assure qu'il n'est pas connecté au bulbe olfactif, qu'il envoie des fibres plus en arrière à des noyaux médians et latéraux du septum et à l'aire pré-optique des hémisphères cérébraux : Ces connexions du Nerf 0 excitent les esprits parce que ces structures sont impliquées dans la modulation des comportements sexuels chez l'animal (Demski et al., 1983 ; Fields, 2007) ! Mais, en dehors des poissons et des amphibiens où une éventuelle sensibilité chimique des fibres du nerf terminal a été envisagée, il semble qu'il n'en soit pas question chez les autres vertébrés, les mammifères, donc nous (Bartheld, 2004). Toutefois, on présente quelques arguments en faveur d'un rôle neuromodulateur de ce nerf terminal s'exerçant sur la sensibilité olfactive sous dépendance de la sphère sexuelle, dument attesté chez les poissons au moins. Zone d'ombre sexuée comme l'organe voméronasal, il est ou sera sans doute quelques temps, lui aussi, l'objet de fantasmes (Vilensky, 2014).

Odorer dès la naissance et même avant

Les amphibiens anoures comme la grenouille Rana *temporaria*, parcourent trois stades de développement. Ils naissent dans un œuf, ont une vie immergée de têtards, grosse tête et queue natatoire, puis, après une métamorphose, ils perdent leur queue et vivent adultes. Ces animaux manifestent très trop des facultés olfactives remarquables : Ils sont capables d'« apprendre » les odeurs dans ... l'œuf (Hepper et al., 1992). En effet, si on a injecté une solution odorisée dans leurs œufs (une solution de citral par exemple), après l'éclosion, les têtards nageant dans leur bassin vont tendre à rejoindre des zones odorisées par l'odorant précocement injecté. Dans cette expérience, pour démontrer la réalité du choix et de l'attraction, on confrontera simultanément l'animal à une zone odorisée et à une zone non odorisée. Après la métamorphose, les adultes issus des œufs traités exprimeront la même préférence ! On montre que des animaux témoins, n'ayant reçu qu'une injection du solvant sans le stimulus, vont, eux, se rapprocher de la source non odorisée. De plus, lorsque l'on propose le choix entre de l'eau non odorisée et une eau odorisée par un odorant non « appris », la préférence pour l'eau non odorisée est le plus souvent constatée : On en conclut que l'attraction est bien spécifique, un apprentissage et une rétention mémorielle sont spécifiques de l'odorant injecté dans l'œuf.

De telles capacités précoces d'apprentissage olfactif sont aussi constatées chez le mammifère ! Lorsqu'ils sont olfactivement compétents, certains mammifères nouveaux nés manifestent dès leur

naissance une sensibilité olfactive orientée. Dans le cas des lapereaux, elle est éveillée par une phéromone[56] mammaire émise par la lapine. On ne sait pas quand ils ont « appris » ce signal chimique… Un indice cependant : Si on nourrit la femelle gestante avec une diète aromatisée au cumin, les lapereaux vont exprimer une attraction pour cet odorant au même titre semble-t-il que pour l'odeur du liquide amniotique (Coureaud et al., 2002). En tout cas, là, ils sont bien capables d'apprendre l'odeur du cumin pendant leur vie fœtale !
Dans la nature, les lapins aiment aussi les fruits du genévrier. Lorsque les femelles gestantes sont nourries avec de telles baies, et que l'on arrête cette diète aromatisée pendant la phase d'allaitement (et donc que les nouveau-nés n'ont plus accès à l'arôme pendant leur vie postnatale), leurs nouveaux nés, au sevrage, un mois après la mise-bas environ, montreront tout de même une attirance vers des territoires odorisés par l'essence de genévrier. Acquisition et mémoire ! Dans le même temps, si l'on compare les amplitudes des réponses de leur muqueuse olfactive à l'arôme de genévrier à celles de lapereaux dont les mères n'ont pas été alimentées avec ces baies, on constate que la sensibilité spécifique des animaux exposés dans la phase prénatale est plus grande que celle des sujets non exposés (Semke et al., 1995). Ici aussi on envisage donc un apprentissage olfactif prénatal et on montre la rétention du contact sensoriel *in utero*. Cette expérience suggère qu'avant la naissance, le système olfactif est capable de moduler sa sensibilité périphérique s'adaptant à l'environnement… et la mesure physiologique apporte une hypothèse : L'expression de récepteurs spécifique de l'arôme appris serait-elle concernée ?
Chez l'homme en développement, on a aussi mis en évidence de telles capacités d'apprentissage *in utero*. Dans les 48 heures suivant sa naissance, Bébé fait la grimace lorsqu'on lui présente de l'acide butyrique sur un coton (Engen et al., 1965). Pas de doute, Bébé est olfactivement compétent ! On ne sait pas d'où lui vient cette

[56] Emises par des individus l'intention de leurs congénères, les phéromones sont des substances volatiles dont les effets peuvent régler ou même conditionner la survie d'une espèce animale.
A la présentation des phéromones, on doit associer celle des kairomones, dont les messages influent sur une autre espèce animale que celle de l'émetteur. L'odeur de la méthyl thiazoline des fèces du renard aide le rat qui la reconnait à échapper à la vigilance de son prédateur constituant un avantage évolutif… pour la proie. L'absence de mouvement de la proie abaisse le niveau de vigilance du prédateur, c'est un véritable camouflage.

appréciation négative de l'odeur. Cependant, on a clairement montré que le nouveau-né est capable d'apprendre, donc de percevoir un odorant et de le retenir, dans le ventre de sa mère. Cela est attesté par plusieurs expériences : Par exemple, l'odeur d'anis est naturellement aversive ou neutre pour les nouveau-nés (Schaal et al., 2000). Mais lorsque leur mère gestante a été exposée pendant 3 à 8 jours précédant sa naissance au travers de sa diète à des produits anisés (des bonbons et des boissons), le nouveau-né manifeste pour les vapeurs d'un constituant de l'arôme, l'anéthol, une attraction particulière, orientant son visage vers les tampons odorisés plus longtemps que vers les tampons témoins. Pour achever cette expérience, on montre que cette orientation privilégiée n'est pas constatée chez les enfants dont la mère n'a pas été exposée au stimulus anisé. On confirme ainsi chez l'homme cette capacité d'apprentissage olfactif prénatal (Varendi et al., 1974) entrevue chez les autres espèces.

Ce qui reste remarquable, c'est que le système récepteur contienne ce qui est nécessaire à ces adaptations au milieu et que des mécanismes physiologiques offrent cette capacité. Si « on » peut choisir de favoriser l'expression d'une capacité olfactive particulière, on choisit de s'adapter à un environnement[57]. Cette acception renforce l'idée que le génome olfactif, exceptionnellement riche, est un témoin de l'histoire de l'espèce.

Empreintes olfactives et maturations de l'inné

Un phénomène remarquable qui forge les comportements, c'est la formation d'empreintes. L'empreinte ou imprégnation, c'est la raison de l'attachement acquis dans une fenêtre de temps limitée post-natale, alors que les premiers émois sensoriels du sujet sont à l'ouvrage. Konrad Lorenz, un des pères de l'éthologie, a aussi découvert qu'il pouvait être une mère ! Il a en effet constaté, d'abord à ses dépens, que les oisillons à l'éclosion, découvrant dans leur regard les premiers objets vivants ou inanimés, les prenaient pour leur ... mère (Lorenz, 1960)[58]. Un stimulus sensoriel oriente un comportement (inné), et fixe

[57] Et apparait là une énigme capitale : « Qui » pilote le choix ? Comment s'opère-t-il ? *Le hasard ou la nécessité*, (Monod, 1970). Lamark ou Darvin ?

[58] Lorenz délivre là un bel exemple d'attachement, attachement filial. On décrit d'autres cibles de l'attachement, maternel bien sûr, ... jusqu'à, évidemment, envisager le fameux « coup de foudre ». On note que le phénomène constitue un avantage adaptatif pour l'espèce...

un attachement. Lorenz, éthologue, put ainsi se montrer avec une certaine fierté se déplaçant suivi de sa file d'oies disciplinées subjuguées par la présence de l'homme (la mère !) à l'éclosion (ou enamourées ! Bartels et al., 2004), devenues héritières autoproclamées grâce à un mécanisme comportemental instinctif.

De telles empreintes peuvent aussi être formées à partir de signaux odorants (Müller–Schwarze et al., 1971). C'est, par exemple, le cas du souvenir du site de leur naissance de nombreux poissons, dont les saumons, qui retrouvent ainsi les frayères, site de reproduction, après des migrations océanes de plusieurs milliers de kilomètres (Scholz et al., 1976 ; Dittman et al., 1996) : On peut les dérouter en ajoutant, avant leur grand départ, des leurres odorants artificiels au cadre odorant naturel de « leur » rivière (empreinte olfactive), et en déposant par la suite ces leurres à la source de rivières inconnues !

L'attachement de la brebis vis à vis de son rejeton, qui permettra de le distinguer et de l'élever électivement parmi tous autres nouveaux nés, nait d'une empreinte olfactive (portée par le liquide amniotique). On a découvert un corrélat neurophysiologique de cet attachement maternel (Keverne et al., 1992). A la parturition, plusieurs territoires cérébraux sont envahis par un peptide biologique, hormone sécrétée par l'hypophyse, l'ocytocine, qui module l'activité des circuits neuronaux, y compris ... celui du bulbe olfactif (Levy et al., 1995). On notera que l'ocytocine et ses effets physiologiques principaux sur la contraction de l'utérus et la lactation, est aussi impliquée dans la neuromodulation du cerveau chez la femme (Loup et al., 1991), déterminant du comportement maternel à la naissance et même des comportements amoureux (Vincent, 1986).

A l'orée du monde, le petit d'homme goutte le lait maternel. Il constitue déjà un échantillonnage odorant très diversifié de ce qui attend l'individu. On a dénombré 46 molécules émises au-dessus du lait humain (Buettner, 2007). Le cocktail est très varié sur le plan chimique comme sur le plan olfactif. Analysé, il contient, par exemple, de la 5α-androst-16-en-3α-one (odeur animale, d'urine), méthyl-propanal (odeur de malt), diacétyl (de beurre), hexanal (d'herbe), octanal (de citron, de savon), 1-octen-3-one (de champignon), méthional (de pomme de terre cuite), cis-non-2-enal (grasse, de concombre), acide butanoique (de sueur), 4-hydroxy-2,5-dimethyl-3(2*H*)-furanone (de caramel), γ-décalactone (de noix de coco), trans-6-γ-dodécenolactone (de pêche), acide phénylacétique (de miel), vanilline (de vanille), β-Ionone (de violette) … et quelques molécules inconnues jusqu'alors.

Variations de notre odorat avec l'âge, l'instant ou les hormones

Lorsqu'on mesure des seuils de détection de substances odorantes (une variable quantitative) de façon répétée chez un même individu, on s'aperçoit que sa sensibilité olfactive varie au cours du temps. Sa sensibilité olfactive varie d'un instant à un autre, d'un jour à l'autre (Koelega, 1994a). L'étendue de ces fluctuations à court terme est comparable aux variations interindividuelles commentées plus loin, enregistrées entre les individus adultes en bonne santé de la population (Cain, 1989). Chacun peut constater ses propres variations journalières de l'appréciation hédonique de l'odeur de certains aliments en fonction de la période, pré- ou post-prandiale : Une odeur de poisson peut évoquer une certaine appétence avant le repas, mais est rarement appréciée après. En fait, la faim, la satiété sont dépendantes d'états hormonaux. Les variations olfactives selon l'état de satiété donnent lieu à des recherché actives depuis longtemps (Pager, 1974), l'obésité, entre autres, étant un moteur à la mode de l'agitation scientifique : Les études montrent que la faim ou ses hormones augmentent la sensibilité aux odeurs (Loch et al., 2015 ; Tong et al., 2011).
Dans ce registre temporel, l'âge représente une source de variation conséquente, chez l'homme et les autres espèces étudiées (Larsson et al., 2000). Vers la soixantaine, chez l'homme, et chez la femme légèrement plus tard, l'olfaction s'émousse. Mais elle ne disparait pas forcément : On a même montré que les centenaires avaient une très bonne olfaction (Elsner, 2001)[59].

Effet de l'exposition prolongée à une ambiance odorante

En dehors de ces variations temporelles dépendantes de l'état du sujet, il faut constater que sa sensibilité varie s'il est exposé continument à une ambiance odorisée. Il s'agit d'un phénomène d'adaptation sensorielle, observé pour toutes les sensorialités. Ce qui est intéressant pour l'individu, c'est surtout ce qui varie dans son environnement ! On

---

[59] Cette étude conduit à l'idée que les déficients olfactifs âgés disparaissent avant l'âge de cent ans : Ceux qui restent sont olfactivement exceptionnels, et cette performance est manifeste quel que soit par ailleurs leur état mental, leur désorientation.

montre l'adaptation sensorielle olfactive en exposant un individu à un stimulus odorant donné (qualité et concentration constantes) pendant un certain temps, on arrête l'exposition, puis on l'expose au même odorant avec un délai fixe et une concentration connue : On note si le sujet perçoit ou non ce stimulus-test. En établissant un seuil de détection du stimulus-test après la phase d'adaptation, on peut observer une réduction de la sensibilité à l'odorant. Les mécanismes sont centraux ou périphériques (Chalansonnet, 1998, ibid. Quatrième partie).
Surtout, il existe une adaptation croisée : Alors que l'adaptation classique se manifeste pour un stimulus constant les stimulus adaptant et le stimulus test sont identiques, on montre que même si le stimulus test est différent du stimulus adaptant, la sensibilité peut être diminuée, pas forcément abolie. Nos anciens qui avaient, certes, peu de moyens techniques, mais déployaient vraiment d'astucieuses idées d'expériences en ont tiré profit : Ils faisaient l'hypothèse que si un odorant pouvait abaisser la sensibilité du système à un autre, c'est qu'ils partageaient des mécanismes perceptifs ; entre autres, des mécanismes de réception. C'est ainsi qu'ils démontrèrent la pluralité des mécanismes récepteurs[60] (Passy, 1895 ; Zwaardemaker, 1925) et le fait qu'ils sont partagés par certains odorants. Ces suppositions ont été confirmées par les physiologistes en étudiant plus tard l'adaptation croisée chez l'animal (Baylin et al., 1979 ; Bell et al., 1989).

Olfactivement, nous sommes tous inégaux

En général, en comparant les seuils de détection olfactifs individuels vis à vis d'un même stimulus odorant, on constate qu'ils se répartissent sur des plages supérieures à 3 décades de concentrations. Couramment, un sujet peut-être mille fois plus sensible à une

---

[60] Passy, rapportant une expérience d'un contemporain, Aronsohn, 1886, écrit : *« L'auteur a pensé que les odeurs pouvaient affecter des éléments nerveux différents, et qu'en cherchant quelles sont les odeurs qui participent plus ou moins à cette fatigue indirecte* (= adaptation croisée), *on pourrait les classer en groupes plus ou moins voisins. Exemple : Après fatigue complète pour la teinture d'iode, l'odeur de l'éther et quelques essences étaient peu altérées, celles de citron, de muscade, de térébenthine, de bergamote et de girofle davantage celle de l'alcool et du copahu tout à fait disparue. Après olfaction prolongée de sulfate d'ammoniaque, la sensibilité pour les huiles essentielles et la coumarine est à peu près intacte ; au contraire l'hydrogène sulfuré, l'acide chlorhydrique et l'eau bromée 1/1000 n'étaient plus perçues. La fatigue pour le camphre entraine celle pour l'eau de Cologne et le girofle ».*

substance odorante qu'un autre sans que cela soit considéré comme une anomalie. Au surplus, Paul peut être peu sensible par rapport à ses congères à l'alcool phényl-éthylique (évoquant la rose) et, pauvre homme, très sensible à l'acide isovalérique (évoquant la puanteur d'un fromage). Autrement dit, en matière de jugement olfactif, il n'est pas toujours nécessaire de se battre pour savoir qui a tort ou qui a raison ! En tout cas, personne n'a été étonné lorsque la biologie moléculaire a montré que différents sujets expriment des lots différents de récepteurs olfactifs (Menashe et al., 2003). Nous développerons plus tard que la variété des sensibilités olfactives peut avoir d'autres origines, engageant le vécu de l'individu. A chacun son nez !
Bien sûr, génétiquement (par exemple dans le syndrome de Kallmann – De Morsier[61]) ou accidentellement, certains individus d'une espèce donnée peuvent être démunis de sens olfactif, on les dit « anosmiques ».
Olfactivement, nous sommes tous inégaux. Pour nous, la valeur de ce constat tient surtout aux raisons de ces variations. En les découvrant, on identifie en effet des propriétés qui attirent la réflexion des chercheurs et engagent leurs expérimentations. Nous y reviendrons.

Anosmies partielles ou spécifiques

L'anosmie, c'est la perte de l'odorat. On peut aussi mesurer de simples atteintes de la capacité à sentir les odeurs, le sujet paraît seulement moins sensible, on parle alors d'hyposmie. Dans certains cas, on observe que des sujets sains ne sentent pas ou mal, qu'une substance odorante particulière. Plus précisément, leur seuil de sensibilité olfactive pour cette substance est hors de l'intervalle dans lequel se répartit la population normale (Amoore, 1967) alors que ces sujets montrent, par ailleurs (c'est-à-dire pour d'autres types de molécules), une olfaction normale (Guillot, 1948a,b). On parle alors d'anosmie partielle ou spécifique. Cet aspect sélectif a eu une importance capitale dans la construction des idées sur le fonctionnement du système olfactif. Ces anomalies restreintes et spécifiques ont guidé les penseurs de l'olfaction vers la recherche de

[61] Le syndrome de Kallmann – De Morsier est une maladie génétique affectant le développement embryonnaire. Il associe une atrophie des organes reproducteurs, un hypogonadisme, et, entre autres, une anosmie ou hyposmie. Atteignant hommes ou femmes, sa prévalence est toutefois au moins 4 fois plus forte chez l'homme (environ 1/10000) (Fechner et al., 2008).

multiples mécanismes de détection des stimulus odorants, signant en même temps l'existence des disparités des performances olfactives interindividuelles… On sait aujourd'hui que certaines au moins sont bien fondées sur des lacunes du répertoire des récepteurs ou de son expression (Keller et al., 2007 ; Sato–Akuhara et al., 2016). L'hyposmie spécifique à la β-ionone illustre bien l'impact de tels déficits sur la perception de la qualité : Les sensibilités de la population se répartissent en deux sous-groupes (la partageant en 40% de sujets moins sensibles et 60% plus sensibles). En même temps, la description des qualités perçues change : Les moins sensibles attribuent une note chimique ou une odeur de moisi à cette substance, alors que les plus sensibles lui reconnaissent une savoureuse odeur de violette ou de framboise (Plotto et al., 2006). Les taux de sujets atteints varient selon les substances, 1% de la population pour l'acide isovalérique, 50% pour l'androsténone (Bremner et al., 2003). Dans le cas général, ces anosmies spécifiques sont indépendantes les unes des autres. Pas facile donc d'échapper à ce « défaut » olfactif : Le nombre de substances concernées et répertoriées atteint clairement plusieurs dizaines (Amoore, 1982). Nous avons en conséquence chacun de fortes chances d'en présenter une, voire plusieurs.
Même chez les experts de l'odeur, on rencontre de tels déficits partiels (par exemple, une anosmie spécifique à la géosmine, molécule évoquant une odeur de moisi et défaut connu du vin, atteint 5% des professionnels du vin – Tempere et al., 2011).
Des lignées de souris spécifiquement hyposmiques à une androsténone ou à l'acide isovalérique offrent des modèles animaux de cette « anomalie » olfactive (Wysocki et al., 1977 ; Sicard et al., 1989). Ce qui est rassurant c'est que certaines de ces anosmies spécifiques, chez l'animal et l'homme, peuvent être combattues par simples expositions répétées au stimulus ou des procédures d'entrainements dérivées mobilisant l'imagerie mentale olfactive (Wysocki et al. 1989 ; Wang et al., 1993 ; Tempere et al., 2014).

Pathologies olfactives

A l'instant, probablement que des millions de personnes ont une olfaction défaillante sur notre planète. On a tenté de déterminer la prévalence des troubles olfactifs : Elle pourrait atteindre jusqu'à 20% de la population pour certains (Bramerson et al., 2004 ; Vennemann et al., 2008).

Toutefois, et probablement en fonction des méthodes de mesures des populations interrogées et des questions posées, les disparités de ce pourcentage entre études (5%-20%) commandent une conclusion prudente. D'ailleurs, les troubles de la sensibilité olfactive peuvent être permanents ou passagers. Ils sont plus ou moins profonds (anosmies, hyposmies, allosmies).
Leurs causes sont multiples. Ils sont le plus souvent liés à des infections (souvent apparemment bénignes) de la cavité nasale, à des traumatismes crâniens, ou à des maladies neurodégénératives.
Une grande partie des troubles sont corrélés à l'âge. Ce qui parait bien établi, c'est que la perte d'olfaction n'est pas un très bon signe lorsqu'on vieillit (Devanand et al., 2015 ; Pinto et al., 2014).
Singulièrement, on a proposé que les affections olfactives puissent constituer un signe précoce de la maladie d'Alzheimer. Mais on observe aussi des troubles olfactifs dans la maladie de Parkinson par exemple (Rahavel et al., 2012). Certaines perturbations relatives à la dimension affective de la perception olfactive handicapent des malades atteints de schizophrénie (Hamtat, 2011, ibid. Quatrième partie). Mais des troubles de la sensibilité olfactive peuvent apparaitre avec certains dérèglements hormonaux comme lors d'hypothyroïdies, cédant d'ailleurs à la suite du remplacement de l'hormone manquante (Deniz et al. 2016)… En fait, des altérations olfactives apparaissent dans de nombreuses situations, comme les expositions à des vapeurs chimiques (professionnellement), l'alcoolisme ou lors de chimiothérapies anticancéreuses (Doty, 2001 ; Steinbach et al., 2009).

Les habitudes tabagiques, les médications et l'olfaction

Parmi les habitudes culturelles, la consommation de tabac. Son impact sur les capacités olfactives reste une interrogation pour beaucoup d'entre nous. En fait, on a très tôt rapporté un effet négatif sur la sensibilité aux stimulus odorants (Moncrieff, 1957) puis sur l'aptitude à les identifier les sources odorantes (Ajmani et al., 2017 ; Frye et al., 1990 ; Katotomichelakis et al., 2007). Ces altérations des performances sensorielles s'accompagnent même d'un signe anatomique, une diminution significative du volume du bulbe olfactif (Schriever et al., 2013) !
En fait, de nombreux agents peuvent affecter les performances olfactives (et, d'ailleurs, les performances gustatives), dont des dizaines produits pharmacologiques, antibiotiques, β-bloquants,

antidépresseurs, etc. (Doty et al., 2004 ; Lötsch et al., 2015). Leurs cibles peuvent être les mécanismes de réception, les intégrations bulbaires, voire des traitements plus centraux encore. Par exemple, les opioïdes ou les cannabinoïdes peuvent agir sur la cascade de transduction périphérique et réduire la sensibilité olfactive (Lötsch et al., 2012 ; Walter et al., 2017). Ces effets, le plus souvent mais pas toujours, cessent lorsque le traitement s'arrête.
Notons ici que certains toxiques ont un pouvoir étonnant : Par exemple, le dichlobenil, un pesticide courant, n'est toxique, dans l'organisme, que pour la muqueuse olfactive. Inhalé ou injecté, il peut déclencher des anosmies transitoires (Brandt et al., 1990 ; Delaleu et al., 1995) !

Variations interspécifiques

Sans surprise, il y a aussi des variations des capacités olfactives entre les espèces. Alors que leurs plans d'organisation anatomique sont similaires, les capacités des systèmes olfactifs des différent vertébrés sont inégales, adaptées probablement à la variété de leurs niches écologiques. Cette considération fonctionnelle est soutenue par des arguments produits par les études d'anatomie comparée [62] : Chez les mammifères, le rapport des volumes du bulbe olfactif et du cerveau est plus élevé chez le chien, suivi par celui de la chèvre et de l'homme (0,31, 0,18 et 0,01%, respectivement – Kavoi et al., 2011), ce qui peut être rapproché d'une plus forte dépendance du chien vis-à-vis des indices odorants, pour repérer ses proies ou pour gérer sa reproduction. Chez les carnivores, la taille des bulbes olfactifs dépend de leur type d'habitat et de l'étendue de leur territoire (Gittleman, 1991). Les primates et les insectivores nocturnes ont tendance à avoir de plus grandes structures olfactives que les espèces diurnes (Barton et al., 1995). Chez les poissons, la taille du bulbe olfactif varie considérablement selon les espèces, la taille semblant corrélée avec la niche écologique (Yopak et al., 2014) : Les bulbes les plus volumineux sont observés chez les poissons d'eau profonde, donc

[62] Adoptant des arguments de la physiologie comparée, les analystes d'antan soulignaient les différences des rapports entre les volumes du bulbe olfactif et de la masse cérébrale étaient corrélées à la distance au sol du nez des espèces, ce qui avantage le rat par rapport au pigeon, le nez du rat restant en moyenne plus proche des sources odorantes, majoritairement émises près du sol… Cette vieille approche, perspicace, reste acceptable.

sombre, peu propice à l'usage de la vision, tandis les plus petits ont été trouvés chez les espèces vivant sur les récifs coraliens, donc en pleine lumière.
Par exception, quelques espèces, dont les dauphins par exemple, sont même dépourvues d'appareil olfactif et en conséquence réputées sans odorat. Cela n'est pas directement relié à qualité lumineuse de leur cadre de vie ! Ce modèle animal a d'autres implications intéressantes pour penser l'olfaction, nous y reviendrons…
Les différences de performances olfactives sont sous-tendues par une série de propriétés physiologiques (comme les flux d'air au cours du flairage, Craven et al., 2010), et en particulier, aux inégalités de taille des répertoires de récepteurs (Tacher et al., 2005). On peut aussi dénombrer les neurones récepteurs contenus par les territoires olfactifs de la cavité nasale. Ces deux variables quantitatives sont indéniablement plus élevées chez les « macrosmates ». Mais les variations de compétences olfactives sont certainement dues aussi, à des capacités d'intégration des signaux olfactifs et à des aptitudes comportementales inégales dont on comprend qu'elles donnent beaucoup moins de prise aux études comparatives (Hayes et al., 2018).

Sensibilités olfactives du chien et de l'homme

Pas de confusion entre chiens et chats ! Selon Marshall et al., 1981, le chien serait entre 1000 et 10000 fois plus sensible que l'homme vis-à-vis de l'α-ionone, jusqu'à un million de fois plus sensible pour les acides gras à courtes chaines (acide butyrique, acide valérique, évocateurs du beurre rance ou du pied sale pour l'homme[63]). Toutefois certaines des variations de sensibilité rapportées pourraient être dues aux différences méthodologiques des mesures influencées par la stature, le comportement et l'écologie d'espèces différentes. Selon Krestel et al., 1984, le seuil de détection olfactif de l'acétate d'amyle du chien serait 400 fois plus faible que celui de l'homme. Globalement, on admet que le chien est effectivement plus sensible aux substances odorantes que l'homme, et en tout cas on utilise son odorat comme tel (Walker et al., 2003, 2006) ! En même temps, les surfaces réceptrices intranasales, (corrélativement, du nombre de neurones récepteurs qu'elles incluent), sont plus grandes chez le

[63] Deux constituants de la sueur humaine.

chien, plusieurs dizaines de centimètres carrés, que chez l'homme, moins de cinq centimètres carrés. Nous avons vu que le rapport du volume bulbaire au volume du cerveau entier (respectivement 0,30% et 0,01%) est en faveur du chien (Kavoi et al., 2011). On se rappellera toutefois que le « chien » correspond en fait à plusieurs races sélectionnées par l'homme assez récemment, et adaptées à des tâches différentes (procédure qui réalise une sorte d'évolution phylogénétique en accéléré) (Quignon et al., 2012). On doit s'attendre à une belle variété de leurs performances olfactives ; de leur équipement génétique en récepteurs en particulier, comme l'a confirmé l'équipe de Francis Galibert (Robin et al., 2009). Notons aussi que la sensibilité n'est pas le seul critère d'évaluation des capacités olfactives : Ce qui est fait par le cerveau des signaux recueillis compte au moins tout autant. Etant donné la biologie des deux espèces, (l'un, le nez debout, et l'autre, au ras du sol, par exemple), des performances différentes ne sont pas vraiment une surprise !

Les comparaisons interspécifiques, par essence acrobatiques[64], confirment malgré tout utilement que l'amplitude de ces variations est aussi fonction des espèces … moléculaires odorantes. C'est cohérent avec l'idée que le système olfactif s'adapte fondamentalement à des nécessités spécifiques exogènes ou à des pressions environnementales.

Phylogenèse et écologie olfactives

Les comparaisons entre des dizaines d'espèces, sont compatibles avec l'idée que les ressemblances et les dissemblances entre les génomes tiennent aux conditions écologiques dans lesquelles vivent les espèces. De fait, les répertoires des protéines formées à partir des différents génomes olfactifs, apparaissent plus proches lorsqu'ils appartiennent à des mammifères terrestres partageant le même milieu de vie, qu'ils ne le sont si on compare ceux des mammifères terrestres et ceux des mammifères volants (chauves-souris) ou des mammifères marins (Hayden et al., 2010).

Dès la découverte du génome olfactif, en 1991, nous avions l'intuition que les grands nombres de gènes olfactifs et des traces de leurs déclins

[64] Pas facile de placer un homme bipède et un chien quadrupède, équipés au surplus de capacités cognitives difficilement assimilables, dans les mêmes conditions expérimentales…

(pseudogènes) offrent un accès unique à leur conservation (gènes orthologues), à l'origine de leur diversité, en bref à leurs évolutions phylogénétiques...

Plus excitant encore, si cela est vrai, les évolutions du cadre de vie de nos ancêtres pourraient peut-être, être reconstruits ! Rappelons qu'il suffit parfois d'une simple phalange ou d'une dent retrouvées pour accéder aux génomes des êtres disparus (Hommes de Denisova ou Néandertal)[65]. Des études s'appuyant sur de tels vestiges s'expriment déjà sur la perte au cours de la phylogenèse de certains gènes olfactifs, donc de capacités olfactives chez les hominidés, suggérées par l'apparition inégale de pseudogènes (gènes devenus inefficaces, ou, par hypothèse, inutiles) dans les génomes des différentes espèces (Hughes et al., 2014). Dans cette perspective, l'étude de ces pertes de possibilités de détection de certains stimulus environnementaux que représente la dégradation de certains gènes, l'apparition de pseudogènes, parait une voie prometteuse, avec un regard d'écologiste, et de la patience.

Emissions d'odeurs corporelles

Chaque organisme, chaque homme, émet un cocktail odorant qui lui est propre (Penn et al., 2007), incluant des acides gras à chaines courtes de leur sueur (Pierce et al., 1995), pas toujours acceptables. D'aucuns insistent même sur l'avantage adaptatif de ce privilège pour l'homme glabre, suant, donc refroidi, sur les espèces poilues (Hublin et al., 2011). Nous avons vu que certaines substances odorantes produites et émises par l'organisme[66] sont susceptibles de modifier l'état physiologique ou psychologique de celui qui les reçoit... Des stéroïdiens utilisés dans les études précédemment citées, par exemple, ont bien été trouvés dans la peau humaine, dans la circulation

---

[65] Les Denisoviens, d'abord identifiés par la découverte d'une seule phalange, apparaissent plus tardivement que Néandertal, plusieurs centaines de milliers d'années avant Homo sapiens. Bien conservé, le petit os (et des dents trouvées peu après) a permis d'extraire de l'ADN ! On a repéré des portions de génomes des Denisoviens dans le génome de l'homme moderne. Et on y trouve aussi des traces du génome de Néandertal ! (Autrement dit, l'homme moderne est un hybride) !

[66] « L'odeur d'un corps, c'est ce corps lui-même que nous aspirons par la bouche et le nez, que nous possédons d'un seul coup, comme sa substance la plus secrète et, pour tout dire, sa nature. L'odeur en moi, c'est la fusion du corps de l'autre à mon corps. Mais c'est ce corps désincarné, vaporisé, resté, certes, tout entier lui-même, mais devenu esprit volatil. » (Sartre J.P. (1963). *Beaudelaire* . Paris Gallimard, p. 221).

sanguine ou dans la sueur axillaire de sujets mâles (Brooksbank et al., 1969 ; Nixon et al., 1988 ; Preti et al., 2003). Toutefois, il est bon de savoir qu'une partie de ces émissions volatiles ne seraient en fait que des transformations bactériennes opérant à notre surface corporelle, dans la sueur (Gower et al., 1994), et on imagine que beaucoup de nos interventions directes ou de phénomènes environnementaux peuvent altérer nos signatures olfactives, (pensez aux régimes alimentaires) !
La féminité est elle aussi représentée par une palette odorante spécifique. Indice peut-être utile, l'odeur vaginale varie sous pression hormonale (Doty et al., 1975 ; Doty et al., 2009). Nous y reviendrons.
Mais, rappelons-nous donc que ces dérivés d'hormones sexuelles ne sont pas les seuls signaux chimiques émis spécifiquement par le corps.

De l'odeur de la famille à l'odeur de cadavre

L'odeur de la famille : Nos avons mentionné la reconnaissance olfactive entre une mère et son enfant nouveau-né, et, réciproquement entre un enfant et sa mère. Pour l'instant le support précis de cette reconnaissance, hypothétiquement complexe, n'est pas élucidé. Ce qui est aussi attesté, c'est que les femmes peuvent reconnaitre l'odeur de transpiration de leurs compagnons...
Cette reconnaissance de signature chimique familiale est bien démontrée chez l'animal, poissons, oiseaux, reptiles ou mammifères. Elle s'étend jusqu'à la reconnaissance de similarités d'odeur spécifiant les groupes d'histocompatibilité (Yamaguchi et al., 1981), conditionnant même les rapprochements sexuels (Yamazaki et al., 1988 ; Egid et al., 1989).
Même chez l'homme, les émissions olfactives caractéristiques du groupe et leur détection joueraient un rôle entre les individus, avec une finesse qui peut surprendre (Porter et al., 1981 ; Olsson et al., 2006). On a en particulier des arguments qui stipulent que les capacités d'identification olfactive entre les membres d'une famille sont compatibles avec l'évitement de relations incestueuses (Weisfeld et al., 2003). D'autres investigations sont en faveur d'un rôle de tels liens olfactifs dans le comportement sélectif et favorable des parents vis-à-vis de certains membres de leur progéniture (Dubas et al., 2009)...
Odeur de peur : Elle fait partie des autres signaux odorants opérant entre les humains, permettant d'identifier la peur ou le stress chez des congénères et a été très tôt soupçonnée (Chen et al., 2000).

Attestée comme un acte de communication chez les animaux, l'odeur de la peur est aussi un signal opérant entre les hommes (Groot et al., 2017). Il n'y a aucun doute, par exemple, sur le fait que les prélèvements sous-axillaires d'hommes participant à leur premier saut en parachute portent un signal alarmant, un signal caractéristique du stress pour leurs congénères ayant l'opportunité de sentir leurs effluves (Mujica-Parodi et al., 2009).
Témoignage supplémentaire, les chiens sont capables de détecter la peur de l'homme grâce à leur flair (Siniscalchi et al., 2016).
Odeur de mort : L'odeur de la pestilence ou l'odeur de mort sont parfois ignorées (déni olfactif de certains professionnels confrontés à ces odeurs – Candau et al., 2006) mais elles sont souvent susceptibles d'écœurer, jusqu'à provoquer l'irrépressibles contractions de l'estomac. Plusieurs centaines de produits volatiles identifiés par les analyses chromatographiques sont émis par un cadavre humain au cours de sa décomposition (Vass et al., 2008). Evidemment, la composition de l'émission odorante par le cadavre varie, on peut tirer profit qu'elle est organisée au cours du temps (Dekeirsschieter et al., 2012). Ces signaux sont en effet suffisamment spécifiques pour que les chiens soient utilisés pour détecter les cadavres ou leurs traces olfactives (Oesterhelweg et al., 2008).
Quant aux phéromones, elles sont rarement isolées chez les mammifères, ce qui contribue à les nimber de mystère, bien que l'observation de leurs effets les rendent parfaitement tangibles. Chez les insectes au contraire, nombres d'entre elles sont totalement élucidées. On sait que dans certains cas elles sont constituées d'un seul corps pur qui porte le message. Dans d'autres cas, on montre que ce sont des mélanges d'espèces moléculaires qui sont porteurs de « sens ».
Là, en tout cas, ces messages chimiques apparaissent comme impérieusement nécessaires, et une fois découverts par le système sensoriel visé, ces signaux nient probablement tout libre arbitre de l'individu qui les perçoit. En étudiant des systèmes phéromonaux chez les mammifères ont surgi à notre esprit d'autres réflexions intéressantes (à voir un peu plus loin).

Odeurs de maladies

Bien connu des anciens, l'odeur émise par un patient ou ses excrétas peut être caractéristique de sa maladie : La cétose diabétique se manifeste par un arôme de fruits, de pommes en décomposition ; la déficience en vitamine C (scorbut) : odeur putride ; la diphtérie : odeur sucrée ; la fièvre jaune: odeur de boucherie ; la fièvre typhoïde : odeur de pain fraîchement cuit ; la phénylcétonurie : odeur de moisi ; les troubles hépatiques : odeur d'œuf pourri ; les troubles rénaux : odeur d'ammoniaque ; la tuberculose : odeur de bière éventée ; la variole : puanteur (Shirasu et al., 2011). L'exploration de tels symptômes odorants, délaissée par nos médecins contemporains, a pourtant été utile (Monin, 1886). Toutefois, on a assisté récemment à un nouvel intérêt pour la détection olfactive de la maladie, dès lors qu'on a constaté que les chiens sont capables d'identifier au moins certains cancers en flairant les patients atteints ou leurs excrétions (Willis et al., 2004). Jusqu'à relancer l'idée des « nez » électroniques dédiés, des machines construites pour détecter et discriminer les odorants spécifiques de la maladie (Peng et al, 2010).

Les odeurs du corps et la société contemporaine

D'emblée, on voudrait ici développer le fait que l'odeur corporelle est, sous dépendance culturelle, et aujourd'hui, plus qu'hier, repoussée, masquée, malmenée peut-être, dans nombres de sociétés modernes humaines (Corbin, 1982 ; Schleidt et al., 1981). Selon Alain Corbin, au XVIIIe siècle, dans nos cités européennes insalubres, chasser les miasmes devient une obsession. On imaginait alors que les mauvais effluves aériens des fosses d'aisance, des rigoles, ou du … peuple, transmettaient les maladies, les infections. Naquit alors un courant hygiéniste qui n'a plus cessé de se développer. Et l'élite dans ses intérieurs, commença à isoler les pièces odorantes des autres, ouvrit des cabinets de toilettes, se mit à préférer les odeurs florales, légères, aux muscs animaux, lourds, à séjourner à la montagne pour se baigner d'air frais. Ainsi, à cause de l'odeur et de cette réaction aux miasmes, on peut peut-être même dire qu'une conscience écologique est née ! Et pourtant, le lien direct entre l'air malodorant et la maladie cédera, mollement, alors que tomberont les résultats des expériences de Pasteur (1822–1895) : Malgré tout, aujourd'hui encore, l'odeur « douteuse » appelle encore un soupçon d'insalubrité… Reste qu'un pan hygiéniste de la parfumerie moderne est annoncée !
Dans le contexte social contemporain, l'odeur des corps n'est plus uniquement celle de ses sécrétions : Cosmétiques, parfums intimes ajoutent à nos sillages aériens, ou parfums d'ambiance déguisent à la

fois la promiscuité et la pollution urbaines. Et enfin, on n'oubliera pas de penser aussi l'odeur de son corps comme un « être-au-monde odorant », lui accorder donc son sens psychologique[67]. Chez certains patients (schizophrènes) la confrontation avec cette réalité est durcie, le tabou olfactif est ... transgressé !

Alors qu'il n'assume plus sa propre odeur, l'homme contemporain a développé des habitudes de les masquer, avec des procédés élaborés, impliquant, par exemple, la création de molécules antagonistes des molécules malodorantes et reposant sur un principe d'adaptation croisée (Pierce et al., 1995). Le succès autrefois des onguents, aujourd'hui des parfums ou cosmétiques divers manifestent cette « moderne » nécessité. Pourtant, clairement, de multiples odeurs corporelles humaines peuvent constituer des véritables signaux pour ses congénères. Ils dévoilent aussi bien des émotions des émetteurs (Chen et al., 2000 ; 2012), le cycle menstruel (Singh et al., 2001), la composition du régime alimentaire (Havlicek et al., 2006) ou, même, comme nous l'avons explicité, l'état de santé (Moshkin et al., 2012).

Le parfumage a été interprété comme un masquage d'une odeur indésirable, voire honteuse, il est aussi devenu une séduction, un atour : Pour un individu, le choix même de son parfum ne semble pas être le fait du hasard mais serait inconsciemment choisi pour bien « s'intégrer » à l'odeur propre du porteur (Allen et al., 2015) !

Mais suspectées depuis longtemps, il a aussi des conséquences sur les relations humaines qui dépassent cet objectif premier et sont dument démontrées par la science (Lenochová et al., 2012). L'odorisation d'un lieu peut changer le comportement des usagers (Holland et al., 2005), une ambiance odorante peut modifier notre opinion sur nos congénères ou influencer nos attractions sexuelles (Rikowski et al., 1999 ; Cornwell et al., 2004 ; Li et al., 2007). Dès les années soixante, on se préoccupe des effets potentiels de l'odeur sur les actes de consommation. On a montré comment une odorisation artificielle pouvait influencer le choix d'un produit (Cox, 1967) : Des bas en nylon parfumés avec une odeur d'orange se vendaient mieux que les mêmes bas non odorisés. En interrogeant les consommatrices sur la raison de leur choix, on s'aperçoit que les bas odorisés sont considérés

---

[67] Dans sa thèse, « Perception et représentation de l'odeur chez les patients souffrant de schizophrénie : Création et exploitation d'un test olfacto-visuel », Marie-Line Hamtat (2011) émet l'hypothèse que les patients schizophréniques qu'elle étudie négligent leur hygiène, libèrent leurs odeurs corporelles comme un marquage olfactif pour « exister ».

comme étant de meilleure qualité ! En ajoutant des signes odorants aux produits qu'il veut vendre, le marketing olfactif vit depuis ses beaux jours (Mitchell et al., 1995), jusqu'à inventer la signature olfactive des marques !

La compétence innée de certaines substances odorantes

Lorsqu'on a approché des crottes de renard à proximité d'un rat de laboratoire bien installé dans son aire habituelle d'élevage, on s'est aperçu que le rat s'immobilisait, généralement dans un coin de la cage : Il s'agit d'un comportement de sidération (Fendt et al., 2005). Passer inaperçu, une manière de se cacher face au danger. Le renard est un prédateur naturel du rat. Une molécule odorante (le 2,5-dihydro-2,4,5-tri méthyl-thiazole, Vernet–Maury, 1980), extraite des fèces du renard entraine le même effet comportemental. Bien sûr, le rat albinos de laboratoire n'a jamais rencontré de renard de sa vie, ni même les générations de ses ancêtres qui sont reproduits en captivité, isolés de leur cadre écologique naturel. Malgré cet isolement écologique, d'après ces observations, il semblerait donc que l'espèce « rat » garde dans sa mémoire d'espèce le souvenir d'un message olfactif qui détermine une réponse physiologique et comportementale adaptée. On interprétait ces observations comme la démonstration de l'existence de comportements olfactivement guidés, par des odorants à compétence innée.
Par la suite, le 2,5-dihydro-2,4,5-tri-méthyl-thiazole a été déchu de sa particularité : En comparant les réponses physiologiques et comportementales de la molécule extraite des fèces du renard et de l'odeur émise par un autre prédateur, le chat, on a montré que le cette substance avait plutôt un caractère aversif, provocant donc un simple évitement, comme d'autres odorants âcres (dont la triméthylamine, odeur de poisson pas frais). Son effet différait en fait de celui évoqué par l'odeur du chat : L'odeur du chat, elle, déclencherait un véritable stress spécifique du rat (McGregor et al., 2002). Toutefois la sensibilité du rat vis-à-vis de cette molécule est bien supérieure à celle mesurée chez d'autres espèces, dont quelques singes (Laska et al., 2005). Rien n'est jamais acquis, dit le poète… Le message odorant désignant le prédateur était changé, mais le concept de compétence olfactive innée de composés chimiques était sauvé !
Depuis longtemps on a reconnu l'existence des phéromones, ces messages chimiques qui ont en réalité une importance capitale en

biologie (Karlson et al., 1959) et dont nous avons déjà parlé. Chez les insectes, guides du rapprochement entre les sexes, la pérennité des espèces en dépend totalement. Le support du message phéromonal peut être une molécule unique, ou un mélange de constituants parfois dans des rapports de concentrations très précis… Chez les mammifères, les cas où leur exigence primordiale est véritablement démontrée sont rares.

Des phéromones de mammifères

Une belle exception à cette méconnaissance, la phéromone mammaire de la lapine. La tétée du lapereau est conditionnée par un message chimique qui oriente le lapereau vers la mamelle et déclenche le comportement de saisie de la mamelle (Hudson et al., 1983). Notons qu'à sa naissance, le lapereau est aveugle et sourd. La prise alimentaire du lapereau se passe dans une situation d'urgence. La portée (souvent entre 3 et 12 lapereaux, avec entre 8 et 10 mamelles disponibles par lapine, impliquant bousculade et compétition) doit s'alimenter en quelques minutes lors d'un contact rare entre la mère et ses petits. La mère reste un court instant en présence de ses lapereaux (entre 3 et 4 minutes par jour), probablement pour éviter d'attirer les prédateurs voraces. La tétée a un effet spectaculaire : le triplement du volume du jeune animal ! Une molécule à odeur d'amande amère excrétée par l'épithélium mammaire de la lapine, le 2-méthyl-but-2-énal (à l'odeur d'amande amère), supporte ce comportement (Schaal et al., 2003).
D'autres molécules volatiles, support de communication phéromonale, ont été identifiées parmi lesquelles quelques messagers odorants impliqués dans la gestion de la reproduction. Chez le porc, on trouve dans la salive de la 5α-androst-16-en-3-one et du 5α-androst-16-en-3-ol en forte concentration. Ces molécules volatiles atteignent l'organe récepteur olfactif (Dorries et al., 1997) et sont attractives pour les truies en chaleur, leur faisant adopter une position de lordose propice à l'accouplement.
Chez la souris, c'est un mélange de (R, R)-3,4-dehydro-*exo*-brevicomin[68] et de (S)-2-sec-butyl-4,5-di hydro-thiazole, excrété dans les urines de la souris mâle, qui est capable d'induire un œstrus chez

[68] C'est aussi un signal odorant utilisé pour chasser les parasites de certains conifères…

les femelles et synchronise leurs cycles (Jemiolo et al., 1986). Notons que les mesures en parallèle de la concentration d'hormones circulantes (donc de cibles physiologiques) et des performances olfactives sont rares.
Et puis, il y a aussi un fameux « effet Bruce » (Bruce, 1959), c'est à dire un avortement de la femelle gestante lorsqu'elle découvre l'apparition de l'odeur de l'urine d'un mâle étranger dans son environnement ! Ce phénomène existe aussi chez certains singes (Roberts et al., 2012) et semble bien représenter un avantage adaptatif dans la mesure où les risques d'infanticide par le nouveau prétendant ne sont pas négligeables.
Chez l'homme, des réactions psychophysiologiques sans sensation consciente aux stimulations chimiques du système olfactif sont décrites (Lorig, 1990 ; 1994) c'est à de tels signaux olfactifs qu'on impute des synchronisations endocriniennes de groupes humains comme dans le cas des synchronies de cycles menstruels dans les groupes communautaires de femmes (McClintock, 1971 ; Stern et al., 1998) ; la voie d'entrée de ces influences n'est pas clairement identifiée.

Hommes/Femmes : Des performances différentes

On vient de confirmer que les performances olfactives, entre les sexes chez l'animal diffèrent : On remarquera toutefois que chez les animaux, on étudie surtout l'impact de signaux biologiques sexués.
L'existence d'un lien entre le genre et les performances olfactives chez l'homme, fait aussi l'objet d'une très abondante littérature. Ces variations sexuelles particulières, d'origines physiologiques ou cognitives, alimenteront le discours sur l'idéologie égalitaire (Kimura, 2001).
Les résultats des mesures sont majoritairement en faveur d'une meilleure sensibilité chez les femmes. Pourtant, quelques observations nient cette supériorité (Venstrom et al., 1968 ; Punter, 1983). Outre la curiosité orientée, les disparités des résultats expérimentaux expliquent certainement l'abondance de la littérature sur le sujet. On peut en premier lieu les imputer à la variété des procédures expérimentales mises en œuvre ou à leurs imperfections, incluant la performance des tests, les nombres de participants et leurs âges…
Le Magnen (1952), par exemple, montrait que les femmes percevaient mieux l'odeur de la pentadécalactone (un musc synthétique) ou la

testostérone que les hommes. Comme il n'enregistrait pas de différence pour quelques autres signaux qualitativement éloignés (eucalyptol, safrole, guaiacol, salicylate d'amyle), cet auteur pouvait conclure à l'existence de différence de sensibilité pour les seules odeurs liées aux hormones sexuelles[69]. Cette proposition a été démentie car ultérieurement, lorsqu'on a trouvé des différences de sensibilité entre femmes et hommes pour une série de molécules d'autres catégories comme l'acétone, le citral, l'acétate d'amyle (Vierling et al., 1967), confirmant d'ailleurs celle observée pour la pentadécalactone. On voit cependant ressurgir ici l'idée que des différences sexuelles de sensibilité pourraient être patentes pour certains odorants seulement, à signification sexuelle ou pas. S'il en est ainsi, les performances olfactives feraient bien partie des caractères sexuels secondaires (Le Magnen et al., 1952 ; Doty et al., 2009).
Parmi les faits ambigus, pendant les premières semaines de leur grossesse les femmes considèrent souvent que leur olfaction est devenue plus sensible. Les mesures et comparaisons des seuils détection olfactive chez les femmes enceintes ou non réfutent cependant cette idée commune (Laska et al., 1996). Confirmant l'absence d'effet de la grossesse sur la sensibilité olfactive, une étude confrontant les résultats obtenus chez les femmes, enceintes ou non, à ceux enregistrés chez les hommes, a même conduit à ajouter récemment qu'il n'existe alors pas plus de différence entre hommes et femmes (Cameron, 2014) ! Nouvelle contradiction, s'ajoutant aux débats…
Finalement, on retiendra que des différences de sensibilités entre sexe existent bien, mais qu'elles dépendent des odorants. On constatera surtout qu'elles sont généralement de faibles amplitudes, constituant, tout compte fait, un avantage apparemment peu décisif (Koelega, 1994b) si bien qu'on peine à comprendre leur utilité.

---

[69] Certains dérivés stéroïdiens (3-α-androstenol) évoquent une odeur de musc (comme celle de la musc cétone ou de la civettone) alors que d'autres évoquent une odeur d'urine (5-α-androst-16-en-3-one). Le mâle du chevrotin musqué sécrète de la muscone, ce composé attire les femelles. Chez l'homme, on a vu que le même composé musqué entraine des variations œstrogéniques (Fukui et al., 2007 ; Wyart et al., 2007). D'autres molécules naturelles voisines de la muscone ont été identifiées chez de multiples espèces animales, la civette, le rat musqué ou la musaraigne des maisons, par exemple (Sato–Akuhara et al., 2012). Certains muscs exerceraient un effet antitumoral (Asada et al., 2012).

Le cerveau humain sous influence phéromonale ?

On peut supposer que c'est surtout à des particularités du traitement central de l'information olfactive que l'on doit ces différences. L'imagerie cérébrale comme les enregistrements de l'activité électrophysiologique du cerveau attestent en effet que les sexes ne traitent pas certains messages olfactifs de la même manière, mettant alors en œuvre chez les deux sexes des territoires cérébraux distincts (Yousem et al., 1999 ; Olofsson et al., 2004). Cela est particulièrement évident pour quelques dérivés stéroïdiens volatils, œstrogéniques ou androgéniques (Savic et al., 2010). Ces substances odorantes éveillent, respectivement chez l'homme ou chez la femme, des portions distinctes de l'hypothalamus spécifiquement impliquée dans le contrôle de la reproduction tandis que ces mêmes territoires ne réagissent pas à des odorants tout venant. Toutes ces molécules n'ont pas forcément le même statut. On sait en effet que certains de ces composés stéroïdiens (androstadiénone) évoquent des réponses des mêmes sites chez la femme et l'homme (Burke et al., 2012). On notera que chez la femme, la sensibilité olfactive à ce signal odorant produit par l'homme, (sueur, sperme, urine), augmente lorsque les femmes entrent dans leur période de fertilité (Lundstrom et al., 2006).
Ouvrant une perspective psycho-physiologique singulière, l'imagerie cérébrale montre aussi que l'odeur de stéroïdiens mâles (androsténones) ou femelles (œstrogènes) volatils déclenchent des activations cérébrales conformément aux orientations sexuelles des sujets (Savic et al., 2001 ; Savic et al., 2005 ; Berglund et al., 2006). Ainsi, parallèlement aux attractions olfactives sexuelles (Martins et al., 2005), les femmes hétérosexuelles et les hommes homosexuels ont montré le même schéma d'activation (hypothalamus) stimulé par la perception de composés stéroïdiens mâles, alors que ce même stimulus a recruté les régions olfactives classiques (l'amygdale, le cortex piriforme, le cortex cingulaire antérieur et le cortex insulaire[70]) chez les hommes hétérosexuels. Un modèle d'activation symétrique a été observé avec un stéroïde volatile émis par les femmes chez les hommes hétérosexuels et les femmes homosexuelles.

[70] Le cortex cingulaire joue un rôle dans certaines régulations comme celles de la pression artérielle et du rythme cardiaque. Il s'implique dans la prise de décision, la libido, l'empathie et l'émotion. Le cortex insulaire participe à la conscience d'événements corporels comme la douleur.

Des influences olfactives non conscientes

On a par ailleurs constaté que ces dérivés volatiles d'hormones sexuelles sont capables d'alerter le système nerveux autonome de façon contrastée chez l'homme et la femme (Bensafi et al., 2003) et même d'affecter les taux de cortisol circulant (Fukui et al., 2007 ; Wyart et al., 2007). Ces réponses peuvent être enregistrées même lorsque les stimulus volatiles présents dans l'environnement ne sont pas détectés consciemment par les sujets (Lundstrom et al., 2005).
Le fait que ces activations se produisent en l'absence de la conscience de la présence des composés dans l'environnement des sujets (Sobel et al., 1999) renforce l'idée que ces composés se comportent comme des phéromones, manifestant un certain automatisme de la réponse physiologique au stimulus olfactif, au demeurant stéréotypée. Toutefois, ici, un critère important de la réponse phéromonale, la réponse comportementale automatique sous l'influence du stimulus phéromonal, peut manquer : L'homme a acquis un espace de liberté…
De plus, bien d'autres molécules, étrangères à l'organisme, c'est-à-dire dont la source n'est pas un congénère, ni même un animal, ont des conséquences comparables ! Des réponses du sujet à des stimulations olfactives non consciemment ressenties et très diverses ont été envisagées depuis longtemps (Kirk–Smith et al., 1983), et on a montré qu'elles sont dument capables de déclencher celles, objectives, de son cerveau lui-même (Lorig et al., 1994; Torii et, 1998).
L'effet sur le cerveau dépend de la nature du stimulus : Certains font croître l'occurrence des ondes β de l'électroencéphalogramme, ce qui témoigne de l'apaisement du sujet (Sugano, 1992). Au contraire, d'autres composés odorants éveillent des sujets non conscients de leur stimulation (Lorig et al., 1990).
En bref, ces stimulus olfactifs sous-liminaires peuvent être intégrés aux informations conditionnant des actes du sujet mais, on l'a aussi démontré, sur les états émotionnels, sur l'humeur du sujet.

Humeur, émotions et odeur

Moyennant l'économie d'une critique approfondie, nous confondrons l'humeur ici avec l'état émotionnel dans lequel peut se trouver durablement un sujet. L'émotion, elle, excusez du peu, c'est le constat (ou le retentissement) d'une interaction quasi réflexe entre un individu et son environnement (Damasio, 1995). L'individu fluctue, son environnement aussi, l'état émotionnel est changeant et diversifié. Cet état est observable, et d'ailleurs difficile à masquer : Il marque l'attitude corporelle et affiche des réponses faciales très distinctes. Cet affichage n'est d'ailleurs pas l'apanage de l'homme ; c'est un signal visuel transmissible, une sorte de sémaphore biologique, affiché par les espèces animales. L'émission d'odeur corporelle elle-même est un vecteur exprimant l'état émotionnel (Chen et al., 2000).

L'état émotionnel d'un sujet est effectivement influencé par les odeurs, comme l'atteste sans ambigüité toute une littérature (Herz, 2002), réduisant parfois, à tort selon moi, l'émotion[71] à la seule caractéristique hédonique de la perception olfactive (par exemple, Bensafi et al., 2004). Bien que considéré par Platon comme la seule dimension partageant le monde des odeurs[72], les retentissements de l'odeur ne sont pas réduits à la manipulation du seul axe hédonique (qu'on peut, peut-être, considérer comme une résultante émotionnelle) : L'effet sédatif de l'odeur de la lavande s'accompagne d'une réduction de l'anxiété, de changements d'humeur ou même des performances cognitives dans de nombreuses situations (Lorig et al., 1987; Ludvigson et al., 1989; Buchbauer et al., 1993; Lehrner et al., 2005).

En tout cas, le lien entre les stimulus odorants et les réponses émotionnelles offre un champ de réflexion, d'investigation et d'application vraiment excitant. La curiosité ou l'intérêt sont renforcés lorsqu'on annonce que certains odorants stéroidiens influent sur l'état psychologique et l'humeur (Jacob et al., 2000 ; 2002).

---

[71] Les émotions sont selon Damasio (1995) une entrée primordiale de la conscience d'être, conception remettant en cause l'étroitesse de la thèse de Descartes, « Je pense donc je suis ». La réponse émotionnelle est, elle, un système de communication entre les individus d'une espèce, voire entre les espèces. Chacun d'entre nous reconnait instantanément la colère du chien ou sa crainte en le voyant. Les émotions sont multiples : Selon les auteurs, on distingue, 6, 8, 10, jusqu'à 32 émotions, primaires et secondaires : La joie, la tristesse, l'expectative, le dégoût, la colère, la peur, font partie des émotions de base ou primaires, l'amour, l'agressivité ou le remord sont des émotions dérivées ou secondaires (Plutchik, 1962).

[72] Citation de Platon : « *En conséquence, les variétés d'odeurs se répartissent en deux types qui n'ont pas de noms, parce qu'elles dérivent de formes qui ne sont ni nombreuses ni simples. La seule distinction nette qui soit entre elles est celle du plaisir et de la peine qu'elles causent : l'une irrite et violente toute la cavité qui est en nous entre le sommet de la tête et le nombril ; l'autre lénifie cette même cavité et la ramène agréablement à son état naturel* ». *Timée* (trad E. Chambry). Ve siècle av. J.-C. Accès juin 2017.
http://remacle.org/bloodwolf/philosophes/platon/cousin/timee.htm#67a

Parmi les applications, l'aromachologie repose sur une propriété avérée des odeurs : Indéniablement, au-delà de leurs propriétés hédoniques ou descriptives, les odeurs ont des incidences physiologiques ou psychologiques sur l'organisme qui les perçoit (Torii et al., 1988 ; Moss et al., 2008).
Dans la poussière des bibliothèques lyonnaises, j'ai d'ailleurs retrouvé, il y a quelques années déjà, des classifications « historiques » des substances odorantes qui sont fondées sur de tels effets (voir les classifications de Linnae, Fourcoy, Von Haller, etc... citées dans Rouby et al., 1997). Parmi ces effets, bien sûr, ceux que prétend utiliser l'aromathérapie, bien que, dans cette ancestrale pratique, les voies d'administration (huiles essentielles, onguents, massages) soient le plus souvent compatibles avec l'idée d'une action pharmacologique moléculaire, plutôt qu'une activité développée par la seule stimulation du système olfactif, c'est-à-dire de la voie sensorielle. Mais, l'un n'exclut pas l'autre. L'aromachologie évitant[73], elle, un contact corporel direct avec la matière odorante, on considère que seule l'odorité du produit est en jeu, précise qu'elle exclue un effet pharmacologique direct.
Dans ces pratiques, on demande le plus souvent à l'odeur de modifier ou d'influencer l'humeur des sujets, hommes ou même animaux (Kadohisa, 2013), qu'on stimule olfactivement. On y adjoindra la possibilité utile de manipuler l'état d'éveil.
Conscientes ou inconscientes, les stimulations olfactives évoquant une réponse émotionnelle sont capables par exemple de modifier le rythme respiratoire, le rythme cardiaque, la résistance électrodermale, le diamètre pupillaire (Vernet–Maury et al., 1999). Ces réponses, activatrices ou inhibitrices, fruits de l'activation du système nerveux autonome (ayant donc un caractère réflexe), sont manifestes de l'empreinte émotionnelle des stimulus. En parallèle, des effets psychophysiologiques, nous avons aussi de multiples preuves de leur impact neurophysiologique, de réactions du cerveau lui-même

[73] Autant que faire se peut : le stimulus olfactif est moléculaire, donc matériel, et investit l'air respiratoire. En conséquence, ce stimulus accède au moins sous dépendance de la perméabilité alvéolaire des poumons au tissu sanguin. On sait par ailleurs que l'épithélium olfactif lui-même est une voie d'entrée des stimulus moléculaires (ou viraux) vers le milieu intérieur : des particules ou des éléments chimiques peuvent être captés par les neurones récepteurs olfactifs, puis véhiculés dans les axones de ces neurones jusque dans le bulbe olfactif, à l'intérieur de la boite crânienne.

compatibles avec ces changements d'états (Lorig et al., 1987 ; Torii et al., 1988 ; Diego et al., 1998).

Confortant l'existence des impacts sur les mécanismes neurophysiologiques d'éveil constatés chez l'homme, on a montré des effets comportementaux et neurochimiques par les simples stimulations odorantes chez l'animal : Par exemple, chez le rat, on a montré un effet opposé des essences de rose (raccourcissement) ou du citron (prolongement) sur la vitesse d'endormissement, celle de la valériane allongeant la durée du sommeil (Komori et al., 2006). Ces effets ne sont pas apparents chez les rats privés d'odorat, anosmiques ! Chez la souris, on a associé l'effet anxiolytique de l'huile essentielle d'ylang-ylang[74] à une diminution de la concentration de la dopamine dans le striatum ou une augmentation de la sérotonine dans l'hippocampe (Zhang et al., 2016).

Chez l'homme adulte (Saku et al., 1992), et singulièrement chez le nouveau-né et l'enfant (Steiner, 1979 ; Soussignan et al., 1997), on corrèle aujourd'hui les réactions du système nerveux autonome, à des expressions faciales, qui s'affichent de façon inconsciente la plupart du temps. L'altération de ces réponses est considérée comme un signe pathologique (Perl et al., 1992 ; Saku et al., 1992).

Rappelons au passage que grâce à l'affichage comportemental des émotions, les individus disposent d'un véritable langage et peuvent communiquer visuellement leurs états.

Bien sûr, la subjectivité des perceptions est la conséquence de nos expériences, de notre vécu, l'émotion est une variable personnalisée. On a compris depuis longtemps que l'appréciation de l'odeur elle-même est, le plus souvent, le fruit d'une expérience personnelle (Kenneth, 1923). En pratique, tablant malgré tout sur des effets consensuels, on considère que l'odeur de lavande ou d'ylang-ylang atténuent le stress du sujet qui sent, que celle de la bergamote ou du romarin est éveillante, ou que celle de la valériane facilite l'endormissement (Buchbauer et al., 1993 ; Komori et al., 2006). Sans grande surprise, d'une façon générale, on considère que les mauvaises odeurs dépriment l'humeur, et que les bonnes odeurs l'améliorent (Knasko et al., 1990).

---

[74] Dont les trois composantes chimiques principales sont le linalol, l'alcool benzylique et le benzoate de benzyle.

Des facteurs culturels influents sur la perception olfactive

Bien sûr, on s'attend aussi à ce que des variations des performances olfactives s'expriment aussi sous l'influence de facteurs motivationnels, attentionnels ou culturels. Au premier plan des agents actifs figurent évidemment les apprentissages olfactifs. (Bende et al., 1997 ; Parr et al., 2002 ; Tempere et al., 2012 ; 2014).

Ces facteurs cognitifs, sont certainement à l'œuvre lorsqu'on mesure l'aptitude des sujets à identifier la source odorante, tâche pour laquelle d'ailleurs les femmes sont indéniablement plus performantes que les hommes (Doty et al., 1984). Ces différences entre genres concernent aussi bien des lots d'odorants « tout venant » que des odeurs « biologiques ». Biologiques, celles exhalées par la sueur axillaire ou palmaire, l'haleine, que d'ailleurs les femmes attribuent encore avec plus de justesse que les hommes aux sexes chez lesquels elles ont été prélevées (Doty et al., 1978b ; 1982).

On rencontre aussi des molécules dont la perception olfactive n'a pas la même valeur hédonique, chez les hommes et les femmes. C'est, par exemple, le cas de l'acide L-lactique, qui est considéré comme déplaisant par la plupart des femmes alors qu'il apparaitrait plutôt plaisant pour les hommes (Mosienko et al., 2017), sans qu'on explique pourquoi. Probablement que dans ces aptitudes distinctes une exposition socialement différenciée entre homme et femme exerce son influence, mais c'est évidemment une cause difficile à démontrer.

Bien sûr, on sait que les performances olfactives des « experts du nez », des professionnels de la parfumerie ou du vin, présentent des performances surprenantes. Quelques écoles proposent une formation encadrée (parmi lesquelles l'ISIPCA de Versailles, le Master Arômes et Parfums, à l'Université de Montpellier).[75] Edmond Roudnitska a prodigué des conseils concrets pour un entrainement individuel des parfumeurs (Roudnitska, 1991a), mis en application par ses émules, Jean Claude Ellena ou René Laruelle, par exemple.

Quant aux imprégnations culturelles, elles ont fait l'objet de recherches qui ne laissent aucun doute sur leur réalité (Schleidt et al., 1981 ; Wysocki et al., 1991 ; Barkat–Defradas et al., 2016).

---

[75] Des enseignements visant spécifiquement la dégustation du vin sont aussi impliqués dans ce type d'apprentissage (Diplôme National d'Œnologie ou Diplôme d'Aptitude à la Dégustation, Université de Bordeaux).

Ainsi, nos préférences ou nos répulsions sont une matière d'éducation, l'environnement est déterminant, etc.

Apprendre les odeurs

Comme nous l'avons déjà remarqué, une autre source de variation des performances olfactives, ce sont les apprentissages, le fruit de l'expérience.
Enrhumé ? Pas de panique : Une odeur apprise avec une seule narine sera reconnue par l'autre aussi (Mainland et al., 2002). Une façon de dire qu'il s'agit de mettre en jeu un cerveau… entier.
Sous-jacente à la question de l'apprentissage repose l'idée de mémoire, de mémoire olfactive, ici. On considère souvent que la mémoire des odeurs est exceptionnelle. Nous avons l'impression qu'effectivement des souvenirs d'odeurs bien ancrés dans une tranche de vie, une mémoire épisodique (Saive, 2015, ibid. Quatrième partie) puissent ressurgir, de temps en temps, (en réalité, assez exceptionnellement), mais avec une acuité terrible, semblant émerger du fond de notre mémoire. En fait il semble que certaines propriétés de la mémoire olfactive (mémoire à court terme, Engen et al., 1973a ; Jehl et al., 1995 ; précocité des atteintes lors des maladies dégénératives, Murphy et al., 1999) ajoutent aux conceptions théoriques sur la mémoire, pour l'essentiel résultat de l'exploration d'autres sensorialités (visuelle) (Annett, 1996).
Nous enregistrerons que de nombreuses études attirent l'attention sur le fait que la fixation du souvenir des perceptions olfactives est améliorée par leurs association à une désignation verbale (Engen et al., 1973b ; Davis, 1977 ; Lawless et al., 1977 ; Cain, 1979 ; Monnery-Patris et al., 2009 ; Frank et., 2011).
On retiendra aussi que les souvenirs olfactifs formés pendant la première dizaine d'année de notre vie sont évoqués plus fréquemment que ne le sont des souvenirs visuels par exemple, plutôt formés à l'âge adulte (Larsson et al., 2009), soulignant donc leur grande persistance.
Apprendre les « odeurs », c'est ce qu'on fait sans le vouloir, par exemple, lorsqu'on acquiert une répulsion à un stimulus odorant. C'est à l'association généralement involontaire de la présence d'un signal odorant et d'une situation particulière qu'on doit l'essentiel de ce qu'on sait des odeurs (et l'on sait beaucoup plus de choses sur les

odeurs qu'on ne le croit)[76]. C'est à ce type d'apprentissage fortuit, aux détours de la vie, répondant y compris aux pressions sociales, auquel on fait appel. En particulier, pour expliquer les nausées et leurs conséquences stomacales provoquées selon les témoignages nombreux, par certains odorants, consacrant alors la personnalisation de nos perceptions olfactives (Joal, 1903 ; Shusterman, 1992 ; Herz et al., 2004 ; Herr et al., 2009). On notera que des odeurs considérées consensuellement aussi bien comme bonnes ou comme mauvaises, peuvent donner lieu à de telles manifestations de rejet. Toutefois, l'impasse de la littérature scientifique sur une capacité inhérente (donc à caractère universel) d'une molécule à provoquer la nausée est frappant. Du côté des odeurs défensives émises par les moufettes[77], on a peut-être l'espoir de trouver des composés répondant à cette attente (Wood et al., 2002).

On notera au passage que des aversions alimentaires acquises parfois pour la vie, peuvent être déclenchées au cours d'une seule expérience d'association alimentaire (une stimulation olfacto-gustative suivie d'un malaise, jugé consécutif, (Rusiniak et al., 1982). Une aversion très persistante obtenue donc avec une seule ingestion du stimulus. De quoi faire réfléchir les comportementalistes qui éduquent leurs animaux d'expérience en répétant parfois des dizaines de fois les séquences d'apprentissage associatif… transformant ces animaux en machines, bien loin de leurs aptitudes naturelles, pour en tirer des conclusions sur leur biologie !

On utilise aussi des apprentissages olfactifs « supervisés » pour améliorer nos performances olfactives (détection et identification). On apprend alors par répétition, c'est-à-dire en présentant répétitivement des stimulus odorants auxquels les apprentis s'efforcent la plupart du temps d'abord d'attribuer un nom (ou un contexte chez les animaux) et de mémoriser cette association (voir par exemple, Mouly et al., 2001 ; Roman et al., 2004). Et pas seulement dans les situations

---

[76] Par exemple, nous savons quelle est la source d'un fumet quel que soit l'éloignement de sa source. Pourtant pour des raisons physiques (dont la dilution des composantes, sa concentration), le fumet n'est pas objectivement pas identique sur tout son parcours, ou même pendant toute sa durée (ça mijote) : Son odeur évolue, et nous apprenons ces variations sans méconnaitre l'émetteur.

[77] Animaux du continent américain. Inquiétés, ils projettent sur leurs ennemis une sécrétion malodorante. Ne pas les confondre avec les putois (européens) : Ils n'appartiennent pas à la même famille bien que les deux espèces produisent et utilisent des odeurs nauséabondes.

expérimentales : Evoquons, par exemple, l'éducation des chiens au marquage des truffes, récompensé à chaque succès.
En définitive, on sait assez mal ce qu'« apprendre » les odeurs veut dire. C'est, en tout cas, le fruit d'apprentissages empiriques et pratiques plutôt que le fruit d'enseignements raisonnés.
Tout dépendant de ce qu'on considère être le « savoir olfactif » … Ce signal odorant, s'agit-il de savoir si on l'a déjà rencontré ? De lui donner un nom, de désigner l'objet qui l'émet ou la trace qu'il suggère ? De lui donner un sens, *a minima* de le juger repoussant ou attractif, ou explorant plus avant ses retentissements émotionnels, de le considérer comme apaisant, inquiétant ou dangereux ? D'en concevoir la « forme olfactive », comme le demande Edmond Roudnitska ? De sentir si, et comment, il ressemble à tel autre ? Dans quelles conditions apparait-il, que signifie-t-il[78]? Dans quels mélanges s'harmonise-t-il ou jure-t-il ? Ou encore, d'enregistrer ses effets sur les autres composantes d'une fragrance ?
L'absence de classification universelle des odeurs laisse place à de multiples cadres d'organisation et de schémas, variés mais souvent efficaces, la roue des vins, le champ des odeurs, etc. Aucun doute, nantis de tels outils, les élèves aromaticiens ou parfumeurs progressent dans leurs aptitudes à reconnaitre, à manipuler ou à combiner les sources odorantes.
Expert et bien veillant, Edmond Roudnitska a proposé une méthode d'apprentissage à l'usage des amateurs sur le chemin de la création de parfums. Premier conseil : Apprendre à sentir (Roudnitska, 1991a). Il expose sa méthode avec précision, qui permettra à l'apprenti de retenir et manipuler les centaines de matériaux odorants au service de ses compositions futures. Il devra faire longtemps des gammes (le maitre Edmond Roudnitska compte en dizaines d'années), prendre des notes sur ses perceptions, pour acquérir l'expérience nécessaire à sa liberté créatrice. Patience et *persévérance* sont les maîtres mots.
Une simple série d'expositions répétées à un odorant donné peut augmenter la capacité des sujets exposés à le détecter, aussi bien chez l'homme, que chez le rat (Doty et al., 1989) que chez la souris (Wang et al., 1993, Yee et al., 2001).

---

[78] L'importance du stimulus olfactif comme révélateur de l'« état des choses » a fait l'objet d'une interrogation particulière. Une série d'arguments confirme que l'odorat sert effectivement, entre autres, à préciser l'état des choses, comme leur maturité, leur âge etc… (« What is the purpose of smell ? », Sicard, et al., 2016).

Nez d'experts

Les experts du « nez » (œnologues, parfumeurs, aromaticiens…) sont réputés présenter des performances olfactives qui surprennent les novices. Grâce à l'imagerie cérébrale, on a mesuré les volumes des territoires cérébraux dédiés à l'olfaction chez des sommeliers. Comparé à ceux de cerveaux de novices, on a découvert une claire supériorité qu'on relie à la l'apprentissage, à la performance (Sreenavanan et al., 2017). A l'inverse, pour Turetsky et al. (2000; 2003) les volumes des bulbes olfactifs et de la portion antéro-ventro médiale du lobe temporal des patients souffrant de schizophrénie sont réduits alors que ceux-ci présentent des troubles olfactifs. Ainsi, la pratique olfactive, retentit sur la structure nerveuse, anatomique, et fonctionnelle, qui la supporte ! On remarquera là que le sens de l'audition est riche en démonstrations et discours sur la plasticité cérébrale, anatomique et fonctionnelle, mise en jeu par l'apprentissage, le développement ou l'expertise, et peut servir de modèle pour penser et étudier celles du système olfactif (voir, par exemple, Singer, 1995 ; Kilgard et al., 2001 ; Münte et al., 2002 ; Ozturk et al., 2002 ; Pallesen et al., 2010 ; Meyer et al., 2012 ; Zatorre et al., 2012).

Toutefois, il y a assez peu d'études objectives relatives aux capacités sensorielles des experts du nez. Les mesures psychophysiologiques permettent de constater une amélioration des performances sensorielles (détection et identification olfactives) avec la pratique ou l'entrainement classique par répétition (Tempere et al., 2012). Nous avons récemment montré qu'il était aussi possible d'augmenter les performances olfactives des experts par la simple manipulation de l'image mentale olfactive, évocation volontaire d'une perception olfactive, c'est-à-dire en l'absence du support physique de l'odeur (Tempere et al, 2014), une confirmation rare de la fonctionnalité de l'imagerie mentale olfactive. Si on ne sait pas vraiment ce que « perçoit » un sujet lorsqu'on lui demande d'imaginer un odorant (Pylyshyn, 2003), on sait qu'il active des régions de son cerveau normalement recrutées lorsqu'il sent une odeur (Djordjevik et al., 2005 ; Plailly et al., 2012). Par comparaison, on s'aperçoit que le réseau cérébral recruté chez l'expert diffère de celui recruté chez les novices.

Conclusion : Le sens des odeurs

Ces paragraphes caractérisent la perception olfactive, situent son importance. Nous sommes conscients, il y a tant de questions possibles, qu'ils n'épuiseront pas toute la curiosité des lecteurs... Pardon !

Le lecteur regrettera peut-être que nous n'ayons pas développé sur les effets « physiologiques » des substances odorantes. Il s'agit pourtant d'un aspect essentiel fondant un commerce thérapeutique (aromathérapie) et cosmétique florissant de tous temps. Ce chapitre dépasserait ici notre intention. Toutefois, nous ne pouvons pas résister au plaisir de partager avec nos lecteurs la joie que procure les avis et les conseils de Monsieur Debay, dans un ouvrage consacré aux Parfums de la Toilette : En outre, il y énumère des effets « constatés » ou « rapportés » de certaines odeurs :

« *L'odeur de la cannelle occasionne des maux de cœur à beaucoup de personnes, à cause de son analogie avec celle de la punaise.*

L'odeur de fromage faisait défaillir le célèbre Haller donnait des crispations au baronnet Sinclair.

Le médecin-légiste Zacchias horripilait à la vue d'une rose blanche et trouvait du plaisir à odorer une rose rouge.

La vue et l'odeur d'une carotte donnaient des attaques d'hystérie à une jeune nonne ; le même légume occasionnait de bruyants éclats de rire à une vieille recluse.

Rostan rapporte, dans son excellent ouvrage d'hygiène, qu'une dame s'évanouit en recevant la visite d'une amie qui portait une rose ; cette fleur n'était pourtant qu'artificielle.

Tout le monde connait les effets de la fumée du tabac sur les personnes qui n'y sont point habituées.

Les sibylles et pythies de l'antiquité obtenaient l'ivresse fatidique en recevant les vapeurs de diverses plantes excitantes et narcotiques.

Les effluves du noyer, de l'if, du genévrier, du laurier-rose, produisent des céphalalgies aux personnes qui les respirent, et souvent des lipothymies... » (Debay, 1856).

Comme nous, vous sourirez peut-être. Mais vous retiendrez que les signaux odorants sont utilisés pour explorer – odorer –, l'environnement et s'y adapter. A le comprendre ou à l'apprendre. L'olfaction concourt à la performance perceptive du sujet qui relie les anisotropies de l'environnement relevées par tous les sens, synergie sensorielle. Dans certains cas, une garantie pour la survie. Dans d'autres, on peut penser qu'elle inonde l'individu de plaisir, sans d'ailleurs pouvoir exclure le plaisir d'une nécessité vitale ! L'odeur, c'est une expérience, une histoire, une mémoire. Ainsi, elle est aussi une trace essentielle, indispensable des variations de l'état des choses.

Troisième partie

L'odorat, comment ça marche ?

> *« On pourrait évidemment en déduire hâtivement que la liberté est destinée à s'effacer peu à peu devant la connaissance (...)*
> *En réalité, et c'est ce qu'on ne veut pas voir, toute connaissance donne accès à une non-connaissance d'ordre supérieur. Toute acquisition nouvelle a surtout pour effet de révéler un domaine de recherches insoupçonné ».*
>
> Jacques Sauvan, 1965[79]

Les pages qui suivent ont pour objectif de donner au lecteur l'idée de l'organisation et des propriétés du système olfactif des vertébrés, avec l'arrière-pensée que tout cela servira à se faire une idée de celui de l'homme. Après avoir exposé à la partie précédente les propriétés de l'odeur, en somme le but à atteindre pour le système olfactif, nous devons examiner comment la perception olfactive est rendu possible par le système olfactif, son support nerveux. Nous allons donc éclairer les moyens du système olfactif, c'est à dire expliquer comment le stimulus olfactif est représenté dans le réseau de neurones dédié à la sensorialité olfactive. Cette description comporte deux axes :

Il faut en préciser la constitution anatomique, ses composantes, renseigner les relations entre les composantes du système nerveux qui président à la réception des signaux chimiques, à la mise en forme du message olfactif et aux premiers traitements, l'exploitation, de l'information olfactive. Puis, leur physiologie, leur « mécanique », leur fonctionnement complètent nécessairement cette description.

En première approche, les plans d'organisation comme les aspects physiologiques, ne semblent pas différer grandement dans l'ensemble

---

[79] Dans un article, « Machines, intelligence, connaissance, conscience et liberté ». In *Progress in Cybernetics*. Vol 2. Wiener N., Schadé J.P. (eds). Elsevier, Amsterdam, 1965, p157–185.

des vertébrés. Si bien que des données neuro-anatomiques ou neurophysiologiques de la littérature sur lesquelles nous nous appuyons pour bâtir notre description, recueillies le plus souvent chez le rat, la souris ou même la grenouille, peuvent raisonnablement être généralisées : La réduction didactique aidant, on aboutit à une synthèse qui donne une idée utile de l'organisation et du fonctionnement du système olfactif. C'est celle que nous proposons ci-dessous. Nous mentionnerons toutefois quelques données clés susceptibles de nuancer cette vision synthétique pour comprendre le système olfactif humain.

L'osphrésiologie[80] *au siècle des protéines*

Inspirés par le phénicien Moschus de Sidon, au premier siècle avant notre ère, Platon, Hypocrate ou Lucrèce philosophaient déjà sur la nature corpusculaire des particules odorantes. Aux discours des classiques sur l'olfaction et l'odeur, la science moderne a substitué l'observation et l'expérimentation, objets de rapports de plus en plus profonds. Parmi les jalons les plus étonnants, citons la thèse imprimée en français du hollandais Zwaardemaker (1925) d'une intuition remarquable, véritable scénario pour la recherche moderne en olfaction. Les analyses de Jacques Passy (1895) sont également précieuses et devraient être lues par tous les physiologistes de l'olfaction !

Entre 1978 et 2014, la communauté scientifique produit de plus en plus d'articles, l'augmentation est exponentielle (Fig. 1). En interrogeant la base de données *Medline* accessible via internet, qui répertorie l'essentiel des articles publiés dans le champ de la biologie, on s'aperçoit de différences quantitatives de la publication entre les sensorialités. Une tendance exponentielle est affichée par toutes, explosive pour la vision. En recherchant les articles par mots-clés en 2015, l'étude de l'olfaction a livré 42623 (mots-clés : *olfaction* ou *olfactory*), celle de la vision a produit 401678 articles (*vision* et *visual*), soit à peu près dix fois plus, celle de l'audition, 164173 (*audition* ou *auditory*), quatre fois plus, celle de la gustation, 28467 (*taste* ou *gustatory*), presque deux fois moins.

---

80 Du grec ancien, ὄσφρησις, *ósphrêsis,* sens de l'odorat, λόγος, *logos*, discours.

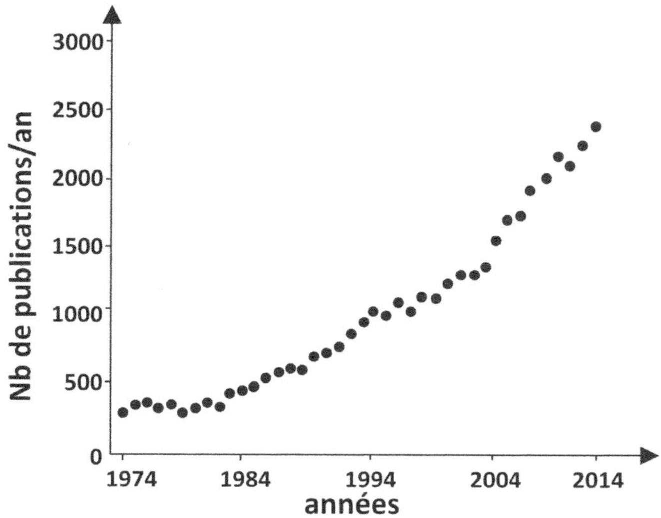

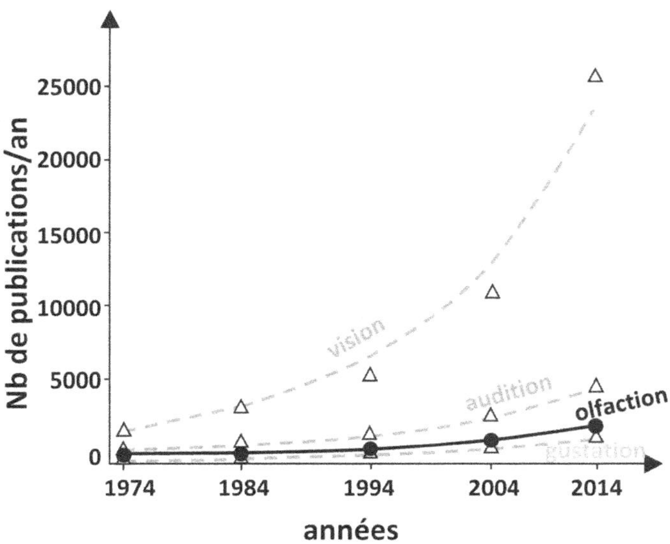

Figure 1 : Evolution de la production d'articles scientifiques relatifs aux appareils sensoriels au cours des 40 dernières années. La vision domine l'appréciation du monde…

Quoi qu'il en soit, la production en science de l'olfaction est pléthorique mais, heureusement, on apprend beaucoup. On remarquera que s'il était possible à un chercheur de lire toute la production relative à l'olfaction en 1978, c'est aujourd'hui, avec la même acuité, impossible : Les scientifiques deviennent forcément myopes : L'univers scientifique croit trop vite. La spécialisation est en marche... avec des chances non négligeables (et malheureusement constatée) de déculturation !
Ainsi, en 1980, le nombre de publications annuelles relatives à la biologie de l'olfaction atteignait environ 100. En 2014, on atteint 2500. Une comptabilité parallèle dans le champ de la chimie qui s'intéresse aux substances odorantes serait envisageable. Mais le tri des articles signifiants serait beaucoup complexe car les synthèses organiques de nouvelles molécules odorantes, l'analyse des sources aromatiques domineraient et ne rendraient pas uniquement compte des avancées qui enrichissent véritablement la compréhension de l'odeur. Nous nous sommes donc, sur ce plan, abstenus.
Notre position dans le conseil scientifique de la Fondation Edmond Roudnitska, nous confronte pratiquement à une difficulté supplémentaire : Il faut de plus en plus étendre nos compétences techniques et scientifiques pour juger les dossiers de candidature aux bourses de la Fondation qui nous sont soumis... Cette accélération technique est, elle aussi, explosive.

Le système nerveux olfactif : Anatomie et neurobiologie

Le système olfactif est une portion sensorielle spécialisée du système nerveux. Comme tout système sensoriel, il est constitué d'un organe récepteur, la muqueuse olfactive, qui alimente en informations olfactives un réseau d'organes ou territoires nerveux centraux qui met en forme et exploite les messages que l'organe récepteur délivre.

La muqueuse olfactive, siège d'une neurogenèse permanente

Cachée à la vue, la muqueuse olfactive[81] se présente comme une portion avancée de tissu nerveux qui tapisse une partie profonde de la

---

[81] On l'appelait autrefois muqueuse pituitaire :
« *La pituitaire est une membrane musculo-fibreuse qui tapisse le squelette des fosses nasales. (...) La pituitaire présente une coloration rosée qui peut devenir rouge foncé dans l'état de congestion. Sa surface libre est criblée d'un très grand*

cavité nasale. Elle est en continuité avec la muqueuse respiratoire, non nerveuse, qui recouvre les parois des voies respiratoires supérieures. D'extension variable selon les espèces, le territoire olfactif se distingue grâce à une pigmentation (mélanines, caroténoïdes, Ardouin et al., 1968) plutôt incertaine chez l'homme, même si on le qualifie de « tache jaune ». Son support osseux anatomique est plus ou moins contourné (ménageant en particulier une plus ou moins grande surface d'échange avec l'ambiance par unités de volume) suivant les espèces, arrangé en replis, éminences (grenouille), lamelles (truite), conques (poulet) ou cornets (rat, homme).
Posée sur un tissu conjonctif (donc vascularisé), la muqueuse olfactive a une épaisseur variable selon les espèces : On la compte en dizaines de microns chez la souris, en centaines chez la grenouille. Sa limite supérieure, superficielle, n'est séparée de l'air ou l'eau, milieu de vie, vecteur des substances odorantes, que par une couche de mucus.
Sur le plan histologique, le tissu récepteur des odeurs se présente comme un épithélium constitué de plusieurs types cellulaires, et comprend majoritairement des cellules nerveuses excitables par les stimulus chimiques, les neurones récepteurs olfactifs matures (Fig. 2), qu'on compte souvent par millions chez les vertébrés. Si nous précisons qu'il existe dans la muqueuse olfactive des neurones matures, c'est bien qu'on y distingue toujours aussi, chez tous les vertébrés adultes ayant un système olfactif, en grandes quantités, des neurones olfactifs immatures. On trouve à la limite profonde de la muqueuse olfactive une véritable assise de cellules souches capables de se multiplier et de se différencier en neurones olfactifs tout au long de la vie. Immature et mature font référence à l'état fonctionnel des neurones récepteurs. Avec l'existence de ces précurseurs neuronaux, on a un exemple rare de neurogenèse qui a, le premier, effrité le dogme selon lequel le stock de neurones est limité à celui que les organismes ont acquis à la fin de leur développement ontogénétique. Ainsi peuvent être remplacés les neurones matures disparaissant par accident, de façon à maintenir les capacités de réception d'un tissu sensoriel qui, même à l'abri dans la cavité nasale, reste très exposé aux agressions de l'environnement (toxiques chimiques, bactéries, virus…).

---

nombre de trous visibles à l'œil nu pour la plupart et formant l'embouchure d'autant de glandes que nous étudierons ultérieurement (…) » (Cabuche, 1901).

D'autres cellules, les cellules de soutien, intercalées entre les neurones, entourent et isolent les éléments nerveux, entretiennent l'espace extracellulaire des neurones (glucose, équilibres ioniques), et participent à la sécrétion du mucus qui protège toujours l'épithélium olfactif.
Courant dans la sous-muqueuse, on trouve des vaisseaux sanguins mais aussi des faisceaux d'axones, qui sont les prolongements fins rassemblés de multiples neurones récepteurs olfactifs, et qui transmettent comme des câbles leur excitation aux neurones suivant du système olfactif. Ces faisceaux d'axones se dirigent en arrière vers les trous de la lame criblée de l'os ethmoïde grâce auxquels ils pénètrent dans la boîte crânienne. Là, ils alimentent une structure nerveuse bien individualisée du cerveau, le bulbe olfactif, un organe relais sur la voie olfactive vers le cerveau. Dans la sous-muqueuse, on rencontre aussi des terminaisons du nerf terminal et du nerf trijumeau, nerfs que nous avons envisagés déjà dans la deuxième partie de l'ouvrage, pour leurs singularités. Notons au passage que l'on a montré aussi, chez les poissons et les amphibiens, l'existence de neurones olfactifs dont les projections ne visent pas le bulbe olfactif (Szabo et al., 1991 ; Gayoso et al., 2011 ; D'Aniello et al., 2015), ce qui consacre un nouveau système de réception dont on apprécie encore mal le rôle.

Le mucus olfactif

Entre le milieu ambiant, vecteur des substances odorantes (et de divers agents agressifs), et les mécanismes cellulaires de la réception olfactive est interposé un mucus, interface entre soi et non soi. Cet environnement aqueux qui couvre le tissu olfactif est indispensable, protecteur et nourricier, à la survie des cellules de l'épithélium et à la fonction de la muqueuse olfactive. Le mucus est composite, rassemblant les sécrétions des cellules de soutien et celles excrété à la surface de l'épithélium par des canaux excréteurs de glandes profondes, les glandes de Bowman, qui se trouvent dans la sous-muqueuse, cette zone conjonctive bien vascularisée. On note, en particulier, que ces glandes contiennent des enzymes de détoxication appartenant, par exemple, à la famille des cytochromes P-450 qui donc participent à la protection de la muqueuse olfactive (Chen et al., 1992 ; Getchell et al., 1993). Plus ou moins fluide suivant sa profondeur, des polysaccharides lui donnent son aspect gélifié. En fait, on peut y distinguer plusieurs couches, la plus superficielle étant la

plus liquide et la plus mobile (Menco et al., 1992). Ce mucus est entraîné par les battements ciliaires des cellules du tissu respiratoire qui environne la muqueuse olfactive. Il s'écoule ainsi à la surface de l'épithélium et est renouvelé en permanence.
Ainsi, les structures cellulaires réceptrices de l'olfaction sont immergées sous une solution aqueuse dans laquelle les molécules stimulantes doivent pouvoir pénétrer pour atteindre les récepteurs du système. En conséquence, la solubilité des molécules odorantes est un paramètre déterminant dans la distribution des molécules stimulantes. On a, par exemple, montré sur des muqueuses olfactives planes de salamandre, une séparation « chromato-graphique » des composés solubles (acides gras à chaînes courtes) et des hydrocarbures peu solubles (limonène, pinène) selon l'axe antéro-postérieur, correspondant à la direction prise par le flux gazeux odori-vecteur léchant la surface de la muqueuse olfactive. Les espèces moléculaires les plus solubles se dissolvent rapidement, et se concentrent plutôt dans la partie antérieure. Toutefois, une grande partie des molécules odorantes sont peu hydrophiles, si bien qu'on peut envisager l'hypothèse de leur transport par des protéines solubles jusqu'aux sites récepteurs. Ce dispositif intermédiaire est avéré chez certains insectes, où des composés phéromonaux doivent nécessairement franchir une lymphe qui contient justement les enzymes d'inactivation et qui, faute d'une protection du substrat par une liaison avec un transporteur, consommeraient les composés actifs avant qu'ils puissent être détectés. On trouve des protéines de la même famille dans le mucus olfactif des vertébrés. Ces protéines de transport *(Olfactory Binding Protein* ou *OBP*) sont des lipocalines, un type bien connu, (Pevsner et al., 1988). Parmi elles, on connait bien celles qui transportent dans le sang ou l'urine des composés divers, comme par exemple le rétinol[82]. Alors qu'elle est pratiquement insoluble dans l'eau, cette petite molécule clé de la physiologie de la vision atteint sa cible rétinienne dans l'œil liée à un transporteur protéique véhiculé par la circulation sanguine. Toutefois, l'implication fonctionnelle de tels transporteurs

[82] Dans les neurones récepteurs de la rétine, le rétinal, métabolite du rétinol, se combine à une protéine, l'opsine, pour constituer une protéine active, le récepteur de photons du système visuel. L'opsine fonctionne donc comme un chimiorécepteur dont le ligand est une petite molécule, le rétinol qui le place dans un état excité, capable alors de capter des photons. On est saisi par cette analogie frappante avec le mécanisme de la réception olfactive. Nous avons signalé qu'on rencontrait ce dispositif déjà chez les bactéries photosensibles.

dans la réception olfactive des vertébrés n'a pas, encore aujourd'hui encore, reçu de démonstration directe. On sait que les OBP sont multiples, et qu'elles ont des affinités variées pour des ligands odorants variés (Löbel et al., 1998). D'autres données sont en faveur d'une interaction directe entre les OBP et les récepteurs olfactifs, modulant ainsi leur sensibilité (Vidic et al., 2008 ; Ko et al., 2010).

Les neurones récepteurs olfactifs, sensibles aux stimulus chimiques

Nous avons déjà envisagé la pertinence des récepteurs olfactifs, ces protéines qui reçoivent les signaux odorants de l'environnement, et qui sont portés par la membrane cellulaire des neurones récepteurs olfactifs. Ce neurone récepteur olfactif est un neurone bipolaire dont la description correspond au modèle prototypique du neurone. En effet, le corps cellulaire de ce neurone, contenant le noyau et la machinerie métabolique cellulaire, admet deux prolongements (Fig. 2) : L'un d'eux, tourné vers la surface de l'épithélium, donc du milieu ambiant, est une dendrite et représente un pôle d'entrée d'information. D'abord sans ramification, cette dendrite serpente entre les cellules de soutien pour affleurer à la surface du tissu, forme là une vésicule qui porte un bouquet de (10 à 100) cils olfactifs, prolongements de cellule très fins (donc offrant une surface d'échange avec l'environnement très étendue). Ces cils, d'un diamètre du dixième de micromètre recouvrent l'épithélium, s'interposent entre l'environnement et le système olfactif, en fait sont en contact avec l'environnement. Ils sont mobiles chez certaines espèces (grenouille) et immobiles chez d'autres (rat), sans qu'on relie cette propriété à leur sensibilité aux stimulus odorants. Mais, c'est bien associé à la membrane des cils que l'on trouve l'appareil récepteur des molécules odori-vectrices et les mécanismes transducteurs initiaux de l'olfaction. En effet, lorsqu'on détruit sélectivement les cils olfactifs chez le rat (grâce à de super détergents qui attaquent leur structure lipidique), la performance olfactive s'effondre (Adamek et al., 1984), mais elle réapparaît alors que les cils repoussent.
L'autre prolongement, opposé, qui s'enfonce vers la sous-muqueuse représente le pôle de transmission du neurone. Il se dirige vers les centres nerveux. C'est un axone, un fin câble, qui transmet directement les réactions de la cellule réceptrice jusqu'aux neurones secondaires dont les corps cellulaires sont installés dans une structure relais intracrânienne, le bulbe olfactif.

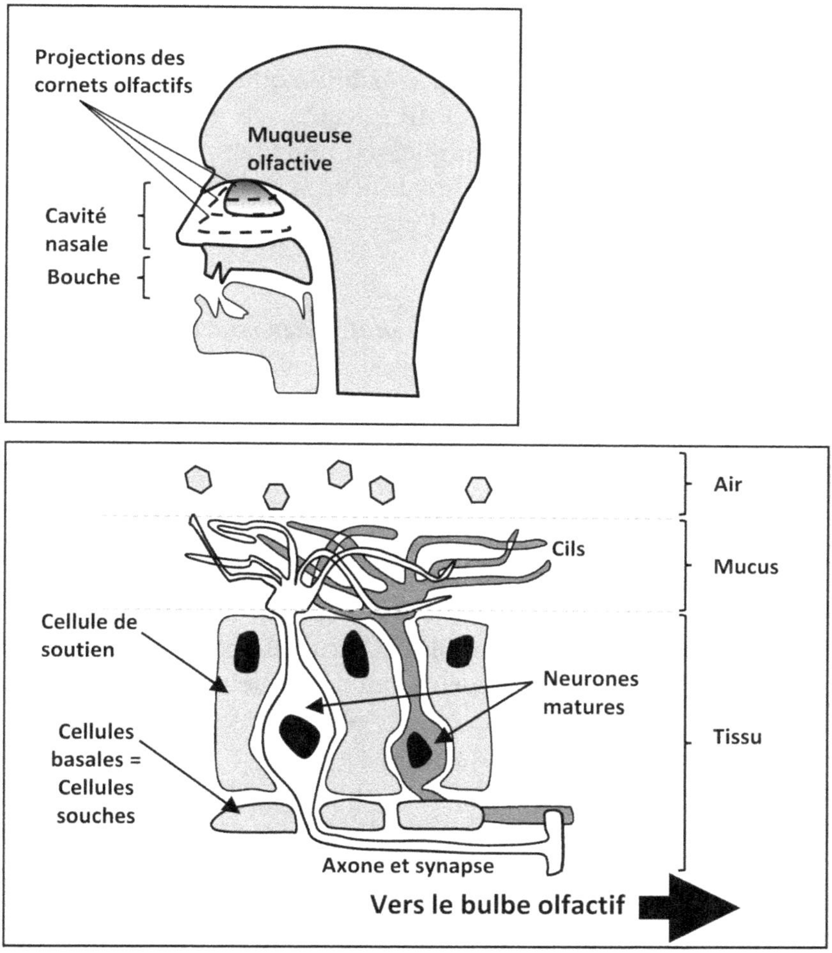

Figure 2 : Position des territoires olfactifs dans la cavité nasale humaine et représentation schématique des types cellulaires principaux de la muqueuse olfactive. Le neurone récepteur olfactif est bipolaire. Sa dendrite donne naissance aux cils olfactifs. Avec son axone, il transmet ses réponses au travers de synapses avec les neurones relais du bulbe olfactif, organe cible avant les cortex cérébraux. Les cellules basales, à la base de l'épithélium, sont des cellules souches, capables d'engendrer de nouveaux neurones.

Ces neurones, à maturité, expriment des protéines spécifiques, dont les récepteurs recevant les molécules odorantes, les cascades enzymatiques produisant des « seconds messagers » ou canaux ioniques, intermédiaires impliqués dans la transduction olfactive (Yu et al., 2014), et donc sources de la sensibilité olfactive.
L'*olfactory marker protein* (OMP ; Keller et al., 1975), protéine soluble intracellulaire, par exemple, est abondamment utilisée, de la grenouille à l'homme, comme marqueur histologique spécifique de l'épithélium olfactif et signe de l'état de maturation de ses neurones récepteurs.

La grande famille de récepteurs de molécules odorantes

La membrane cellulaire des neurones récepteurs olfactifs, porte ainsi les protéines réceptrices membranaires sensibles aux stimulus chimiques (Buck et al., 1991) en forte densité particulièrement au niveau des cils olfactifs. Ces protéines transmembranaires traversent la membrane de part en part, établissant une relation entre l'environnement et l'intimité de la cellule réceptrice. Parce qu'on les compte par centaines, on parle de répertoire. Parce qu'on leur reconnait une assez forte homologie structurale, ils constituent une famille génique. Les banques génomiques contiennent aujourd'hui des milliers de séquences de protéines réceptrices, appartenant à des dizaines de vertébrés, aquatiques ou terrestres (Freitag et al., 1998). Leur chaîne protéique est repliée, comportant sept domaines trans-membranaires (lipophiles). Ils appartiennent en fait à une super-famille de récepteurs dont certains membres, des récepteurs de neuromédiateurs du système nerveux central, ont été identifiés bien avant la découverte des récepteurs olfactifs (Buck et al., 1991) et très étudiés par les pharmacologues. Ces récepteurs sont articulés avec des protéines G, protéines membranaires émergeant de la membrane sur sa seule face intracellulaire, premier chaînon d'un mécanisme de transduction comprenant plusieurs enzymes en cascade qui permet au neurone porteur d'un récepteur activé par son ligand de manifester sa sensibilité au signal chimique (répondre) et finalement d'envoyer un message nerveux sur son axone au réseau de neurones centraux.

Une vision phylogénétique de l'olfaction

Chez le rat, le répertoire génomique olfactif comprend environ 1500 gènes codant pour des récepteurs différents[83]. La richesse extraordinaire de ce répertoire comme sa subdivision en sous-familles varient en fait selon les espèces animales.
Avec une telle quantité de gènes, on a découvert un marqueur phylogénétique inattendu dont l'intérêt dépasse le seul domaine de l'olfaction. On peut en effet lui envisager des incidences sur la connaissance de l'évolution éthologique ou écologique. Ici, nous nous contenterons de donner un exemple de premières retombées sur l'évolution du système olfactif lui-même.
Chez le dauphin, démuni de bulbe olfactif (Oelschläger, 1992 ; Berta et al., 2014) on a quand même trouvé dans le génome des gènes de cette famille, une vingtaine, dont sait qu'une moitié ne sont pas fonctionnels ; on les appelle pseudogènes (McGowen et al., 2008 ; Kishida et al., 2015). Ces pseudogènes, toujours présents dans le génome malgré leur altération, apparaissent comme des traces phylogénétiques de possibilités olfactives perdues par exemple lors du passage d'une vie terrestre à une vie aquatique au cours de la phylogénèse (Berta et al., 2014). Chez les baleines, pourvues, elles, de bulbes olfactifs (Thewissen et al., 2011) mais ayant une histoire ancestrale voisine que les dauphins, c'est-à-dire des espèces terrestres ayant opté pour une vie aquatique, il subsiste 40-60 récepteurs olfactifs intacts (Kishida et al., 2015). Chez l'homme, le répertoire complet inscrit dans le génome compte 900 gènes environ (Niimura et al., 2003), dont plus de 50% de pseudogènes toutefois.
Chez les Poissons, on trouve aussi des gènes codant pour des récepteurs olfactifs, adaptés à la réception de molécules solubles dans l'eau et formant une sous-famille structurale distincte, dite classe 1. En fait, certains des récepteurs de cette classe 1 peuvent aussi être exprimés chez les espèces terrestres, s'ajoutant à ceux de la sous-famille des récepteurs « aériens », de la classe 2.
La plupart des spécialistes de la biologie moléculaire, sur la base de la distribution de marquages des neurones exprimant un récepteur du répertoire ont vite admis qu'un neurone récepteur olfactif donné

[83] C'est, en effet, tout à fait exceptionnel ! Ce nombre correspond à plus 2% des gènes disponibles dans un génome de vertébré. Aucune famille génique consacrée à une seule fonction physiologique n'a cette dimension. Tout ça pour ne faire que de la reconnaissance des signaux odorants ? Surprenant non ?

n'exprime qu'une seule espèce de récepteur… ce qu'ont confirmé les travaux des généticiens. Quoiqu'il en soit, la multiplicité et la diversité des récepteurs est certainement garante des capacités de discrimination des populations neuronales qui les portent.
La sélectivité des récepteurs vis à vis des molécules odorantes est de mieux en mieux documentée expérimentalement mais reste très partielle (De March et al., 2015) – du fait de leur nombre bien sûr, mais surtout parce que tester tous les odorants (combien ?) est un objectif en principe hors d'atteinte. Toutefois, une meilleure appréciation des caractéristiques de sélectivité est avancée : Depuis peu, en exploitant le transcriptome de la muqueuse olfactive, on a clairement montré que chez la souris qu'un odorant donné pouvait interagir avec une vingtaine de récepteurs exprimés par sa muqueuse (Von der Wied et al., 2015). D'autres résultats obtenus avec des cellules hôtes ayant reçu une greffe de récepteur dans leur génome (transfection) indiquent que certains récepteurs sont apparemment très sélectifs mais que d'autres reconnaissent des espèces moléculaires extrêmement diverses quant à leurs structures. Nous y reviendrons.

Des récepteurs supplémentaires

On pourrait croire que les centaines de récepteurs de cette famille suffisent à remplir la fonction d'encodage des stimulus chimiques. Ce n'est pas le cas.
Dans un deuxième temps en effet, on a trouvé dans le génome olfactif[84] des récepteurs dit TAAR[85], rencontrés d'abord ailleurs que dans le système olfactif (estomac, plusieurs territoires cérébraux – amygdale, hippocampe –, rein, poumon, intestin grêle). Ils seraient impliqués, entre autres, dans la détection des petites amines volatiles (Liberles et al., 2006) ou de métabolites endogènes. Un autre système récepteur, sensible au gaz carbonique (CO_2) a été identifié chez la souris, avec ses mécanismes de réception-transduction spécifiques (Hu et al., 2007). Plus récemment, Greer et al., 2016 ont annoncé qu'un sous-système de neurorécepteurs de la muqueuse olfactive de la souris porterait des récepteurs d'un autre type, des récepteurs à 4 domaines

[84] Entendez, le génome qui s'exprime dans la muqueuse olfactive
[85] TAAR : trace-amino-associated-receptors : il en existe toute une famille, c'est à dire environ une vingtaine, avec des sélectivités variées pour leurs ligands (Zucchi et al., 2006). Les « petites amines » sont souvent un résultat de la dégradation des protéines, par, entre autres, l'action des bactéries.

transmembranaires, dit MS4A, eux aussi rencontrés auparavant dans d'autres sites de l'organisme. Les neurones récepteurs concernés sont localisés au fond des replis de cornets olfactifs, dans une portion limitée donc de la cavité nasale. Ils projettent leurs axones vers une zone particulière, postérieure du bulbe olfactif (sur 20 à 40 glomérules). Ces neurones récepteurs-là ne possèdent pas les mécanismes de transduction qui équipent les neurones exprimant les récepteurs à 7 domaines transmembranaires olfactifs. Le mode d'encodage est différent, chaque neurone offrant une certaine sélectivité, mais pouvant porter plusieurs types de ces récepteurs, entendez des récepteurs répondant à des odorants différents. Plusieurs entrées possibles, donc une confrontation de plusieurs influences, une possibilité intégration périphérique.
Ajoutons qu'en plus de tous les récepteurs que nous avons mentionnés, on trouve dans la muqueuse olfactive quelques récepteurs du système voméronasal (Rodriguez et al., 2000).
Conséquence, le beau modèle construit en 1991 se complexifie rudement ! Le nez offrira-t-il encore quelques surprises, d'autres types de récepteurs ?

Une transduction en cascade

Ainsi donc, l'événement initial de réaction du système olfactif est l'établissement d'un lien entre la molécule odorante, support d'information chimique sur l'environnement, et le récepteur protéique qui a la capacité de la reconnaître. La conséquence de cette reconnaissance, c'est la transformation par la cellule réceptrice d'une information chimique (les signaux chimiques odorants) en un signal nerveux, de nature électrique. On appelle ce changement de nature du signal, une transduction.
Dans le système olfactif, un seul type de cellule réunit deux fonctions, puisque la cellule réceptrice assure aussi la transmission de son activation au cerveau grâce à son propre axone. Ce n'est pas le cas dans le système gustatif où deux cellules prennent en charge les deux fonctions.
En fait, l'intimité de la phase de réception n'était encore récemment connue que par analogie avec d'autres mécanismes récepteurs étudiés (ceux qui se lient avec les neuromédiateurs du cerveau) par ailleurs, et par les déductions permises par les modélisations des protéines réceptrices. Selon donc un schéma général (Fig. 3), l'interaction du récepteur avec le ligand provoquerait un changement de conformation

de la protéine réceptrice et cette déformation permettrait d'autres interactions, en particulier, avec une protéine G, le premier maillon d'une cascade enzymatique de transduction. Pour quelques récepteurs olfactifs aujourd'hui, la modélisation moléculaire des protéines a permis de décrire un site plausible de réception, c'est à dire la poche dans laquelle le stimulus moléculaire odorant vient s'ancrer (Floriano et al., 2000). Toutefois, nous confirmerons plus loin que la sélectivité des récepteurs reste un objet d'étude.

Dans le neurone récepteur olfactif, la protéine enzymatique qui est en interaction directe avec le récepteur et sert de relais vers d'autres effecteurs enzymatiques de la machinerie intracellulaire est une protéine « G ». On l'appelle ainsi, car elle peut consommer une petite molécule énergétique, la guanosine triphosphate, ou GTP, s'activant alors, c'est à dire influençant le maillon suivant de la cascade de transduction. En fait, il existe plusieurs espèces de protéines G. Chacune peut spécifiquement informer divers effecteurs enzymatiques. La conséquence première de la mobilisation d'une cascade de transduction, c'est la libération de seconds messagers à l'intérieur de la cellule, commandes pour d'autres enzymes ou pour des canaux ioniques. Dans le système de réception olfactive, on met en évidence la possibilité de mobiliser deux signaux intracellulaires au moins, les seconds messagers, l'AMPc (adénosine monophosphate cyclique) et l'IP3 (inositol triphosphate). Le premier est produit sous régulation enzymatique de l'adénylyl cyclase, le second sous dépendance de l'activité de la phospholipase C (Boekhoff et al., 1990).

Ces signaux moléculaires intracellulaires, fruits de l'activité enzymatique sous contrôle des récepteurs, ont de multiples actions à l'intérieur de la cellule. Ils modifient, certes, l'état électrophysiologique du neurone récepteur olfactif (voir ci-dessous), réalisant l'opération de transduction. Ils rétro-agissent sur les mécanismes de transduction, et ont le pouvoir de moduler la sensibilité du neurone récepteur au ligand. Ils peuvent aussi aller moduler l'expression du génome de la cellule activée…

La voie de transduction par l'IP3 est moins étudiée, mais on a montré que son activation augmente la concentration du calcium intracellulaire (Sato et al., 1991, Restrepo et al., 1996), qui joue aussi un rôle de second messager, ce qui est de nature à modifier l'activité d'autres effecteurs protéiques intracellulaires que les cibles de l'AMPc. Chez le rat, au moins certains neurones récepteurs olfactifs, les deux voies de transduction coexistent (Noé et al., 1998). Comme chez le homard (Ache, 1994), chez les vertébrés, ces deux voies pourraient être associées à des mécanismes antagonistes, l'une étant excitatrice, l'autre inhibitrice (Vogl et al., 2000).

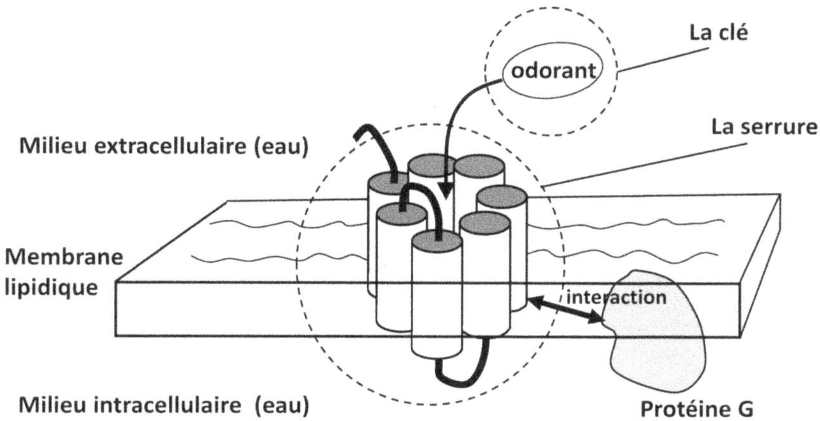

Figure 3 : Schéma d'un récepteur olfactif articulé à une protéine G. Publiée en 1991 par Buck et Axel, la découverte chez le rat des gènes codant pour les récepteurs olfactifs a démontré la nature protéique des récepteurs des molécules odorantes longtemps supposée. Il s'agit de protéines insérées dans la membrane des cils olfactifs portés par les neurones récepteurs de la muqueuse olfactive. L'activation du récepteur par l'odorant (ligand) permet une interaction avec la protéine G, enclenchant une série de réactions intracellulaires, la réponse du neurone récepteur olfactif.

La présence simultanée des deux voies et leurs effets antagonistes offrent, en principe, une possibilité de modulation des réponses des neurones récepteurs intéressante dans l'encodage des mélanges odorants, mais, chez les vertébrés, leur synergie dans le neurone récepteur olfactif reste mal documentée.
On retiendra que ces mécanismes biochimiques de transduction sont certainement amplificateurs, puisqu'un seul signal moléculaire odorant inséré dans le récepteur enclenche la mise en route d'une cascade enzymatique qui produit de multiples seconds messagers.

L'électrophysiologie permet d'observer les réponses des neurones aux stimulus odorants

Pour achever la description de la transduction olfactive, il faut envisager la production d'un signal électrique : l'AMPc issu de la mise en branle de la cascade de transduction sensorielle ouvre des canaux ioniques transmembranaires, modifie leur perméabilité aux charges (Nakamura et al., 1987). Un canal ionique laisse passer des atomes chargés électriquement au travers de la membrane cellulaire, des ions calcium. Ces déplacements de charges (créant un courant électrique) constituent une réponse électrophysiologique locale. Leur reflet enregistré pour la première fois par Ottoson (1956), on peut parfois l'objectiver chez l'homme (Fig. 4).

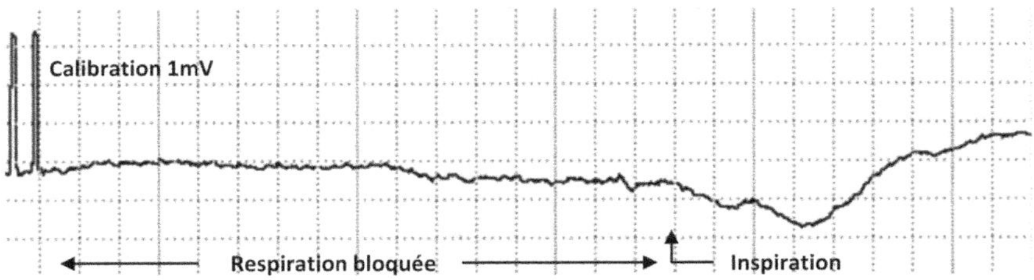

Figure 4. Réponse électrique de l'organe récepteur olfactif enregistrée chez l'homme résultat de l'auteur (non publié). Une électrode impolarisable est enfilée dans la cavité nasale au contact de la muqueuse olfactive. Un stimulus odorant (acétate d'isoamyle) est délivré pendant que la respiration est bloquée : Déflexion faible à la stimulation, et déflexion nette, réponse, à la reprise de l'inspiration (flèche). Amplitude de la réponse (ordonnée), créneaux témoins de 1mV ; base de temps (abscisse) 1cm=1s. Une stimulation gazeuse sans odorant ne déclenche aucune déflexion de la trace.

Cette première réponse électrique, commande à son tour l'émission de variations transmembranaires électrique rapides, potentiels d'action qui se propagent le long de l'axone du neurone activé (Fig. 5). Autrement dit, l'excitation des neurones récepteurs permet la transmission d'une information captée par le système récepteurs vers des neurones plus centraux du système olfactif.

Représentation de la qualité du stimulus (ou le code combinatoire)

Lorsqu'on interroge *in situ* un neurone récepteur, il répond souvent à des espèces moléculaires de structures très variées (Fig. 5), sans qu'elles présentent toujours par ailleurs de communauté d'odeur (Sicard et al, 1984).

Du fait de ses multiples possibilités d'interaction, un neurone isolé ne peut produire qu'une information ambiguë sur le stimulus. Les profils de sélectivité complexes des neurones récepteurs, (Fig. 6), conduisent ainsi à imaginer que l'identité du stimulus ne peut être distinctement représentée que par la combinaison spécifique des neurones activés (*cross-neuron pattern of activity*, Erikson, 1963).

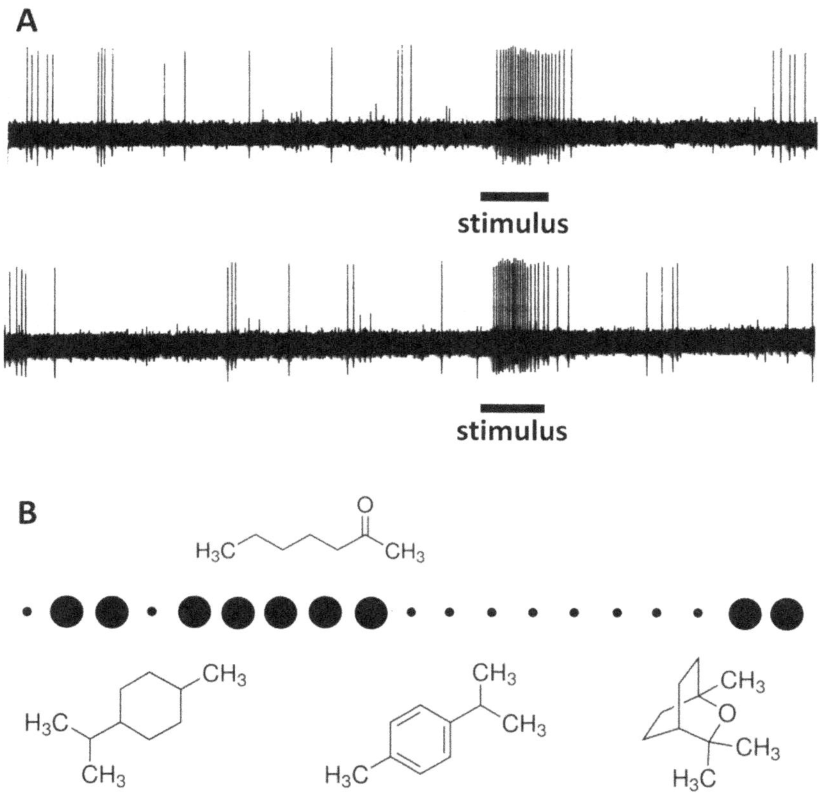

Figure 5 : A : Exemple de réponse transmise par le neurone récepteur olfactif vers le bulbe olfactif et exemple de sélectivité d'un neurone récepteur. Un neurone a été détecté par une électrode insérée dans la muqueuse olfactive de grenouille. Un neurone manifeste sa sensibilité au stimulus (un stimulus gazeux de 2 secondes, chargé de butanol), par l'émission d'un train de potentiels d'action.
B : Le spectre des sensibilités d'un neurone récepteur vis-à-vis d'une vingtaine de molécules odorantes est représenté (absence de sensibilité = petits cercles, réponses = grands cercles) : Un neurone récepteur donné, peut répondre à des molécules odorantes de structures chimiques très variées, linéaires, sphériques...

Fait génétique exceptionnel, le génome olfactif contient des centaines de gènes, de plans de construction de protéines réceptrices, impliqués dans la reconnaissance des stimulus odorants de l'environnement. En 1994, pendant une Conférence Jacques Monot, à Aussois, mes collègues m'avaient demandé de leur dire combien de récepteurs devrions nous disposer pour encoder les (dizaines de milliers de) stimulus odorants. Comme il était exclu que je leur donne mon opinion, j'avais établi qu'on pouvait créer 2^n codes différents si on disposait de n récepteurs. Pour marquer nos esprits et alimenter le débat, j'avais donc indiqué que cette combinatoire simple conduisait à 10^{30} combinaisons[86] différentes si on disposait de 100 récepteurs ! A titre indicatif, avec 50 récepteurs, on code déjà 10^{15} combinaisons différentes. Rappelez-vous, il y a 1500 récepteurs disponibles dans le génome du rat et environ 400 chez l'homme. Bien sûr, ces projections théoriques conduisent à des nombres « astronomiques » et on conçoit alors que toutes les combinaisons possibles ne sont pas exploitées. Ces nombres suggèrent au contraire qu'à certains récepteurs au moins, on peut probablement faire correspondre une odeur... ou, plus exactement, une source odorante. On échappe alors à une règle combinatoire. Avec une telle abondance, la sélection naturelle peut se permettre de guider l'émergence de récepteurs « dédiés ». Il n'en reste pas moins que le système olfactif semble bien construit pour former et gérer un code combinatoire pour représenter les stimulus odorants.
Nous avons vu que les spécialistes de la génétique moléculaire pronostiquent qu'une seule espèce de récepteur olfactif est exprimée par un neurone récepteur olfactif donné. Lors de l'étude du récepteur I7 du rat sur-exprimé dans la muqueuse olfactive, il a fallu tester plusieurs dizaines de molécules odorantes pour trouver un ligand efficace, l'octanal (Zhao et al., 1998).
Ce récepteur ne semble répondre qu'aux seuls aldéhydes aliphatiques en C7-C10, l'octanal étant son meilleur ligand. La spécificité expérimentalement évaluée des quelques récepteurs exprimés dans des cellules hôtes a pu paraître assez étroite (Krautwurst et al., 1998 ; Hatt et al., 1999). Cette vision a cependant été corrigée, entre autres, par Saito et al. (2009), qui produisirent un tableau croisant, lui, les profils

86 10^{30} = 1 suivi de 30 zéros. Récemment, grâce à l'application d'une méthode d'estimation s'appuyant sur un plan d'expériences appliqué à la discrimination de mélanges par des sujets humains, le nombre a été réduit à un million de millions (10^{12}) (Bushdid et al., 2014). Ce pronostic a été contesté (Meister, 2015 ; Gerkin et al., 2015).

de sélectivité des protéines réceptrices et stimulus odorants, de forme équivalente à celui que nous produisons ci-dessous (Fig.6), reflétant la sélectivité des neurones récepteurs. Les deux tableaux présentent les mêmes apparences distributionnelles : Comme le neurone récepteur entier, un récepteur peut répondre à de nombreux corps purs très différents sur le plan de leurs structures chimiques.
On a découvert récemment que l'exposition des récepteurs au stimulus faisait rapidement (30 min) décroitre leur niveau d'expression. Grâce à ce phénomène, il devient possible de compter et identifier les récepteurs recrutés par un stimulus (Von der Weid al., 2015). Selon cette procédure, chez la souris, 22 récepteurs reconnaissent l'acétophénone. Chez la souris, 8 récepteurs reconnaissent l'isobutyrate d'éthyle, mais 5 seulement chez le rat.

Même un corps pur est vu comme un mélange !

La sensibilité au stimulus chimique des neurones olfactifs se manifeste donc par l'émission de trains de potentiels d'action, qu'on peut caractériser par une fréquence et une durée. L'intensité de la stimulation, c'est à dire la concentration du stimulus, module l'activité d'un neurone récepteur olfactif. Lorsque l'intensité du stimulus croît, le délai d'apparition et la fréquence instantanée du train de potentiels d'action croît (alors le nombre de potentiels d'action émis décroît). Toutefois, la dynamique de la réponse d'un neurone récepteur ne s'étant que sur une plage de 3 unités logarithmiques. Il existe une alternative pour représenter l'intensité du stimulus, c'est le recrutement cellulaire : Les neurones n'ayant pas tous le même seuil de sensibilité vis à vis d'un stimulus donné (différence d'affinité pour les molécules stimulantes), en accroissant l'intensité du stimulus, on recrute de plus en plus de cellules (Duchamp–Viret et al., 1990). En fait, les cellules recrutées englobent de plus en plus de récepteurs différents… Cette variation du sous-ensemble de cellules excitées par une substance odorante peut donc s'accompagner de modification qualitative de la perception du stimulus. On comprend bien là qu'un corps pur, une seule molécule odorante, est vue et reconnue par de multiples récepteurs comme le serait un mélange d'espèces moléculaires, un mélange odorant. Comment le message transmis est-il décodé, segmenté, exploité pour faire naitre sa perception ?

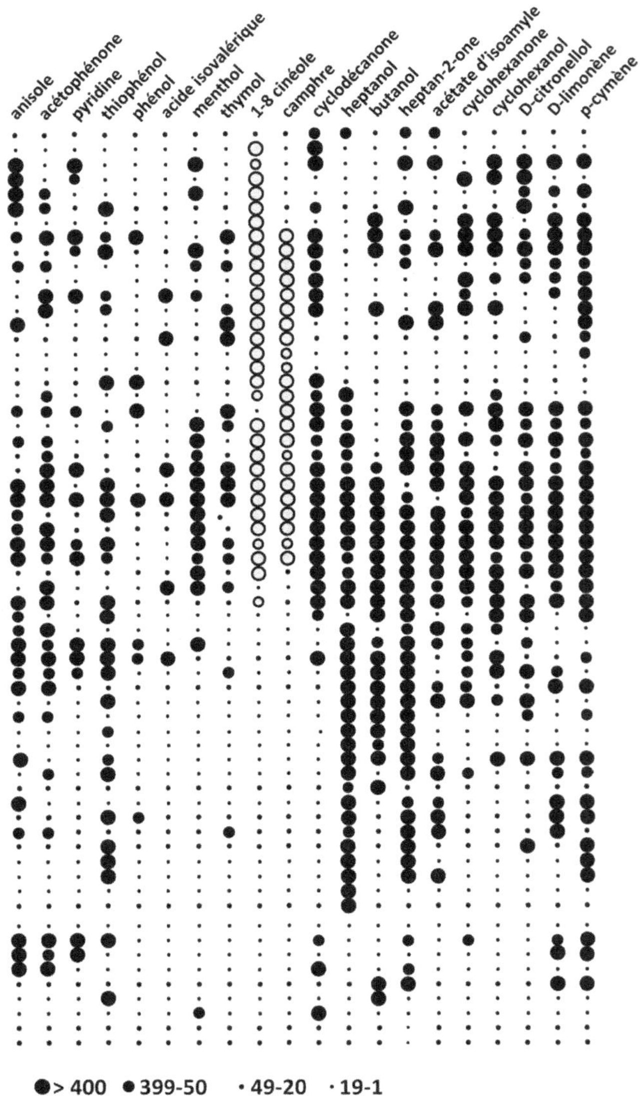

Figure 6 : Représentation combinatoire du stimulus odorants. Chaque ligne du tableau représente les réponses d'un neurone récepteur olfactif à 20 stimulus moléculaires odorants (en colonne), enregistrées dans la muqueuse olfactive de la grenouille. Le camphre et le cinéole (profils grisés) recrutent significativement beaucoup de réponses communes des neurones récepteurs interrogés, donc sont partiellement confondus, c'est-à-dire vus comme proches, alors que le cinéole et l'heptanol, par exemple, sont clairement distingués. On note que les deux molécules rapprochées par les neurones récepteurs, partagent la même odeur camphrée chez l'homme.

La correspondance entre récepteur(s) et odeur perçue est toujours une question d'actualité (voir par exemple, Triller et al., 2008 ; Shirasu et al., 2014 ; Sato–Akuhara et al., 2016).
On peut remarquer ici que, d'une façon générale, le traitement des mélanges odorants par le système olfactif est assez mal renseigné. Malgré de nombreux efforts (Laing et al., 1992 ; Laska et al., 1993 ; Livermore et al., 1997 ; Jinks et al., 1999 ; Linster et al., 2004 ; Le Berre et al., 2008 ; Le Berre et al., 2010 ; Howard et al., 2014 ; Thomas–Danguin et al., 2014), on connaît encore mal la prise en charge des mélanges odorants par le système olfactif. En particulier, les mécanismes expliquant ses capacités d'extraction, de segmentation du stimulus olfactif au niveau perceptif, ne sont pas correctement évalués. On trouve une bien meilleure analyse de la séparation des sources pour l'effet auditif (voir par exemple, Billig et al., 2018).

Le bulbe olfactif : Un organe relai

Deux bulbes olfactifs font suite aux muqueuses olfactives de chaque narine. Cette structure paire, à l'intérieur de la boite crânienne, contiennent les corps cellulaires des neurones relais, cellules à panache et cellules mitrales, qui reçoivent par leurs dendrites l'information apportée par les neurones récepteurs olfactifs et la transmettent par leurs axones aux structures olfactives plus centrales.
La transmission synaptique d'information entre les neurones récepteurs et les cellules relais bulbaires a lieu dans des glomérules olfactifs qui sont des structures sphériques individualisées de la structure bulbaire. Le bulbe contient d'autres neurones, locaux, c'est à dire limitant leurs extensions à la structure bulbaire elle-même, qui transmettent donc leurs influences régulatrices aux neurones de cette seule structure (Fig. 7).
La structure bulbaire est stratifiée, les diverses couches adoptant une disposition concentrique. On reconnaît, de l'extérieur à l'intérieur, plusieurs couches :
La couche des nerfs dans laquelle s'étirent les axones des neurones récepteurs qui innervent les glomérules olfactifs qui constituent la couche immédiatement sous-jacente.
Sous la couche glomérulaire une couche plexiforme externe contient des fibres nerveuses et les corps cellulaires de neurones de plusieurs types dont plusieurs dizaines de milliers de cellules relais, les cellules à panache, qui sont en contact dans les glomérules par leurs dendrites ramifiées avec les terminaisons neurones récepteurs olfactifs.

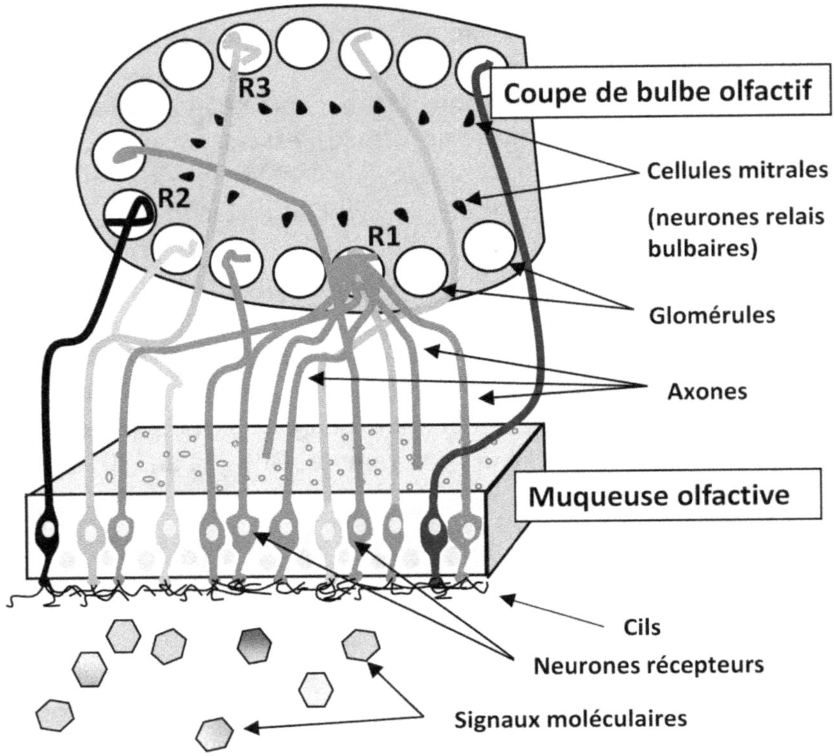

Figure 7 : Projections des neurones récepteurs olfactifs vers le bulbe olfactif (chez le rat ou la souris). Les axones des neurones récepteurs olfactifs rejoignent les glomérules olfactifs dans la le bulbe olfactif, organe relais sur les voies olfactives logé dans la boite crânienne. Ils passent une lame osseuse regroupés en faisceaux. Cet os, c'est la lame criblée de l'ethmoïde, qui ferme la cavité nasale dans sa partie postérieure et constitue le plancher de la cavité cérébrale. A la périphérie, la représentation du stimulus est une liste pondérée de récepteurs recrutés (R1, R2, R3, combinatoire périphérique). Règle : Les neurones récepteurs porteurs d'un même récepteur (R1), dispersés dans la muqueuse olfactive, convergent vers un même glomérule bulbaire. Dans le bulbe olfactif, les glomérules atteints sont équivalents à cette liste de récepteurs (combinatoire bulbaire).

S'étend ensuite une couche plus fine facilement individualisée sur les coupes histologiques, contenant les corps cellulaires d'environ 50 000 cellules mitrales chez le rat ou le lapin, également en contact avec les

neurones récepteurs grâce à leur arborisation dans les glomérules olfactifs.
Chez le rat, on observe que chaque glomérule rassemble les dendrites d'une vingtaine de cellules mitrales environ, chaque cellule ne tirant de l'information que d'un seul glomérule. Il y aurait entre 3000 et 4000 de glomérules olfactifs par bulbe, chez le rat ou le lapin, (Royet et al., 1998). Compte tenu de ces données numériques, on constate une convergence numérique des neurones récepteurs sur les neurones relais, avec un taux de convergence épithélio-bulbaire compris entre 100 et 1000, réalisant un dispositif amplificateur efficace.
On trouve ensuite une fine couche plexiforme interne et une épaisse couche de petits neurones locaux, des grains, dite couche granulaire.

Inhibitions bulbaires

Le bulbe olfactif n'est pas un organe passif se contentant d'enregistrer le message des récepteurs. Par ailleurs, l'organisation stratifiée et la structuration imposée par les glomérules permet d'imaginer un fonctionnement selon des colonnes glomérulaires, idée qui a reçu une confirmation expérimentale puisque des neurones relais bulbaires voisins ont plus de chances de se comporter identiquement vis à vis d'une stimulation odorante donnée que des neurones éloignés (Buonviso et al., 1990). Une inhibition latérale à courte distance, propagée par des neurones locaux périglomérulaires prenant leur information dans un glomérule et envoyant un axone vers les glomérules voisins peut être impliquée dans cette organisation (Fig. 8).
Il existe d'autres connexions tangentielles, réalisées l'arborisation dendritique secondaire des neurones relais, donc plutôt à l'entrée du bulbe olfactif (Fig. 9). Cette arborisation s'étend largement dans la couche plexiforme externe, et établit des contacts synaptiques inhibiteurs avec d'autres neurones relais.
La zone occupée par le système dendritique secondaire d'un seul de ces neurones s'étend sur une surface circulaire d'environ 1 mm de rayon (chez le rat), distribuant donc des informations à de nombreuses colonnes glomérulaires (Mori et al., 1983).
Du côté de la sortie du bulbe olfactif, des influences portées par des ramifications des axones (collatérales d'axones) des cellules relais du bulbe rayonnent aussi sur un domaine étendu. Ces axones traversent la couche des cellules granulaires.

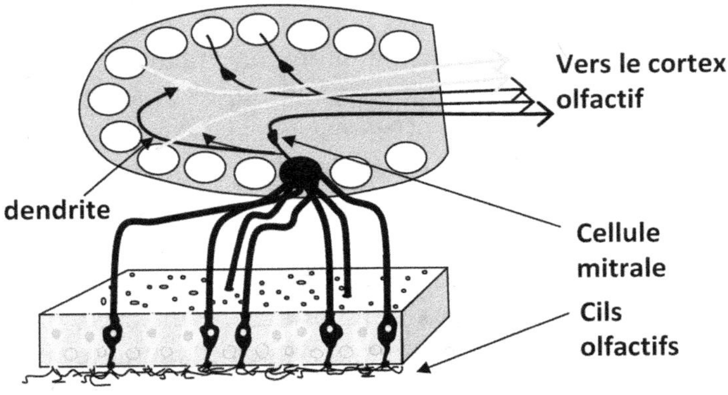

Inhibitions entre les cellules mitrales via leurs dendrites tangentielles, à longues distances

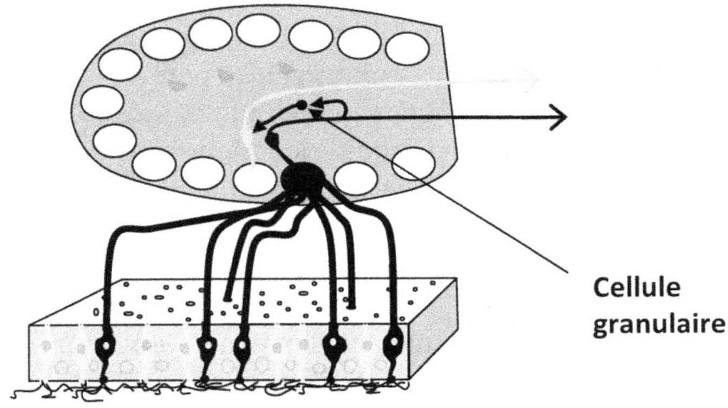

Inhibitions entre les cellules mitrales via collatérales d'axone et les cellules granulaires

Figure 8 : Inhibition interglomérulaire. Chaque glomérule peut atténuer l'activité de ses voisins grâce à des interneurones locaux, les cellules périglomérulaires. En résulterait un renforcement de contraste à l'entrée du bulbe olfactif.

Il s'agit de neurones inhibiteurs locaux de petite taille, en très grand nombre, qui, avec leur dendrite, peu rayonnante, s'intercalent entre les collatérales d'axones et les arborisations dendritiques secondaires des neurones relais bulbaire.

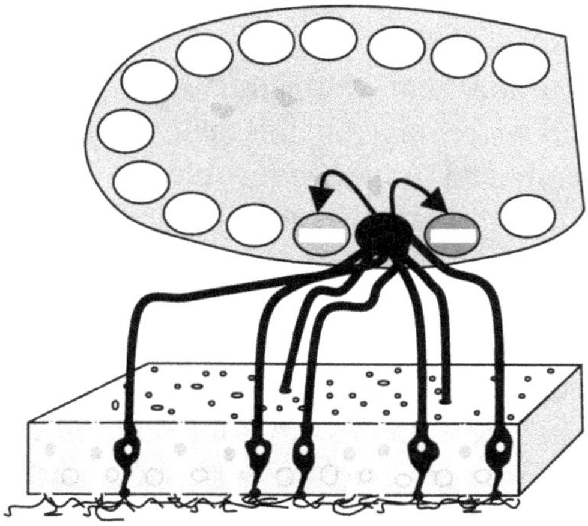

Figure 9 : Inhibition entre cellules mitrales. Deux réseaux propagent des inhibitions latéralement dans le bulbe olfactif. L'un, à très longue distance, est supporté par les dendrites secondaires des cellules mitrales. L'autre interposé sur la sortie des cellules relais utilise des interneurones locaux, les cellules granulaires.

Dans les couches plexiformes et dans la couche granulaire, on trouve plusieurs autres types de neurones locaux, dont des cellules à axones courts, peu étendues.
En bref, nous retiendrons que bulbe olfactif, à l'abri dans la boite crânienne, grâce à un réseau local, a déjà les moyens de traiter l'information entrée dans le système olfactif.

Les territoires de projections centrales et influences centripètes

Les neurones relais bulbaires transmettent leurs activations au-delà des bulbes olfactifs, dans plusieurs territoires de projections, dont des cortex cérébraux et des noyaux sous-corticaux (Fig. 10). L'anatomie des projections, en fait du système olfactif, est grandement éclairée par l'imagerie cérébrale qui localise et relie les territoires impliqués dans la « fonction » olfactive (Zatorre et al., 1992 ; Royet et al., 1999; Dade et al., 2002 ; Djordjevic, 2005). Nous ne les décrivons pas ici en détail : A l'aide de ce schéma anatomique, nous voulons simplement montrer comment le système olfactif périphérique s'insère dans les

grandes fonctions du système nerveux, dont la gestion des émotions ou la mémorisation.
Les axones des neurones relais bulbaires se dirigent vers des structures plus postérieures, en formant un faisceau, le tractus olfactif latéral. Toutefois, un contingent non négligeable de fibres se dirigent, en empruntant la commissure blanche antérieure, vers le bulbe controlatéral, ce qui suggère l'importance fonctionnelle des échanges interbulbaires.
Une subdivision corticale primitive du cerveau des vertébrés, le rhinencéphale (ou système limbique), reçoit des deux narines des messages nés de la détection des stimulus odorants. Notons que dans le système olfactif, les voies croisées existent à certains niveaux mais sont moins systématiques que dans les autres appareils sensoriels (le fameux chiasma optique, par exemple). Ce territoire est intercalé, en outre, sur une voie qui se dirige vers l'hypothalamus, et l'atteint après deux relais synaptiques seulement depuis l'entrée sensorielle.
Ce chemin court particulier souligne le caractère primaire de l'influence olfactive sur les fonctions végétatives que régit cette structure. Sur les plans histologiques et phylogénétiques, les cortex les plus massivement atteints sont des paléocortex, c'est-à-dire qu'ils ne contiennent que trois couches de neurones (au lieu de six dans le néocortex).
Chez l'homme, ce territoire de projection paraît avoir régressé, mais il est d'autant plus développé chez les vertébrés où l'olfaction joue un grand rôle dans la survie des espèces. Une grande partie se situe à l'avant parmi les structures limbiques (qui reçoivent directement des collatérales des neurones relais bulbaires, cellules mitrales et cellules à panache. On sait qu'elles sont engagées dans le contrôle des émotions (amygdale), ou, comme l'hippocampe sont impliquées dans l'apprentissage et le contrôle de comportements, alimentaires ou sexuels, et interviennent dans des mécanismes de mémoire. Le territoire de projection des neurones relais bulbaires comprend aussi le cortex piriforme, auquel on fait correspondre le cortex de l'uncus de l'hippocampe, chez l'homme, et le cortex entorhinal. Pour situer les fonctions de ces cortex, on peut mentionner, par exemple, qu'on a clairement démontré le rôle modulateur du cortex entorhinal sur des structures impliquées dans la mémoire olfactive[87] à court terme dont le

[87] L'association entre odeur et émotion n'est pas une invention du marketing. Le système olfactif est très directement connecté à une portion ancestrale du cerveau,

noyau basolatéral de l'amygdale fait partie (Ferry et al., 1999). L'apprentissage d'un stimulus olfactif modifierait aussi l'activité du cortex piriforme (Li et al., 2006). On peut également inscrire dans les territoires primaires, le cortex amygdalien, les tubercules olfactifs et les noyaux olfactifs antérieurs. Les projections bulbaires atteignent aussi un néocortex, le cortex orbito-frontal, qui est mis en jeu dans le processus de décision, soit directement (spécificité du système olfactif), soit après un relais dans le noyau dorso-médian du thalamus. Enfin, on a montré que le cortex visuel primaire participait à la perception du stimulus odorant (Royet et al., 1999 ; Jadauji et al., 2012).

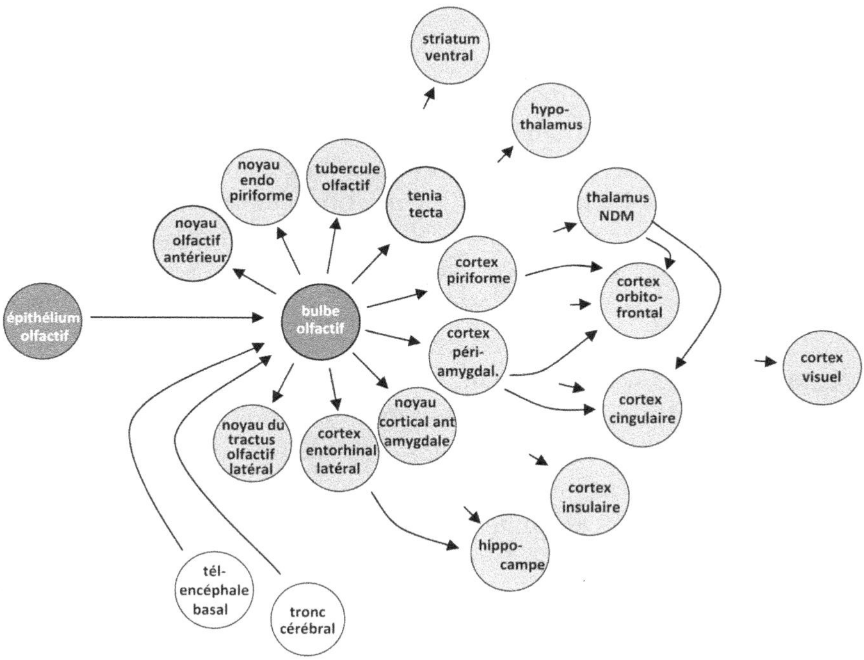

Figure 10 : Schéma des cibles de l'information olfaction olfactive. Les messages olfactifs entrent dans le système à la suite de l'interaction de l'odorant avec les neurones de la muqueuse olfactive. Cette information est distribuée dans de nombreuses zones cérébrales, dont le cortex amygdalien ou l'hippocampe (émotion et mémoire). Des interactions vers le cortex visuel sont attestées. On distingue aussi des projections modulatrices (états d'éveil, rythme respiratoire, télencéphale basal, tronc cérébral) de centres végétatifs vers le bulbe olfactif.

---

qu'on nomme système limbique. C'est effectivement le siège cérébral du contrôle des émotions, des affects, et aussi celui des phénomènes de mémoriels, formation, stockage et restitution des souvenirs.

Les bulbes olfactifs reçoivent aussi des influences de multiples centres supérieurs : Des fibres provenant du cortex olfactif ipsilatéral ou du noyau olfactif controlatéral, mais aussi, en particulier, des fibres provenant des structures mésencéphaliques qui contrôlent l'état d'éveil et l'attention. Ces afférences permettent de moduler l'efficacité de l'entrée sensorielle (régler son gain) selon les instants ou les nécessités de la vie... Parmi ces influences, il faut bien sûr remarquer celles qui modifient l'encodage du signal olfactif liées aux apprentissages (Martin et al., 2004a,b) ou celles qui intègrent des modulations selon la dimension hédonique (Doucette et al., 2011).

Des répartitions de récepteurs spatialement organisées

L'une des conséquences les plus utiles découlant de la découverte des récepteurs a été la possibilité de marquer les neurones récepteurs porteurs d'un récepteur donné et de suivre leurs axones jusque dans les glomérules du bulbe olfactif. Ainsi on découvre plusieurs règles distributionnelles dont celles relatives à l'organisation de la convergence épithélio-bulbaire (Astic et al., 1987 ; Strotmann, et al., 1992 ; Ressler et al., 1994 ; Vassar et al., 1994 ; Wang et al., 1998). Conséquence de ces règles, chez les rongeurs, lorsque le système récepteur répond à une odeur, l'activité nerveuse envahissant le système olfactif se répartit topographiquement d'une manière hétérogène dans les diverses couches du système.
En ce qui concerne la muqueuse olfactive, on a d'abord constaté que les neurones porteurs d'un même récepteur n'étaient pas regroupés mais distribués largement dans la muqueuse olfactive. Chez le rat, l'aire de distribution n'est toutefois pas totalement aléatoire (Mackay-Sim et al., 1995). En effet, on a d'abord remarqué qu'un récepteur donné n'occupait que certaines bandes étirées sur l'axe antéro-postérieur (Strotmann et al., 1992). Selon les récepteurs concernés, on pouvait décrire ainsi quatre régions distinctes. Toutefois, certains récepteurs, par exception, apparaissent concentrés dans des régions moins étendues, comme le récepteur I37 par exemple (Strotmann et al., 1999). En revanche, à l'intérieur de ces bandes, la distribution est au hasard. Cette organisation distributionnelle est reproductible d'un animal à l'autre dans une espèce donnée. Cette régionalisation est cohérente avec l'hétérogénéité spatiale de la sensibilité chimique de la muqueuse du rat évaluée au moyen d'enregistrements électrophysiologiques ou opto-électro-physiologiques (Kent et al.,

1995 ; Scott et al., 1996). Néanmoins, l'importance fonctionnelle de cette régionalisation périphérique n'est pas comprise et certaines remarques s'opposent à sa généralisation : On note par exemple, qu'une telle organisation régionale n'apparaît ni chez le poulet, ni chez le poisson (Leibovici et al., 1996 ; Vogt et al., 1997). Par ailleurs, on peut remarquer que la forme du territoire olfactif périphérique exposé au stimulus est soumise à des variations accidentelles (par exemple lors de rhinites qui masquent aléatoirement certaines portions de la muqueuse) qui devraient être sans conséquences pour la fiabilité de la perception olfactive.

Convergence fonctionnelle et représentation bulbaire du stimulus olfactif

En ce qui concerne les projections épithélio-bulbaires, on a mis en évidence un arrangement remarquable : Chez le rat, les neurones porteurs d'un récepteur donné convergent sur deux glomérules du bulbe olfactif, l'un sur la face médiane, l'autre sur la face latérale. Cette représentation en miroir n'a pas reçu d'attention. Quoiqu'il en soit, selon cette règle, les glomérules représentent chacun un récepteur. Ici aussi, l'organisation spatiale qui en résulte est reproductible d'un animal à l'autre. Fonctionnellement donc, les marquages d'activation évoquée dans la couche glomérulaire par la stimulation olfactive montrent une certaine régularité. Il est alors tentant de supposer que la géométrie de l'activation bulbaire est caractéristique du stimulus et que celui-ci est ainsi représenté par une « image » univoque dans une matrice glomérulaire.

Représentation bulbaire du stimulus odorant

L'espace de représentation, sous cette hypothèse, serait composée de plusieurs centaines de points (c'est-à-dire les glomérules) et ce système offre donc de larges capacités de discrimination. Abrité dans la boite crânienne (donc moins soumise aux aléas que la surface de l'épithélium olfactif), régit par une règle de convergence, et jouissant d'une certaine redondance, cette forme peut effectivement supporter une représentation spatiale de l'odeur.
A chaque stimulation, le recrutement des récepteurs concernés dessine donc une forme « pointilliste » dans le bulbe, dont le grain est le glomérule. On peut montrer, au moyen de diverses méthodes

exploratoires, qu'elle est reproductible pour un stimulus donné (Sicard et al., 1989 ; Johnson et al., 1999). L'idée que le système olfactif utilise l'espace géométrique du réseau nerveux pour représenter l'odeur découle de cette régularité. La démonstration définitive de l'importance de cette distribution spatiale de l'activation manque, mais quelques arguments expérimentaux pertinents peuvent être produits. En particulier, on remarque une série d'expériences de stimulations électriques du bulbe olfactif de rats, qui confirment que le cerveau est capable d'interpréter des motifs géométriques d'activité imposés au bulbe olfactif (mimant donc l'activité spatialement organisée de véritables stimulus odorants) (Mouly et al., 1985 ;1986 ; Monod et al., 1989). Nous notons malgré tout que s'il joue un rôle, le système de représentation spatiale du stimulus doit être assez fortement redondant ou jouir d'une capacité d'apprentissage extrêmement rapide puisqu'il résiste assez bien aux modifications imposées de motif d'activation : Par exemple, dans le cas de lésions étendues (supérieure à 80%) du bulbe olfactif, correspondant donc à des altérations larges de la géométrie des activations, ou au contraire limitées à des zones glomérulaires connues pour être sélectivement activées par le stimulus, on observe que des comportements olfactivement guidés par des signaux spécifiques peuvent être conservés (Hudson et al., 1987, Slotnick et al., 1987 ; Guthrie et al., 1995). On montre parallèlement que la connexion des glomérules du bulbe olfactif après la régénération neuronale consécutive à la lésion des filets olfactifs alimentant ces structures se fait selon un plan moins précis, c'est à dire ne convergent pas si strictement que dans la condition témoin (Costanzo, 2000, Wang et al., 1998). Dans le cadre de l'hypothèse d'une représentation spatiale de l'odeur, cette variation topographique est d'ailleurs cohérente avec le fait que, chez l'homme, l'hyposmie durable consécutive à une infection par exemple s'accompagne souvent d'allosmies, c'est à dire de perturbations de la reconnaissance des sources odorantes, une altération qualitative de la perception olfactive.

La forme des cartes d'activation bulbaire est vraisemblablement dépendante d'influences centrales : c'est ce que démontre une expérience d'association d'un stimulus olfactif et d'un cadre visuel environnemental. Après l'association, on montre une réponse de flairage lors de la présentation du seul contexte visuel. De plus la carte d'activation bulbaire (dans la couche granulaire) s'afficherait dans le bulbe olfactif en l'absence du stimulus olfactif à la présentation du seul contexte visuel (Mandairon et al., 2014)[88]. Notons au passage, que la manifestation de « phantosmies », en particulier chez les personnes âgées ou chez des patients anosmiques à la suite de traumatismes crâniens confirme la possibilité d'une perception d'une odeur en l'absence d'un support identifiable dans l'environnement du sujet (Sjölund et al., 2017).

Bien entendu, il ne suffit pas de constater la pertinence de la composante spatiale du message pour épuiser la description de la physiologie olfactive. D'ailleurs les formes observées sont complexes et peuvent être reconnues à plusieurs niveaux d'organisation, cellulaire, glomérulaire, etc. Certaines ne pourraient donc constituer que des enveloppes formelles de l'information olfactive proprement dite, c'est à dire, en définitive, la représentation nerveuse à laquelle les cibles des neurones bulbaires sont finalement sensibles. Prudemment, on peut considérer que nos connaissances sur ce sujet sont encore trop limitées.

Le rapprochement de la notion de la reproductibilité de la représentation nerveuse et de celle de la stabilité des perceptions olfactives du stimulus odorant l'odeur laisse encore un bon de nombre de questions en suspens. Nous avons mentionné les évolutions de formes des motifs d'activation glomérulaires observés avec les variations de concentrations du stimulus. Certaines s'accompagnent de variation de la qualité perçue, d'autres non (Gross–Isserof et al., 1988). D'autres types de modifications de la réponse des neurones bulbaires, liées au contexte de la présentation de la stimulation, ont été mises en évidence ; par exemple, chez le rat, il y a des modifications qui accompagnent les présentations répétées de stimulus nouveaux (Kay et al., 1999 ; Buonviso et al., 2000) mais on ne sait pas comment elles influent sur la perception.

En tout cas, on reconnait de multiples influences centrales en particulier relative aux états de vigilance) sur la mise en forme des réponses bulbaires (Paget, 1974 ; Mouly et al., 2001 ; Martin et al., 2004a), donc du message que transmet cet organe relai. Aux informations nerveuses venues de sites cérébraux divers, il faut ajouter un apport, exceptionnel, de nouveaux neurones par un flux de cellules souches venues d'une zone de production contenue par le cerveau,

---

[88] Cet affichage en l'absence de stimulus olfactif suggère l'existence d'une imagerie mentale olfactive. Elle apparait ici comme une image de recherche, sorte de mise en tension, … à suivre ! (En fait, cet affichage existe aussi au niveau du cortex piriforme, aire de projection du bulbe olfactif).

impliqué dans le processus d'apprentissage (Altman, 1969 ; Gheusi et al., 2000 ; Mandairon et al., 2006 ; Moreno et al., 2009)[89].

La dimension temporelle des réponses du système olfactif

Depuis longtemps, on s'intéresse à la composante temporelle du message olfactif (Bressler et al., 1988 ; Laurent et al., 1996 ; Laurent, 1999 ; Chabaud et al., 1999 ; Duchamp–Viret et al., 1999 ; Martin et al., 2004b). Là, l'idée est que les propriétés temporelles comme la synchronisation des activations neuronales, peuvent concerner des assemblées de neurones, liant des territoires affichant des compétences distinctes (zones de traitement de l'affectivité, de la mémoire…), donc représenter éventuellement des propriétés distinctes du même percept et offrent une dimension supplémentaire pour constituer l'information olfactive. On parle d'assemblées de neurones, non liées uniquement par leurs interconnexions mais aussi réglées par des contraintes de communication temporelles. Bref, il faut ajouter une composante temporelle à la représentation nerveuse de l'odeur, il ne suffit pas de considérer l'espace anatomique tridimensionnel pour comprendre le fonctionnement du cerveau !

Autres fonctions des récepteurs olfactifs

On a aussi très vite découvert des récepteurs appartenant à la famille des récepteurs « olfactif » ailleurs que dans la muqueuse olfactive. On les appellera récepteurs olfactifs ectopiques. La membrane cellulaire des spermatozoïdes exprimait de tels récepteurs (Vanderhagen et al., 1993) ! Cela faisait vaciller l'idée que la rencontre entre le gamète mâle et sa cible femelle, l'ovule, ne tenait qu'au seul hasard… Il y aurait un chimiotactisme fondé sur ces récepteurs de signaux chimiques. L'hypothèse est restée ouverte, puis des données moins excitantes ont été ajoutées ensuite (Spehr et al., 2006 ; Larsson et al., 2011).

---

[89] Ainsi, le bulbe olfactif est une structure nerveuse tout à fait exceptionnelle, haut-lieu de la plasticité : A la fois, en dehors de la période d'ontogenèse où ces phénomènes sont la règle, par l'intermédiaire du flux cellulaire provenant d'une zone sous-ventriculaire du ventricule latéral, son réseau intègre de nouveaux neurones, en particulier, dans la couche granulaire, et par la formation de nouvelles connexions envoyées par les neurones récepteurs olfactifs nouvellement nés de la neurogenèse permanente périphérique.

Ouvrant la voie à un champ de recherche beaucoup plus large, cette première découverte permit de trouver ailleurs encore de tels récepteurs ectopiques dans la paroi de l'intestin grêle, dans le rein, dans le cerveau (Chen et al., 2018 ; Gaudel et al., 2018). Cette route est déjà extrêmement prolifique : On trouve un peu partout dans l'organisme des vertébrés y compris de l'homme, ces récepteurs « olfactifs », dont certains pourraient constituer des cibles thérapeutiques (par exemple dans le cancer de la prostate, Neuhaus et al., 2009, découvrent qu'un de ces récepteurs, activé, inhibe la prolifération des cellules malignes). Avec cette grande famille « olfactive » apparemment innocente, les chercheurs sont maintenant face à des centaines de serrures dont ils doivent examiner l'intérêt biologique autre que leur implication olfactive ! En étudiant de près certains d'entre eux, on leur a mis en évidence leurs rôles divers, et en particulier, l'impact de leurs activations sur la régulation de l'expression des gènes : Ils sont gestionnaires de la multiplication cellulaire, déclencheurs d'apoptose, etc.
Cela confirme ce qui est resté une hypothèse de travail longtemps : Dès le début des années 2000, on a montré à l'échelle de la physiologie cellulaire, qu'ils pouvaient constituer à la surface membranaire, l'entrée d'une chaîne de régulateurs enzymatiques conduisant à moduler la transcription de gènes (Watt et al., 2001 ; 2004 ; Yu et al., 2014), supportant donc directement une intervention du stimulus olfactif sur l'expression de gènes. Incidemment, souvenez-vous, chez les dauphins, point de système olfactif. Pourtant dans leur génome, on trouve quelques récepteurs « olfactifs » : Ce génome « olfactif » résiduel signerait-il l'urgence de certains récepteurs olfactifs ectopiques ?
Parlant des neurones récepteurs olfactifs, on est donc appelé à bien distinguer deux voies de « signalisation », terminologie qui couvre deux organisations très distinctes : L'une, voie de signalisation sensorielle conduisant la reconnaissance des stimulus odorants par une portion dédiée du système nerveux, et l'autre, la deuxième, voie de signalisation intra-cellulaire s'adressant à la gestion du génome. De fait, on a clairement montré que les récepteurs lors qu'ils sont répétitivement stimulés par leurs ligands permettent une survie des neurones qui les portent, grâce à cette deuxième voie… Autrement dit grâce à ces récepteurs dits « olfactifs », les odorants peuvent influencer le comportement ou le destin des cellules qui les portent et, du coup, on s'aperçoit qu'ils n'ont pas qu'une fonction sensorielle, (ce

qui ouvre de somptueuses perspectives pour étudier les récepteurs olfactifs ectopiques, nous y reviendrons)! Cette voie est en tout cas bien venue puisqu'elle offre une hypothèse attendue pour expliquer la route qui permet de modifier la sensibilité de la muqueuse telle que le montrait les augmentations de sensibilité de la muqueuse olfactive par expositions répétées aux stimulus (Wysocki et al. 1989 ; Wang et al., 1993).

Attention aux modèles expérimentaux !

Le modèle d'organisation du système olfactif des rongeurs, rat et souris est finalement facile à décrire et séduisant, en tout cas intelligible. On a donc tendance à le présenter comme une réalité universelle. Dès 2008 survient cependant un événement qui remet en cause ce triomphalisme réductionniste. Le modèle d'organisation épithélio-bulbaire n'est pas toujours celui qu'on trouve chez les espèces phares des biologistes, rats et souris. Chez l'homme en particulier. Cette information est aujourd'hui négligée mais signifie pour les chercheurs que s'ils veulent comprendre ce qu'est l'odeur, il faut s'investir dans un autre modèle. Quelle différence importante est donc révélée ? Le nombre de glomérules bulbaires dans l'espèce humaine est largement supérieur (4 à 10 fois) à celui qu'on devrait avoir en tenant compte du nombre de récepteurs du répertoire génomique (Maresh et al., 2008). (Chez le rat, il y a, à peu près, deux fois plus de glomérules que de récepteurs olfactifs disponibles, constat qui est la source d'une règle de convergence fonctionnelle séduisante que nous avons envisagée plus haut). Par ailleurs, il est variable d'un individu à un autre. Cette particularité numérique est retrouvée chez des baleines (Kishida et al., 2015), confirmant que cette « déviation » ne devrait pas être une singularité humaine. Il faut bien constater que cette révélation contraignante a été passée sous silence jusqu'ici... Nous, olfactologues, sommes là coupables, lorsque nous ne sommes pas ignorants.

La fragrance et la chimie

Dans le système olfactif, tout commence avec une interaction périphérique entre la molécule ou les molécules odorantes et les récepteurs olfactifs. Cette conviction est bien antérieure à la découverte des récepteurs : Sans connaître les récepteurs, les

physiologistes les imaginaient multiples et de sélectivité variées (Le Magnen, 1948) et les ont longtemps traqués (Gesteland, 1963 ; Duchamp et al., 1974, Sicard et al., 1984). L'interaction entre molécules, c'est un phénomène réglé par des principes physico-chimiques.
Dans de nombreux domaines, le chimiste cherche à expliquer selon sa compétence les propriétés des espèces moléculaires. Ainsi, il doit aussi pouvoir expliquer comment la structure moléculaire est responsable d'une reconnaissance spécifique des molécules odorantes par l'organisme qui odore. Il croise alors son savoir spécifique avec les données de la science de l'olfactologue. Par ailleurs, il n'y a aucun doute, le chimiste est aussi depuis longtemps un inspirateur des créateurs de parfum puisqu'il est aussi capable de prévoir l'odeur des molécules odorantes et d'en dessiner de nouvelles…
La préoccupation pour la relation entre structure moléculaire et odeur a surgi naturellement aux origines de la science chimique : On peut illustrer l'urgence du souci de rationalisation en rappelant des classifications des composés odorants comme celle de Albrecht von Haller (1763), qui classait les odeurs en fonction de leur caractéristique hédonique comme les philosophes classiques, ou celle du grand Linné (mort en 1778) qui produisit une classification fondée, elle, sur celle des plantes… sa spécialité.
Alors que la chimie moderne s'affirme[90], Fourcroy (1798), enfin, propose une classification en cinq classes qui peut désormais s'appuyer sur des caractéristiques chimiques des substances odorantes.

Modélisations physico-chimiques des interactions du stimulus moléculaire odorant et du site récepteur

Le but ultime de l'étude des relations entre la structure des composés odorants et l'odeur (*SOR, structure-activity-relationship*) consiste à expliquer comment le système se débrouille pour discriminer et reconnaitre des myriades d'odorants (Rossiter, 1996). Cela passe par la détermination des propriétés moléculaires pertinentes des stimulus odorants.

---

[90] On peut faire remonter sa naissance à la Méthode de nomenclature chimique de Guyton–Morveau L.B., Lavoisier A., Berthollet C.L., Fourcroy, A.F., Hassenfratz J.H., Adet P.A. publiée à Paris en 1787, chez l'éditeur Cuchet. Le grand Linné, à la même époque, produisit une classification fondée, elle, sur celle des plantes…

Dans la mesure où la molécule odorante doit interagir avec un récepteur, on imagine que la forme de la molécule, les contraintes stériques, jouent un rôle dans l'approche du site accepteur, (cette conception remonte à Moncrieff, 1949). On a pu croire que ce seul critère pourrait servir de base à une classification des molécules odorantes (Amoore et al., 1967). Détail amusant, cette vision, sérieuse mais incomplète, a abouti à montrer que les odeurs florales auraient la forme de fleurs sur leurs tiges ! Plus tard, on a bien conçu que la forme moléculaire, moins systématiquement, pouvait influer sur la reconnaissance des molécules odorantes, sur leur discrimination. Maurice Chastrette, par exemple, introduisit dans ses modèles un facteur de forme très efficace pour caractériser la forme des molécules camphrées, petites molécules sphériques (Eminet et al., 1983). Mais, il suffisait de constater que des molécules très différentes (sur le plan de la forme comme celui de leurs fonctions chimiques) pouvaient présenter une même note odorante (Beets et al., 1970), ou qu'à l'inverse, des molécules très semblables comme les énantiomères[91] pouvaient avoir des caractéristiques olfactives très différentes (Russell et al., 1971 ; Chastrette et al., 1992) pour minimiser la portée de cette seule considération. Les forces de dispersion, les groupements donneurs ou accepteurs de proton, puis la liaison hydrogène, force orientée, donc contraignant les interactions entre le ligand et son récepteur (Chastrette et al., 1988), sont venus féconder la liste des paramètres physico-chimiques déterminant la relation entre la structure chimique et l'odeur (Ohloff et al., 1980 ; Chastrette, 1981). Au cours de sa thèse, Zakarya (1989, ibid., Quatrième partie), s'efforçait de décrire un site récepteur pour les molécules musquées : Selon le chimiste, il fallait forcément envisager plusieurs sites distincts. Cette prédiction a reçu une belle confirmation bien des années plus tard grâce à disponibilité des protéines réceptrices apportées par la biologie moléculaire (Shirasu et al., 2014).
Il faut ici se pencher sur la notion de « note odorante », car une substance odorante, même un corps pur, peut présenter plusieurs facettes – notes – olfactives. Par exemple, selon Edmond Roudnitska,

[91] Les énantiomères sont des molécules indiscernables selon leurs fonctions, leurs propriétés physiques, le pouvoir rotatoire excepté, mais sont, comme les deux mains d'un individu, l'image l'une de l'autre dans un miroir, non superposables : Leur formes ne s'inscrivent généralement pas dans un même récepteur.

la méthyl-ionone présente des odeurs de « *violette, iris, bois, vétiver, réglisse, cuir* »[92].
C'est la raison pour laquelle il est bien venu de faire un bilan de la terminologie des odeurs, des descripteurs de classes d'odeurs en usage (Chastrette et al., 1988). Toutes les notes odorantes ne sont pas de même valeur, ne représentant pas toujours le même niveau sémantique (comme « camphrée » regroupant les molécules à odeur de camphre, bien circonscrite, ou « florale », qui fait référence à une classe d'objets et aucunement à la similitude de leurs odeurs). La question de leur indépendance est aussi posée. Cela invite à la prudence sur la qualité des études des relations entre structures et odeurs, où odeurs est un terme essentiel. Grâce à ces études par exemple, on se rend compte que les mêmes molécules peuvent être décrites différemment par des auteurs différents (Pintore et al., 2006).
Par la superposition d'un certain nombre de modèles moléculaires de corps évoquant une note même odorante, on dessine une enveloppe commune, le site osmophore, une structure complémentaire avec laquelle les odorants peuvent interagir. On décrit donc alors un site géométriquement défini, avec ses contraintes réactionnelles.

Réseaux de neurones formels[93] *et classification des molécules odorantes*

Une autre manière d'aborder le problème des relations entre structure et odeur, consiste à rassembler des molécules présentant une note

---

[92] Dans une lettre à Gilles Sicard, en aout 1983. Edmond Roudnitska ajoute : « Vous remarquerez enfin que c'est surtout quand il s'agit d'inventorier dans une même olfaction les diverses faces d'un odorant déterminé que la psychologie intervient et domine puisque cette reconnaissance de formes ne peut être réalisée qu'à la suite d'un effort d'attention se polarisant volontairement sur telle ou telle face qu'on propose au sujet sentant, ou qu'il se propose, d'observer, en s'imposant de faire abstraction des autres faces ». Voici donc consacrée par un expert l'idée de facettes olfactives. Il s'agit, en outre, d'une belle présentation des capacités de segmentation que peut opérer un système olfactif !

[93] Réseaux de neurones formels. Il s'agit d'automates de calcul, réseaux virtuels programmés par des ingénieurs informaticiens. Ils proposent en sortie une décision adaptée sur la base d'informations qu'on leur impose en entrée. Assurant des fonctions non linéaires, ils sont constitués de nœuds répartis en un plus ou moins grands nombres de couches. Les nœuds sont reliés entre eux par des fonctions mathématiques qui influent sur leur état. Cette structure maillée évoque celles de réseau de neurones du système nerveux et on a appelé ces nœuds « neurones formels », leur réseau étant qualifié parfois de réseaux neurono-mimétiques.

odorante à définir leur structure et à confier à un réseau de neurones formels le soin de classer les molécules en deux groupes, celui des molécules qui évoquent la note odorante étudiée et celui qui des molécules qui ne l'évoquent pas.

Les réseaux de neurones formels sont constitués de nœuds et de leurs liens affectés de poids, évoquant, de loin, les réseaux de neurones biologiques et leurs synapses. Ces réseaux peuvent être programmés et fournir des outils informatiques de classification automatique (Kohonen, 1982), typiques de la pensée cybernéticienne. Pour les curieux, nous en décrivons le principe ci-dessous (voir aussi note 93, ibid.).

En entrée du réseau, on dispose autant de neurones que de fragments de structure de la molécule judicieusement choisis (Chastrette et al., 1993 ; Chastrette et al., 1996). Il s'agit d'une description topologique de la molécule selon, par exemple, le système DARC, représentation de la structure moléculaire par un ensemble de sous-structures, développé pour faciliter une véritable identification des molécules, constituant un véritable système d'information en chimie. (Alors qu'à titre indicatif, à la fin des années 90, plus de 8 millions de molécules avaient reçu un simple numéro d'ordre, le fameux et indispensable *CAS number*, dans le registre des Chemical Abstract Service depuis 1962) !

Les réseaux utilisés par les chimistes comprennent généralement trois couches : Une couche d'entrée constituée de plusieurs neurones qui sont connectés à ceux d'une couche cachée de plusieurs neurones et un neurone de sortie. Ces automates réalisent une partition selon l'appartenance à une classe ou non des molécules codées en entrée, le neurone de sortie prenant la valeur 1 si la propriété est portée par la molécule, ou 0 si elle ne l'est pas. Les neurones d'entrée indiquent si un élément de structure donné (ou une propriété physico-chimique) est présent ou non dans la molécule codée. Adapté au problème traité, la couche d'entrée représente au mieux l'individualité la molécule. Chacun des neurones d'entrée est lié avec un gain à des neurones cachés, répartis sur une deuxième couche. Les neurones cachés sont connectés au neurone de sortie.

La particularité du réseau, c'est que le poids des connections entre ses nœuds est ajustable par apprentissage. Fixés aléatoirement dans le réseau d'origine, ils sont affinés par un apprentissage du réseau : On dispose de deux lots de molécules, l'un où toutes les molécules présentent la propriété testée (ici, la note odorante), et l'autre non.

Après avoir codée la molécule en entrée, la sortie est forcée à 1 si la molécule présente la propriété testée, ou à 0, si elle ne la présente pas. A chaque fois, les gains des connexions sont recalculés (grâce à un algorithme dit de rétropropagation) pour s'adapter à la dernière présentation. Au bout d'un certain nombre de présentations, le réseau est stabilisé, les gains n'évoluent plus significativement. Le réseau a « appris » à juger la molécule décrite sur ses entrées.
C'est alors que le réseau devient un outil qui permet de tester des nouvelles molécules pour peu qu'on puisse les décrire selon le schéma qui a été retenu pour décrire les molécules du lot d'entrainement. On est alors en position de prédire l'odeur de composés nouveaux...

Modèles numériques de récepteurs

Les modélisations numériques des interactions entre récepteurs et ligands entrent en jeu alors que les puissances de calcul des ordinateurs augmentent. Il est tentant de programmer de tels modèles de récepteurs pour jouir de leur confortable accessibilité, l'application principale étant la possibilité de tester sans contrainte de grandes séries de ligands potentiels et, en pharmacologie, de guider la conception de nouveaux agonistes ou antagonistes.
Dès 1994, Singer et Shepherd présentaient un modèle *in silico* de récepteurs olfactifs. Ces constructions permettent de décrire l'intimité du site récepteur, de définir les contraintes stériques de l'approche du site, les points clés de la structure moléculaire qui permettent au ligand d'interagir avec les résidus des acides aminés du site récepteur, les configurations efficaces de la molécule stimulante, etc. (Afshar et al., 1998).
Evidemment, l'efficacité ou le réalisme de ces modèles dépend de la dextérité avec laquelle on représente les forces d'interaction entre le ligand et le site protéique. Profitant des enseignements apportés par les études des relations entre structure et odeur de leurs prédécesseurs, des chimistes modélisateurs ont repris cette approche récemment (Charlier et al., 2012, 2013). Une condition du succès de l'entreprise, c'est d'abord de disposer d'une bonne représentation de la structure primaire de la protéine réceptrice, le calcul permettant ensuite de déduire son repliement et son installation dans une membrane lipidique, elle aussi, calculée. Des solutions ont été proposées par les chercheurs de l'Institut de Chimie de Nice (de March et al., 2014) ; ils ont pu montrer que l'insertion réussie du stimulus dans le site change

la conformation de la protéine réceptrice et, étape indispensable, expose une zone capable d'interagir avec la protéine G associée au récepteur, enclenchant la cascade de transduction, la réponse du neurone récepteur. L'application du modèle permet de distinguer, pour un récepteur donné, les stimulus efficaces (agonistes) des autres, distinction dûment confirmée par un contrôle *a posteriori* grâce à des tests avec le récepteur biologique exprimé dans une cellule hôte, modèle *in vitro* comme décrit ci-après (Topin et al., 2014).

Des récepteurs olfactifs in vitro

Pour être complètes ou crédibles, les prévisions reliant la structure moléculaire et l'odeur proposées par les modélisateurs doivent être soumises à des vérifications expérimentales avec les vrais récepteurs biologiques. Quelques années en arrière, elles étaient réalisées sur l'animal entier par des interrogations directes de la muqueuse olfactive, des expériences comportementales chez l'animal ou l'interrogation du sujet humain. Dans tous les cas, le système expérimental mêlait toujours l'ensemble des récepteurs olfactifs. Au surplus, ces méthodes étaient si lourdes qu'il était exclu de tester de grandes séries de stimulus odorants. On a donc cherché un modèle biologique plus manipulable et, surtout, isolant un récepteur. La solution est issue du génie génétique.
Le gène d'une protéine peut être isolé et greffé dans une cellule « hôte ».
Si les protéines concernées sont des récepteurs olfactifs,
si le gène greffé s'exprime dans la cellule hôte,
si le récepteur rejoint la membrane de la cellule,
si le récepteur rencontre un système de transduction capable d'engendrer une réponse cellulaire lors de son contact avec un stimulus odorants,
si la cellule contient un mécanisme manifestant la réponse cellulaire,
alors, on obtient un dispositif biologique, cellulaire, qui permet de tester la sensibilité d'un récepteur donné à de larges collections de stimulus odorants. Ce tour de force technologique est aujourd'hui réalisé.
Plusieurs systèmes cellulaires accueillant un récepteur olfactif fonctionnel ont permis d'étudier la sélectivité de récepteurs olfactifs dont des systèmes issus de cellules humaines, HEK293, (Krautwurst et al., 1998) ou Hana3A (Saito et al., 2004), des ovocytes du xénope

(Katada et al., 2003), la lignée cellulaire Sf9 d'insecte (Matarazzo et al., 2005), des cellules de levure (Minic et al., 2005), etc. Peterlin et al. (2014) ont publié une revue comparative critique de ces systèmes d'expression des récepteurs olfactifs. Ces cultures de cellules sont toutefois éloignées des conditions physiologiques de l'olfaction et la question peut se poser quant à la pertinence des résultats obtenus…
Ce qu'on cherche aujourd'hui, c'est la création d'un outil, la reconstruction d'une véritable muqueuse olfactive *in silico*, un modèle numérique de la muqueuse olfactive munie de « ses » vrais récepteurs pour mimer notre muqueuse biologique. Pour obtenir une représentation olfactive réaliste du stimulus odorant, on entrevoie qu'il y aura encore des débats… par exemple, pour choisir les récepteurs à introduire dans le modèle (tous ceux conservés dans le génome ne sont forcément exprimés, c'est-à-dire disponibles pour créer le message combinatoire que le « nez » transmet au cerveau), et leurs quantités respectives, mais nous sentons que sommes sur la bonne route !

Ce qui sent est-il toujours ce que l'on flaire ?

Depuis quelques années, c'est la définition du stimulus odorant qui est mise en jeu par la révélation des mécanismes qui ont été considérés comme péri-olfactifs (Getchell et al., 1984), et dont les conséquences sur la perception olfactive ont probablement été mésestimées.
En effet, avant même d'interagir avec le système récepteur, le stimulus olfactif délivré peut subir des transformations biologiques[94]. Comme nous l'avons déjà mentionné, on trouve dans la muqueuse olfactive des mécanismes de protection cellulaire, certains enzymes ou transporteurs (Molinas, 2011, ibid. Quatrième partie), en particulier des cytochromes P450, susceptibles de dégrader certaines molécules, parmi lesquels se trouvent bien sûr des stimulus odorants (Chen et al., 1992 ; Molinas et al., 2012). Leurs produits peuvent être eux-

[94] On sait aussi que ce qu'on sent n'est pas toujours strictement ce qu'on a mis dans le flacon : la thèse de Lina Hallwag, *Formation of skin sensitizers from fragrance terpenes via oxidative activation routes*, soutenue en 2009 à Göteborg a pour objectif d'examiner le devenir du produit dispersé sous l'influence de l'oxygène de l'air ou sur la peau : « *The overall aim of this thesis was to investigate mechanisms of activation via autoxidation and metabolism of single fragrance compounds and essential oils, and to study the impact of this activation on the contact allergenic activity* ». La pure chimie ici pointe son nez.

mêmes stimulant (Thiebaud et al., 2013). Ainsi, par ce truchement, la qualité du stimulus peut être modifiée. En mettant en œuvre la chromatographie en phase gazeuse (HS-GC), la formation de métabolites a été confirmée. Volatiles pour certains, ils apparaissent même dans l'atmosphère au-dessus d'un explant de muqueuse olfactive de rat lorsqu'on lui a délivré des stimulus gazeux (Schoumacker et al., 2016). Rappelons que les produits de ces réactions enzymatiques sensées être des mécanismes de défense peuvent aussi être la source de composés toxiques, jusqu'à détruire la muqueuse olfactive (Brandt et al., 1990 ; Delaleu et al., 1995 ; Ding et al., 1996).

Conclusion : La reconnaissance de forme

En pratique, on découvre (de plus en plus) souvent une molécule qui représente bien ou suggère une source odorante. Par exemple, incapable de produire une essence convaincante de muguet, on ne savait pas en reconstituer la fragrance. Et puis, on a synthétisé l'hydroxy-citronnellal, le lyral, le lilial, et l'alcool tetra hydro-pyranyl, dit Florol (Firmenich) ou Florosa (Givaudan) (Sell, 2003). A ces molécules synthétiques, les créateurs ajoutent leur art et lui conçoivent un environnement pour magnifier la fragrance, ils envisagent l'existence d'« accords ». Cela peut aller jusqu'à la création d'un parfum (Diorissimo, création d'Edmond Roudnitska), une évocation du muguet plutôt qu'une reproduction. Du côté des arômes artificiels, d'autres mélanges odorants, avec un tout autre objectif, visent à « approcher au mieux » (notion de meilleur représentant) la restitution de l'odeur (consensuelle) de certains objets odorants, comme l'ananas (Barkat et al., 2012 ; Ellena, 2011). Le mélange composé de furanéole ou de maltol, apportant une note « caramélisée », et du fruit, représenté par le caproate d'éthyle, constitue un accord qui semble signifier la nécessité d'une signature de la maturité du fruit pour accéder à une représentation consensuelle de l'arôme d'ananas.

Nous rencontrons dans ces quelques lignes, la notion de forme de la fragrance à plusieurs niveaux. D'une part, il y a sa forme chimique, c'est-à-dire sa composition, en termes de mélange moléculaire, et sa structure chimique des composants, forme géométrique supportant des forces d'interaction. D'autre part, nous envisageons la forme de la fragrance, cette route vers son sens ou son utilité, sortant d'une vision

purement mécaniste ou sensorielle pour s'orienter vers sa vers réalité perceptive.
Edmond Roudnitska envisage la forme à un autre niveau, il parle alors de forme olfactive, en propose une conception plus élevée : Pour lui un parfum est une composition, donc une forme olfactive, une production abstraite et originale, personnelle, de l'esprit du compositeur (Roudnitska, 1976). Il n'y a pas d'ambigüité entre le mélange issu de la manipulation des matériaux odorants, qui repose sur un savoir technique, et le but de ces efforts, répondre à un objectif, illustrer une idée, la forme olfactive. Cette définition de la forme olfactive, peut être rapprochée des formes visuelles ou musicales d'une œuvre.

Quatrième partie

L'incarnation de la Fondation

Une expérience particulièrement élégante :
« Préparons une solution alcoolique contenant 1 p. 400 de camphre et 4 p. 1000 de vanille ; si nous l'employons directement, nous ne percevons que le camphre ; si nous la diluons dans l'alcool de façon à l'amener à un titre 10.000 fois moindre, c'est la vanille seule que nous percevrons. L'intensité et le pouvoir odorant correspondent à deux modes d'action bien distincts sur la sensibilité ».

Jacques Passy, 1895.

Le cœur scientifique de cet ouvrage, c'est évidemment le contenu des thèses auxquelles la Fondation a apporté son soutien, par une subvention personnelle attribuée aux auteurs. Ces aides ont surtout financé tout ou partie de la préparation des thèses citées ici.
Comme le lecteur pourra en juger, le travail accompli par les lauréats est conséquent, les thèmes retenus par la fondation sont originaux et, comme il se doit, les modèles expérimentaux et les outils variés. La somme de résultats apportés par l'ensemble des lauréats de la fondation est très impressionnante, jalonnant 40 ans d'histoire des sciences de l'Olfaction !
Pratiquement, on trouvera le titre de la thèse, le nom de l'auteur, les noms des directeurs de thèse, la date et le lieu de sa soutenance, ainsi qu'un résumé. Ces références permettront au lecteur d'obtenir une copie des résumés originaux ou d'emprunter un exemplaire de toutes ces thèses auprès des bibliothèques universitaires françaises. Cette liste des résumés dans leur ordre chronologique, montre une évolution des préoccupations et des moyens méthodologiques. Les résumés produits ici ont été adaptés pour s'exprimer dans un même format. Ils insistent sur le contexte du travail développé et sur les méthodes utilisées. Ils veillent cependant à gommer la forte technicité des travaux engagés qui est pourtant un de leurs critères de qualité.

Contribution à l'étude électrophysiologique des propriétés de discrimination des neurorécepteurs olfactifs, par Gilles Sicard *[95]
Sous la direction d'André Holley, soutenue en novembre 1980, à l'Université Claude Bernard, Lyon1.

Au sein de la muqueuse olfactive en survie, on peut enregistrer les réponses électrophysiologiques à des stimulations odorantes d'un neurone récepteur olfactif en le contactant au moyen d'une microélectrode. Cela permet de montrer que ces cellules réceptrices réagissent, reconnaissent, le plus souvent plusieurs corps purs odorants alors qu'ils sont insensibles à d'autres. Ainsi, le profil de sensibilité d'une seule cellule réceptrice n'est que partiellement discriminant et ne permet pas de distinguer sans ambigüité toutes les molécules odorantes entre elles. L'individualité de la signature de chaque stimulus à l'entrée du système olfactif n'est assurée que si l'on considère simultanément les profils de sensibilités de multiples neurorécepteurs. Pour examiner le message discriminant émis par la muqueuse olfactive, l'auteur a enregistré un à un de multiples profils en présentant des séries de stimulations odorantes en phase gazeuse au-dessus de la muqueuse olfactive de grenouille. En comparant les profils de sensibilités des multiples neurones récepteurs, on peut calculer des proximités entre les neurorécepteurs étudiés et, symétriquement, déduire des similitudes entre les modes d'action de corps purs odorants testés.
Ces résultats étayent l'hypothèse selon laquelle de multiples accepteurs membranaires spécifiques – des récepteurs – joueraient un rôle dans la reconnaissance des odeurs. Finalement ces travaux produisent une image du code combinatoire qui représente sans ambigüité, c'est-à-dire distingue, les diverses espèces moléculaires à l'entrée du système olfactif. C'est ce message discriminant qui est exploité par les étages suivant du système olfactif.

---

[95] Les étudiants dont le nom est marqué par une étoile ont poursuivi leur carrière professionnelle dans la recherche sur l'odorat ou les odeurs, dans des organismes publics. Pour les autres, certains sont entrés dans l'industrie du parfum ou de l'aromatique, mais environ dans la moitié des cas, la Fondation a perdu leur trace.

Contribution à l'étude physico-chimique des relations structure-activité dans le domaine de l'olfaction en utilisant l'analyse des données. Comparaison des résultats avec des résultats de mesures électrophysiologiques, par Bernard Paul Eminet

Sous la direction de Maurice Chastrette, soutenue le 25 octobre 1983, à l'Université Claude Bernard, Lyon 1

Le dialogue entre neurophysiologistes et chimistes permet d'envisager une modélisation de la reconnaissance des stimulus odorants à l'entrée du système olfactif. Ici, le chimiste exploite les profils de sensibilité recueillis par les neurophysiologistes chez la grenouille au moyen d'enregistrements des réponses de dizaines de neurones récepteurs olfactifs sous stimulations. Moyennant des hypothèses sur la nature des interactions chimiques entre les sites récepteurs et leurs stimulus, le chimiste reproduit (modélise) les similitudes et les différences entre les stimulus démontrées par la neurophysiologie. Les méthodes d'analyse numériques et la théorie de la chimie sont l'outil principal de ces travaux de modélisation.
Il montre ainsi la pertinence de variables physico-chimiques comme la forme de la molécule, l'index de réfraction, et, en particulier, la propension à échanger des liaisons hydrogène, etc., réalisant une description globale des molécules. En développant une étude des relations entre structure et activité, reposant sur une description plus analytique des molécules, le chimiste montre que ce n'est pas la structure complète du stimulus qui est reconnue dans l'interaction, mais plutôt un élément de structure ou la composition de plusieurs qui sont impliqués.
Par ailleurs, grâce à des permutations aléatoires d'éléments du tableau de données physiologiques, une évaluation de l'erreur expérimentale a été évaluée. Cette expérience d'inspiration cybernéticienne, montre une particularité intéressante sur le plan fondamental, la très forte résistance aux perturbations du code représentant les stimulus odorants à l'entrée du système olfactif, sa probable redondance.

La stimulation électrique des structures olfactives : Discrimination de motifs spatiaux d'activité évoquée, par Anne–Marie Mouly *

Sous la direction d'André Holley, soutenue en 1983, à l'Université Claude Bernard, Lyon1.

La thèse s'inscrit dans le cadre de l'hypothèse d'une représentation spatiale (encodage spatial) de la qualité olfactive s'établissant au niveau du bulbe olfactif, étage relais du système olfactif, juste derrière le niveau récepteur. A l'entrée du système olfactif, le code discriminant du signal odorant est construit grâce à la sensibilité différentielle des neurorécepteurs, apparemment sans dimension spatiale. En revanche, au niveau du bulbe olfactif, on observe que les stimulations odorantes naturelles affichent une carte d'activation bidimensionnelle spécifique de chaque stimulus odorant. Pour étudier sa pertinence, l'auteur a simulé une telle carte d'activation au moyen de stimulations électriques simultanées par plusieurs électrodes implantées en différents points de la couche des cellules mitrales chez le rat. Les paramètres géométriques et électrophysiologiques de la carte simulée peuvent aisément être maitrisés. L'étude met en jeu des analyses de réponses comportementales et des expériences d'apprentissages.

D'abord, l'auteur constate que la stimulation électrique du bulbe présente certains traits avec une stimulation olfactive naturelle : En particulier, elle déclenche le comportement de flairage, suggérant que cette stimulation artificielle mime un stimulus naturel odorant.

Il vérifie que l'animal distinguait bien des motifs d'activation imposés spatialement distincts. Cette aptitude est exquise : L'auteur a fait varier la distance entre les électrodes stimulantes ou leurs distributions spatiales sans trouver de limite à la discrimination spatiale.

Le même protocole a été appliqué au cortex piriforme, site de projection des neurones bulbaires : Il semble que la dimension spatiale du message soit là atténuée, voire perdue.

Finalement, l'analyse de ces données originales confirme clairement l'aptitude du bulbe olfactif du rat à transmettre des excitations organisées spatialement qui sont susceptibles d'orienter des comportements, comme le font les stimulus odorants.

Identification anatomique et cyto-chimique de sous-ensembles neuronaux spécifiques dans le système olfactif du rat, par Li Mou Zheng

Sous la direction de François Jourdan, soutenue en 1987, à l'Université Claude Bernard, Lyon1.

Chez les vertébrés, la sensibilité à l'environnement chimique est assurée par plusieurs systèmes sensoriels : On décrit un système olfactif principal, le système voméronasal, le nerf trijumeau et on ajoute prudemment le nerf terminal. La thèse envisage ces différents systèmes chimiosensoriels présents dans la cavité nasale du rat.

Les méthodes employées ici sont la microscopie, photonique et électronique, l'histo-, la cyto- l'immuno- chimie, le traçage de voies par la peroxydase (HRP). Elles visualisent les éléments cellulaires des structures étudiées au niveau structural et ultra-structural.

La neurochimie permet de tracer les voies nerveuses, d'analyser les réseaux neuronaux sur le plan de leur connectivité, mais est aussi indicatrice de leurs fonctions.

La HRP introduite dans la cavité nasale migre le long des axones des neurones récepteurs et atteint des glomérules du bulbe olfactif. Certains neurones marqués se distinguent des neurorécepteurs classiques par le trajet de leurs axones sur le bulbe principal, leur distribution particulière dans les glomérules de structure atypique à l'arrière du bulbe et la présence de grandes vésicules denses dans leurs terminaisons. La question de l'existence d'un sous-système récepteur spécialisé est donc posée.

Parmi les résultats importants, on a trouvé des fibres et des terminaisons contenant de la LHRH (Lutenizing hormone – releasing hormone) dans la couche superficielle du bulbe olfactif accessoire, ainsi que dans la couche plexiforme du bulbe principal. On trouve de la LHRH dans les ramifications du nerf terminal, associées aux vaisseaux sanguins de la muqueuse olfactive ainsi qu'aux glandes médianes antérieures. Les projections de ces neurones véhiculant aussi la HRP, le nerf terminal supporte vraisemblablement plusieurs fonctions, sensorielles et modulatrices, impliquées selon la littérature dans la régulation des comportements sexuels.

Etude statistique multidimensionnelle des proximités entre notes odorantes utilisées en parfumerie : Etude de relations structure/odeur de quelques notes odorantes, par Allal Elmouaffek

Sous la direction de Maurice Chastrette, soutenue le 16 mai 1988, à l'Université Claude Bernard, Lyon1

Pour le chimiste, la pierre d'achoppement des analyses étudiant la relation entre la structure et l'odeur, c'est évidemment la description olfactive des sources odorantes. En utilisant des banques de données décrivant les propriétés olfactives de nombreuses molécules odorantes, on peut étudier les liens existants entre certains descripteurs des odeurs ou notes odorantes. Ce qui est en jeu, c'est la cohérence de ces données olfactives et leur fiabilité. Le travail présenté exploite des ensembles de données provenant de sources différentes, dont l'ouvrage d'Arctander, *Perfume and flavor chemicals*, compilant 2467 la description olfactive de substances fréquemment utilisées en parfumerie et une banque de données de Firmenich S.A. comptant 628 substances. On y a recherché systématiquement les co-occurences des descripteurs de leurs odeurs.

On constate alors l'existence de notes très souvent associées comme fruitée et florale. A l'opposé, d'autres notes sont très peu associées, en fait isolées, telles que les notes musquées, camphrées ou menthées, et celle de l'ambre gris.

Dans les deux cas, la hiérarchie établie entre les notes odorantes est faible, consacrant donc l'indépendance de nombreux descripteurs. Cette indépendance est de bon augure pour la performance d'un système de classement efficace…

En examinant les structures des molécules odorantes partageant un même descripteur (surtout lorsqu'il est isolé), on peut souvent relier l'odeur à une particularité chimique. Par exemple, sans ambigüité, on repère la présence d'un atome de soufre pour la note soufrée. On reconnait aussi un motif structural particulier pour l'odeur de l'ambre gris, de musc, de bois de santal, d'anis ou d'amande amère. D'autres notes comme fruitées ou florales ne permettent pas de dégager une structure sous-jacente. Finalement, cette étude alimente les hypothèses structurales qui présideraient à la définition de certaines notes odorantes.

Le système cholinergique afférent au bulbe olfactif : Etude anatomo-fonctionnelle chez le rat, par Nadine Ravel *

Sous la direction de Jeanne Pager et de Rémi Gervais, soutenue en 1988, à l'Université Claude Bernard, Lyon 1.

Aucune partie du système nerveux ne travaille de façon isolée. Le cerveau est un système, et le système olfactif n'en est qu'un sous-système, sous influence ou lui-même déterminant l'activité d'autres sous-systèmes avec lesquels il communique. L'auteur a cherché à comprendre l'action exercée par certaines structures centrales du cerveau sur les étages périphériques du système olfactif. Chez le Rat, les neurones cholinergiques du télencéphale basal, à l'arrière du cerveau donc, se projettent sur le premier relais des entrées sensorielles du système olfactif, le bulbe olfactif. A l'aide de techniques électrophysiologiques et histochimiques, l'organisation, les origines et les sites de projection du sous-système cholinergique ont d'abord été précisées.

Une étude micro-iontophorétique où l'on applique directement le neuromédiateur dans la structure visée, révèle, chez le rat anesthésié, que la couche glomérulaire du bulbe est la région où l'activité électrique des neurones ou de leurs axones est le plus sensible à l'application d'acétylcholine.

Chez le rat non-contraint, l'activité électrique multiunitaire est enregistrée simultanément au sein du bulbe olfactif et de la portion du télencéphale basal à l'origine des projections cholinergiques vers ce bulbe olfactif. Les résultats sont compatibles avec l'idée que le système cholinergique contribue à ajuster la réponse bulbaire à la signification du stimulus odorant.

Enfin, on montre que le système de fibres centrifuges participe à la modulation de l'activité unitaire du bulbe olfactif au cours du cycle respiratoire. L'implication du système cholinergique dans cette modulation rythmique est renforcée par le fait qu'il reçoit lui-même des projections monosynaptiques en provenance des centres pneumotaxiques réglant la respiration.

Le codage intensif du stimulus olfactif : Rôle des neurorécepteurs et des deutoneurones, étude électro-physiologique chez la grenouille, par Patricia Duchamp–Viret *

Sous la direction d'André Holley, soutenue en 1988, à l'Université Claude Bernard, Lyon 1.

Lorsque la concentration du stimulus odorant varie le nombre de neurones récepteurs du système olfactif recrutés varie : Il décroit lorsque la concentration baisse, croit lorsqu'elle augmente. L'auteur a recueilli les réponses électrophysiologiques des neurones à 4 stimulus odorants au niveau des deux premiers étages du système olfactif, la muqueuse olfactive et le bulbe olfactif, chez un batracien. Vingt concentrations de chaque stimulus pouvaient être délivrées en phase gazeuse à la surface de la muqueuse olfactive exposée. Ce dispositif expérimental permettait de déterminer les seuils de sensibilité de chaque cellule enregistrée.

Les cellules répondent par des trains de potentiels d'action, caractérisés par le nombre de potentiels d'action, leur fréquence et le délai et la durée de la réponse. En réalisant des sommations des activités de nombreuses cellules, on obtient une image du débit d'information efférent d'une structure. Ici, cela permet de mettre en évidence d'une part, le rôle prédominant de la partie initiale de la réponse dans la spécification de l'intensité du stimulus et, d'autre part, de constater une meilleure synchronisation des réponses au niveau bulbaire qu'au niveau périphérique.

Les seuils de réponse apparaissent plus bas pour les neurones bulbaires que pour les neurorécepteurs (gain). Retombée de la convergence, la discrimination bulbaire peut être opérée pour des concentrations plus basses que celles qui permettent la discrimination périphérique. En même temps, les images d'activation d'un même stimulus à différentes concentrations ne sont pas identiques. Cette modification de la représentation du stimulus pourrait signifier le niveau d'intensité : Elle est cohérente avec le changement de qualité odorante de certains stimulus en fonction de leur concentration.

Recherche de relations structure/odeur pour la valorisation de composés naturels, par Driss Zakarya
Sous la direction de Maurice Chastrette, soutenue le 19 septembre 1989, à l'Université Claude Bernard, Lyon 1.

C'est en comparant les propriétés physico-chimiques ou les structures chimiques de molécules évoquant de mêmes notes odorantes, qu'on peut déduire les traits qui sous-tendent leurs similitudes ou expliquent leurs différences olfactives.
L'influence des paramètres physiques et physico-chimiques sur l'odeur a été étudiée en comparant des composés appartenant à 3 types d'échantillons de composés, odorants, peu odorants et inodores. Ainsi, les conditions adéquates de pression, de volatilité et du coefficient de partage, pour qu'une molécule évoque une odeur ont pu être estimées.
On s'est ensuite concentré sur les relations entre structure et odeur des composés à odeur de musc. Plusieurs types moléculaires distincts sur le plan structural présentent cette note odorante. Différences et similitudes d'un échantillon de 244 composés musqués (121 benzéniques nitrés et 127 indanes et tétralines) ont été analysées à l'aide de trois méthodes différentes : les règles empiriques, le système DARC et une méthode originale, GESDEM. Les trois méthodes ont permis d'aboutir à deux motifs pour les muscs benzéniques nitrés et un motif pour les indanes et tétralines.
En tenant compte des contraintes géométriques de la liaison hydrogène, on peut montrer que les trois motifs obtenus peuvent permettre aux muscs étudiés d'interagir avec un même récepteur hypothétique. Un modèle d'interaction a été élaboré puis utilisé avec succès dans la prédiction de l'odeur de musc pour des familles chimiques totalement différentes de celles étudiées, confirmé par la synthèse de nouveaux muscs.
De même, les relations structure/odeur de bois de santal ont été établies. On a pu pronostiquer deux motifs *santalophores,* englobés ensuite par un hyper-motif. Cet hyper-motif a été utilisé pour prédire la note santalée de molécules inconnues, puis pour élaborer un modèle d'interaction moyennant des hypothèses sur les interactions mises en jeu par les éléments de structure essentiels.

Propriétés d'intégration spatiale des neurones-relais du bulbe olfactif chez la grenouille : Corrélations morpho-fonctionnelles, par Tao Jiang *

Sous la direction d'André Holley, soutenue en 1989, à l'Université Claude Bernard, Lyon 1.

La recherche présentée ici concerne les propriétés d'intégration spatiale des informations périphériques apportées par les neurones récepteurs aux neurones relais du bulbe olfactif et les corrélations morpho-fonctionnelles relatives à ces neurones. Un modèle expérimental a été développé chez la grenouille grâce à la stimulation électrique isolée ou simultanée de 9 sites de la muqueuse olfactive et l'enregistrement des réponses électro-physiologiques, extracellulaire ou intracellulaire, des neurones cibles du bulbe olfactif.

L'auteur révèle ainsi que :

1. Aucune région de l'épithélium olfactive ventral n'a de relation topologique privilégiée avec une région particulière du bulbe olfactif.
2. Les neurones bulbaires ont des champs récepteurs périphériques de tailles variables.
3. Le type (excitation ou inhibition) des réponses d'un neurone donné ne change pas avec la localisation de la stimulation.
4. L'intégration spatiale obtenue par stimulation conjointe de plusieurs sites périphériques est une sommation non linéaire des effets propres à chaque site. Les neurones relais bulbaires ne forment pas une population homogène : D'après leur réaction à une stimulation ponctuelle au niveau épithélial, ils peuvent être repartis en au moins deux groupes. Grâce à des marquages fluorescents des neurones enregistrés on observe qu'à cette hétérogénéité électrophysiologique correspond une hétérogénéité morphologique.

Recherche de relations structure-propriété à l'aide de la méthode d'autocorrélation modifiée (MAM), par Fathallah Tiyal

Sous la direction de Maurice Chastrette, soutenue en 1990, à l'Université Claude Bernard, Lyon1

Les interactions récepteur/stimulus odorants dépendent d'abord de paramètres physico-chimiques des substances odorantes, comme leur pression de vapeur ou leur solubilité par exemple, caractéristiques non systématiquement mesurées et, en conséquence, indisponibles dans la littérature. L'auteur a tenté de contourner cette lacune grâce à une

stratégie utilisée avec succès pour identifier *in silico* des agonistes de récepteurs en pharmacologie : Il a établi des relations entre la structure moléculaire et propriétés physico-chimiques en modélisant les molécules à l'aide d'une méthode d'auto-corrélation modifiée (MAM). On y représente une molécule par les propriétés atomiques projetées sur le graphe moléculaire.
Pour estimer le volume molaire et la réfraction molaire, l'auteur a étudié un échantillon de 192 composés appartenant à des familles chimiques différentes, alcanes, alcools, éthers et cétones. La première composante du vecteur d'auto-corrélation est bien corrélé avec les deux caractéristiques. La prise en compte des ramifications dans la structure des composés par les autres composantes du vecteur améliore encore ces corrélations.
De la même manière, pour calculer la solubilité dans l'eau, l'auteur a utilisé un échantillon de 112 composés incluant des fonctions chimiques diversifiées, alcanes, alcools, éthers, cétones et dérivés mono-halogénés. La relation connue entre la solubilité d'un composé et sa surface de contact avec l'eau conduit à choisir ici deux vecteurs d'auto-corrélation représentant les parties lipophile et hydrophile. Les corrélations obtenues avec les composantes de ces vecteurs pour les diverses familles chimiques sont ici aussi très satisfaisantes.
Pour le calcul du coefficient de partage octanol/eau l'échantillon, 126 composés comprenant des alcanes, des alcools, des éthers, des cétones ont été utilisés. Là encore, la stratégie proposée est apparue efficace.

Modification à court et à long terme de l'excitabilité des neurones du bulbe olfactif : induction et modulation par le calcium et les agents GABAergiques et cholinergiques, par Abdelkrim Elaagouby

Sous la direction de Rémi Gervais, soutenue en 1991, à l'Université Claude Bernard, Lyon 1.

Lors d'un apprentissage olfactif le fonctionnement du réseau bulbaire du système olfactif est modifié. La question posée est de savoir si le bulbe olfactif du rat peut, comme son hippocampe (siège de phénomènes mnésiques), présenter des modifications fonctionnelles durables du réseau neuronal qu'on nomme potentialisation à long terme. Pour ce faire, le niveau d'excitabilité des neurones bulbaires a été caractérisée par l'activité électrophysiologique évoquée dans le

bulbe lors de la stimulation électrique de son entrée, les nerfs olfactifs, ou de sa sortie, le tractus olfactif latéral.
L'acide γ–aminobutyrique (GABA) est le neuromédiateur libéré par les cellules granulaires du bulbe olfactif en réponse à la stimulation de la muqueuse olfactive. Les cellules granulaires sont des interneurones locaux rétro-inhibiteurs agissant sur les neurones relais du bulbe olfactif.
Par ailleurs, le réseau bulbaire reçoit aussi de l'acétylcholine du télencéphale basal. On sait que ce neuromédiateur est impliqué dans la plasticité fonctionnelle de ses cibles, dans l'éveil et dans l'apprentissage.
Une modification durable de l'excitabilité des neurones relais bulbaires apparait à la suite de la libération bulbaire d'acide γ–aminobutyrique consécutive à la stimulation des neurones récepteurs. On peut l'atténuer par des applications locales et transitoires (technique du *push pull*) d'une solution inhibitrice de la mobilisation bulbaire d'acide γ–aminobutyrique. On a montré parallèlement que l'application locale d'acétylcholine pouvait augmenter de façon durable l'excitabilité des neurones relais bulbaires. Cette action locale de l'acétylcholine sur la plasticité bulbaire conduit à envisager son implication dans des processus de mémoire à court et à long terme dès l'étage bulbaire.

Etude de l'organisation fonctionnelle des efférences du glomérule olfactif chez le rat, par Nathalie Buonviso *

Sous la direction de Michel Chaput, soutenue en 1991, à l'Université Claude Bernard, Lyon 1.

On a pu considérer que les glomérules olfactifs constituent autant d'unités fonctionnelles. On doit entendre par là que toutes les sorties d'un glomérule donné seraient identiques.
Ces sorties sont supportées par les axones des neurones relais du bulbe olfactif, cellules mitrales et cellules à panache et sont conditionnées par le réseau local bulbaire (et éventuellement modulées par des influences centrales). Selon l'hypothèse, ces neurones prenant leur information dans un même glomérule produiraient un même message à destination de plusieurs structures centrales.
Un traçage de voies par la HRP chez le rat a d'abord montré que les glomérules forment avec leurs dendrites, des colonnes anatomiques dans le bulbe olfactif, un critère anatomique de parallélisme.

Pour tester l'hypothèse selon laquelle ces colonnes anatomiques seraient aussi des colonnes fonctionnelles, l'auteur a enregistré simultanément, grâce à des microélectrodes accouplées, l'activité de paires de 2 neurones relais bulbaires en réponse à une série de 5 produits odorants. En choisissant convenablement l'écartement entre les 2 pointes d'électrodes, on peut enregistrer 2 neurones relais connectés soit au même glomérule, soit à des glomérules adjacents. De cette façon, on peut montrer que les premiers sont le plus souvent simultanément excités ou inhibés, alors que les seconds présentent le plus souvent des réponses opposées (effet de contraste). En examinant le décours temporel de la décharge des cellules en fonction du cycle respiratoire, on montre que les neurones relais connectés à un même glomérule ont des motifs temporels d'activité semblables, que l'on s'intéresse à leur l'activité spontanée ou à leurs réponses.
La discussion aborde l'intérêt d'un tel fonctionnement « unitaire » du glomérule et examine l'hypothèse d'une organisation en proto-colonnes du cortex olfactif.

Etude de l'influence des facteurs perceptuels et cognitifs sur la mémoire olfactive, par Christine Jehl
Sous la direction d'André Holley, soutenue en 1993 à l'université Lumière, Lyon 2.

La mémoire des odeurs, ou mémoire olfactive est réputée avoir des propriétés inédites. Toutefois, certaines de ses propriétés ne sont pas bien décrites. La présente étude explore la dimension temporelle de la mémoire, les durées de rétention des souvenirs, et examine l'influence des aspects sémantiques des signaux olfactifs sur ces variables mémorielles. Dans ce cadre expérimental, le délai de rétention est un temps qui sépare la première exposition à un stimulus donné au cours de l'expérience et le stimulus répété, dit stimulus cible, dont le sujet estime qu'il l'a déjà rencontré ou non.
Dans la première expérience, en comparant, à plus ou moins long terme, la reconnaissance de stimulus odorants antérieurement présentés (cibles) ou non (distracteurs), on précise la courbe de décroissance de la performance mnésique en fonction du temps. En se concentrant sur la reconnaissance à très court terme, on montre l'influence défavorable de la proximité qualitative des cibles mémorisées et des distracteurs sur la performance.

Dans une deuxième expérience, on a testé l'effet d'un apprentissage par répétition de la présentation des stimulus odorants par paires, phase de familiarisation. Dans une situation de reconnaissance à court terme, la familiarisation permet d'augmenter la performance de discrimination des odeurs entrainées, par rapport à celles qui ne l'ont pas été. Cet effet est d'autant plus patent que les odeurs sont qualitativement proches.
Grâce à une troisième expérience, on compare le rôle de l'étiquetage verbal dans la mémoire olfactive à court terme ou à long terme. Les résultats sont cohérents avec l'idée que cet étiquetage exerce une influence bénéfique sur la mémoire olfactive, d'autant plus que les noms associés aux odeurs ont une forte valeur sémantique.
Dans sa partie finale, cette thèse discute de la place de la mémoire olfactive dans la cognition humaine.

Relations structure/odeur et modélisation moléculaire à partir de la comparaison des propriétés olfactives de couples d'énantiomères, par Christian Rognon
Sous la direction de Maurice Chastrette, soutenue en 1993, à l'Université Claude Bernard, Lyon1.

Parmi les molécules odorantes, certaines présentent des propriétés physiques semblables, mais sont clairement différentes sur le plan structural : C'est le cas des énantiomères qui sont des molécules identiques sur le plan physique (si l'on excepte le pouvoir rotatoire), porteuses des mêmes fonctions, mais qui différent par le fait, qu'images l'une de l'autre dans un miroir, elles ne peuvent le plus souvent pas s'inscrire dans une même dans un même site récepteur complémentaire. On peut cependant concevoir un site hypothétique unique pour un échantillon de tels composés partageant les mêmes notes odorantes. La confrontation d'un site ainsi dessiné avec de nouvelles molécules non utilisées pour sa construction doit permettre de prévoir efficacement leurs odeurs.
Sur la base d'un échantillon de 84 couples d'énantiomères, l'auteur montre que les paramètres structuraux des molécules ne peuvent rendre compte de l'influence de la chiralité sur leurs odeurs que si l'on tient compte de certains types d'interactions entre molécules et récepteurs. Pour trois notes olfactives, odeurs de camphre, d'urine et d'ambre, on peut proposer un paramètre évaluant la qualité de la superposition des molécules d'intérêt. Le rôle des liaisons hydrogène

dans la définition des sites apparaît primordial : Ce type de liaisons supposent des angles de liaison précis et détermine des orientations relatives entre le site et le ligand, oriente l'interaction.
Ces modèles d'interaction tridimensionnels constituent une base fiable pour la détermination de relations structure/odeur. En particulier, ils permettent de tenir compte des variations conformationnelles dans les interactions entre molécules odorantes et sites récepteurs.

Etude de la régio-sélectivité de la réaction d'ouverture des éthers cycliques par les systèmes acides de Lewis/nucléophiles. Utilisation dans la synthèse de phéromones, par Pascal Mimero
Sous la direction de Roger Amouroux, soutenue en 1993, à l'Université Claude Bernard, Lyon 1.

Les vertébrés sont sensibles à de nombreux signaux chimiques de leur environnement grâce à leur système sensoriel olfactif ou à leur organe voméronasal. Certains de ces signaux émanent de leurs congénères et influencent leur comportement ou leur physiologie, ils sont appelés phéromones. Leur diversité structure est très grande. La synthèse de ces molécules pallie la difficulté de leur extraction et peut rendre de sérieux services pratiques (lutte contre les infestations, contrôle de la reproduction), et, en particulier, contribue à limiter l'usage des pesticides !
Il s'agit d'une thèse de pure chimie organique qui décrit des procédés de synthèse chimique. Le manuscrit expose d'abord une bibliographie générale sur les réactions de coupure des éthers oxydes symétriques ou dissymétriques, aliphatiques ou hétérocycliques. Dans une partie expérimentale, les principaux réactifs utilisés dans la littérature sont examinés successivement sous l'angle de la réactivité et de la régio-sélectivité, c'est-à-dire de la production par la réaction d'isomères de position différents.
Les résultats obtenus dans la réaction d'ouverture du 2-méthyl-tétrahydro-furane au moyen d'halogénures d'acides (rcox) sont présentés. Ce réactif associant un acide de Lewis (rco^{+}) et un nucléophile (x) a permis de tester l'importance de plusieurs paramètres. Les chlorures d'acides conduisent principalement aux halogénures secondaires, tandis que les iodures (sous condition d'encombrement stérique) conduisent plutôt aux halogénures primaires. Les bromures ont un comportement intermédiaire. Deux mécanismes sont proposés pour l'obtention des deux régio-isomères.

Enfin, on montre l'intérêt d'une méthode de synthèse stéréospécifique d'intermédiaires polyfonctionnels, iodo-alcènes homo- et bis- homo-allyliques, dans la synthèse de produits naturels comme certaines phéromones.

Le traitement des informations olfactives au niveau du cortex piriforme chez le rat : Etude par la méthode d'enregistrement optique de l'activité neuronale à l'aide de colorants potentiel-dépendants, par Philippe Litaudon *
Sous la direction de Martine Cattarelli, soutenue en 1993, à l'Université Claude Bernard, Lyon1.

Les neurones relais du bulbe olfactif transmettent le message olfactif entrant à plusieurs structures cérébrales dont le cortex piriforme considéré comme le cortex olfactif primaire. Le but du travail présenté est d'éclairer le rôle du cortex piriforme dans le traitement des informations olfactives. L'activité de ce cortex peut être surveillée sans invasion grâce une méthode d'enregistrement optique de l'activité neuronale à l'aide de colorants dont l'émission lumineuse dépend du potentiel (potentiels-dépendants). Cette méthode permet de visualiser simultanément et en temps réel l'activité d'une centaine de sites nerveux contigus avec une bonne résolution spatiale (280 μm) et temporelle (1 ms).
L'auteur a d'abord mis au point le dispositif expérimental et programmé un logiciel de traitement des données. L'automatisation du traitement des données a été réalisée par l'utilisation d'un filtre numérique non linéaire et d'une méthode de déconvolution.
Les signaux optiques recueillis en réponse à la stimulation électrique du bulbe olfactif permettent de distinguer l'activité d'entrée de sa redistribution par les fibres d'association locales (à extension antéro-postérieur). Le motif d'activité afférente n'est pas distribué de façon homogène sur l'ensemble du cortex piriforme. Il dépend de la localisation de la stimulation dans le bulbe olfactif. Le support histologique de la redistribution a été confirmé au moyen d'un traçage des voies à l'aide de la sous-unité β de la toxine cholérique. Des stimulations chimiques rythmées (mimant un flairage) mettent en évidence deux zones : L'une, postérieure sans modulation rythmique de l'activité, l'autre, antéro-médiane, où cette rythmicité apparait.

La discussion se penche sur le rôle du cortex piriforme dans l'encodage des odeurs. Elle examine l'hypothèse selon laquelle il serait constitué d'un ensemble de sous-unités fonctionnelles.

Expression du proto-oncogène c-fos et plasticité dans le système olfactif du rat adulte, par Monique Sallaz
Sous la direction de François Jourdan, soutenue en 1993, à l'Université Claude Bernard, Lyon 1

Cible des neurones récepteurs du système olfactif, le bulbe olfactif met en forme un message représentatif de l'odorant à destination des structures intégratives centrales. Il y a dans cette structure des interneurones locaux qui modulent par rétroaction les sorties de cet organe relais (via la dopamine, l'acide γ-aminobutyrique). S'exercent aussi là des influences de structures postérieures apportées par des fibres qui libèrent localement de l'acétylcholine (fibres cholinergiques) ou noradrénaline (noradrénergiques). L'auteur a étudié les mécanismes exécutifs de la plasticité bulbaire chez le rat dans des conditions naturelles de stimulation. Ici, la trace immunochimique de la protéine *fos* qui apparaît dans les neurones lors de leur activation est utilisée comme un marqueur d'activité neuronale, permet de situer les activations et de révéler les sources qui les modulent.
On confirme d'abord que l'expression de c-fos peut être induite par une stimulation olfactive chez des animaux vigiles, dans les cellules granulaires en coïncidence spatiale étroite avec les glomérules de forte activité spécifique de l'odorant utilisé. On montre également que la distribution de la protéine *fos* dépend non seulement de la stimulation sensorielle, de la nouveauté du stimulus, mais aussi de l'intégrité des afférences centrifuges bulbaires : Les afférences centrifuges cholinergiques et noradrénergiques pourraient être impliquées dans un contrôle central de la plasticité neuronale dans le bulbe olfactif. Enfin, la dopamine bulbaire apparait comme le support d'une inhibition présynaptique de l'entrée olfactive, s'exerçant sur la synapse entre les axones des neurones récepteurs et leur cible, les neurones relais du bulbe olfactif, cellules mitrales et cellules à panache.

Etude anatomo-fonctionnelle de l'organe olfactif septal chez le rat, par Nathalie Giannetti
Sous la direction de Liliane Astic, soutenue en 1994, à l'Université Claude Bernard, Lyon 1.

Annexés à la cavité nasale des rongeurs, en plus de la muqueuse olfactive, on trouve d'autres sites qui manifestent une sensibilité aux stimulus chimiques, comme l'organe voméronasal ou l'organe septal. Ces structures semblent inconstantes chez les vertébrés. L'auteur se fixe pour objectif de préciser l'anatomie et la fonction l'organe olfactif septal chez le rat, jusqu'alors presque ignoré. Il a aussi examiné la mise en place de l'organe septal au cours du développement.
Ainsi, l'auteur observe que les axones des neurones récepteurs de l'organe septal se terminent soit massivement dans un nombre limité de glomérules que l'on peut qualifier de septaux, soit de façon dispersée dans des glomérules formés essentiellement par des afférences de l'épithélium olfactif principal. Toutes ces projections sont localisées dans la moitié ventro-médiane postérieure du bulbe olfactif principal. La projection semble établie dès la naissance, mais le nombre de glomérules septaux augmente ultérieurement avec l'âge. Selon les observations histo-immunochimiques et utrastructurales, un organe septal présomptif peut être distingué de l'épithélium olfactif principal à partir du 16ème jour de vie fœtale.
Enfin, grâce à des observations comportementales, l'auteur tente de vérifier si l'organe septal possède une fonction d'alerte comme on l'admet classiquement. Des lésions bilatérales de cet organe ont été pratiquées chez le rat adulte. Le comportement d'éveil des animaux lésés a été comparé à celui de rats témoins en réponse à des stimulations odorantes à signification biologique ou non : Aucune différence significative de comportement entre les groupes expérimentaux n'a été observée. Ces résultats sont discutés à la lumière des données récentes d'aérodynamique qui laissent supposer que les seules régions intranasales susceptibles d'être stimulées en respiration calme sont l'organe septal et/ou l'épithélium olfactif principal recouvrant le récessus dorsal antérieur.

Etude morphogénétique du système olfactif périphérique chez le rat. Analyse des processus de migration des neurones et de mort cellulaire programmée, par Véronique Pellier–Monnin
Sous la direction de Liliane Astic, soutenue en 1994, à l'Université Claude Bernard, Lyon1.

Aux stades précoces de son développement, au cours de l'embryogénèse, le système olfactif périphérique est à l'origine d'importantes migrations cellulaires. Elles se produisent le long des fascicules d'axones qui émergent, les uns de la région ventro-médiane de la gouttière olfactive, futur organe voméronasal, les autres de sa zone latérale, précurseur de l'épithélium olfactif principal. Les premières ont été bien décrites : Certaines des cellules en migration expriment le facteur de libération de l'hormone lutéinisante, LHRH, et sont à l'origine des neurones cérébraux à LHRH. En revanche, la question restait posée de l'origine et de la nature des secondes.
Les recherches sont fondées sur la microscopie optique ou ultra-structurale, et des marquages cyto-immunochimiques à différents stades de la différenciation neuronale : des protéines (GAP 43, NSE, OMP), une lectine (UEA I) et du décapeptide LHRH.
Chez le rat, on confirme la migration de neurones depuis l'épithélium latéral de la gouttière olfactive vers la *lamina propria*. Elle se raréfie à E16 et n'est plus détectée après la naissance. En revanche, l'aptitude à exprimer la LHRH reste limitée aux neurones issus de l'organe voméronasal.
Par ailleurs, grâce à un marquage histochimique *in situ* (méthode TUNEL), on confirme qu'une mort cellulaire programmée (apoptose) se produit dans le système olfactif au cours de l'embryogenèse. Une vague de morts cellulaires par apoptose et une mort cellulaire par désintégration non lysosomale a été observée à E12 et E13. Dès E14, seules des figures isolées d'apoptose sont décelées. Cette vague coïncide avec le processus d'invagination de la placode olfactive et la sortie des premiers axones olfactifs et/ou des cellules migrant depuis le compartiment épithélial.
Des expériences de double marquage démontrent que certaines des cellules dégénérées sont des neurones.

Nez, neurones et neurogénèse. Analyse in vivo et in vitro des conditions permettant de reproduire le processus de neurogenèse observé dans l'épithélium olfactif de rongeurs adultes, par François Féron *

Sous la direction d'André Holley et Gilles Sicard, soutenue en 1995, à l'Université Claude Bernard, Lyon 1

Longtemps compris comme une exception, le remplacement fonctionnel de neurones morts chez le vertébré adulte est opérant pendant toute sa vie – l'homme y compris – dans sa muqueuse olfactive. Cette neurogenèse a lieu à partir de cellules souches locales. Elle mérite d'être étudiée tant pour des raisons fondamentales que pour les éventuelles applications pratiques qu'elle permet d'imaginer (greffe de cellules, thérapie cellulaire). La thèse a pour objet l'étude des facteurs qui influencent le processus de neurogenèse permanent observé dans l'épithélium olfactif des rongeurs. Sur le plan méthodologique, les travaux rapportés reposent principalement sur la culture cellulaire. Des prélèvements de muqueuse olfactive peuvent être mis en culture en boites de Pétri. Convenablement nourris, ils permettent d'obtenir purs plusieurs des types cellulaires constituant la muqueuse olfactive. Les neurones olfactifs matures peuvent être isolés de manière très pure grâce à un marquage fluorescent rétrograde et l'utilisation d'un appareil de cytométrie en flux.

En culture, les cellules basales peuvent être sélectionnées et multipliées avec un milieu contenant de l'EGF (*Epidermal Growth Factor*), ce facteur étant exprimé par les cellules de soutien au cours du processus de régénération de l'épithélium. Ces cellules progénitrices sont capables de donner naissance *in vitro* à des neurones olfactifs après avoir été repiquées puis cultivées avec un milieu généralement utilisé pour la culture de tissu nerveux. L'insuline et une température plus faible que celle du corps favorisent le processus de différenciation des cellules souches. Dans certaines conditions, en particulier lorsqu'elles sont greffées sur des prélèvements provenant du système nerveux central, les cellules nouvellement différenciées perdent une partie de leurs caractéristiques olfactives. La dopamine semble avoir un effet positif sur la stabilisation du caractère mature des neurorécepteurs.

Projections afférentes et efférentes du cortex piriforme chez le rat : Organisation topographique et implication dans le traitement des informations olfactives, par Frédérique Datiche *

Sous la direction de Martine Cattarelli, soutenue en 1995 à l'Université Claude Bernard, Lyon1

Le cortex piriforme est considéré comme le cortex olfactif primaire. Il reçoit un message olfactif directement du bulbe olfactif, transmis par les neurones relais bulbaires. Il est inscrit dans un réseau comprenant de multiples structures centrales si bien qu'on peut se demander si le cortex piriforme constitue une structure fonctionnellement homogène participant dans son ensemble au traitement des informations olfactives ou s'il comprend plusieurs sous-unités effectuant chacune un traitement spécifique.

En combinant l'histo-immunochimie des neuromédiateurs et le traçage de voies à l'aide de la sous-unité β de la toxine cholérique, on propose une analyse neuroanatomique de la question.

On montre une organisation topographique des projections de ce cortex vers ses cibles (le néocortex orbito-insulaire) ou de ses afférences (noyau thalamique *reuniens)*, ce qui conforte l'idée de l'importance d'une organisation spatiale. La projection topographique du noyau thalamique *reuniens* sur le cortex piriforme pourrait moduler la transmission des informations olfactives vers l'hippocampe. Clairement, la distribution des afférences centrifuges modulatrices monoaminergiques et cholinergiques au cortex piriforme apparait hétérogène.

Enfin, une analyse anatomique et quantitative des fibres d'association intrinsèques du cortex piriforme a été réalisée : Elle indique une prédominance de l'orientation rostro-caudale de ces fibres d'association locales. La mesure de leur extension montre une longueur privilégiée, de 2 mm.

Ces nouvelles données montrent une hétérogénéité anatomique du cortex piriforme. On y voit différentes unités fonctionnelles dont on peut dessiner les implications fonctionnelles.

La relation olfaction-émotion chez l'homme : Une analyse neurovégétative, par Ouafae Aloui–Ismali

Sous la direction d'Evelyne Vernet–Maury, soutenue en 1996, à l'Université Claude Bernard, Lyon 1.

Parmi les effets des stimulus olfactifs sur le sujet qui odore, un impact sur la sphère émotionnelle est manifeste. L'étude de la relation entre

olfaction et l'émotion provoquée se fonde sur l'observation de variables neurophysiologiques classiques et de variables caractérisant l'état et les réponses du système nerveux autonome ou SNA. La caractérisation de l'état du système nerveux autonome se fait au moyen d'enregistrements de réponses physiologiques massives comme, par exemple, le rythme respiratoire, le rythme cardiaque, ou, encore, la résistance électrodermale (RED), qui traduit des variations de la sudation, donc de l'état de la circulation sanguine périphérique. On doit noter que dans le cas général, les réponses du système nerveux autonome sont réflexes et inconscientes.
L'analyse du système nerveux autonome au niveau tonique montre une relation forte entre la relaxation du sujet et l'aspect agréable des odeurs.
Chaque stimulus olfactif est associé à un motif particulier de réponses des variables caractéristiques du SNA, chacun pouvant être traduit en émotion de base. Les réponses du SNA distinguent les stimulus à odeurs agréables et les stimulus à odeurs désagréables. La relation entre la valence hédonique et les profils de réponses aux odeurs du SNA varie selon les individus. La charge émotionnelle liée au stimulus olfactif ne semble pas plus forte que celles évoquées dans d'autres modalités sensorielles. Spécifique du sujet et du stimulus, elle est cohérente avec l'idée que le stimulus olfactif possède un fort pouvoir évocateur. On constate une bonne concordance entre les émotions déterminées à partir du SNA et celles définies verbalement par les sujets, sauf pour la colère, comme s'il s'agissait d'une émotion réprimée. Les réponses émotionnelles peuvent être vues comme la signature d'encodages cognitifs associés à la perception olfactive.

Etude électrophysiologique de modèles in vitro de la lignée neuronale olfactive du mammifère, par Christophe Cuffel
Sous la direction de André Holley et Gilles Sicard, soutenue le 28 octobre 1996, à l'Université Claude Bernard, Lyon1.

Chez le mammifère adulte, l'épithélium olfactif est un des rares tissus nerveux capables de se renouveler et de faire face à des destructions même massives de ses neurones, en les remplaçant par différenciation de cellules souches locales. Les neurones récepteurs olfactifs matures sont des cellules électriquement excitables, qui expriment plusieurs types de courants calciques, potassiques et sodiques, et leur membrane cellulaire contient donc les canaux ioniques adéquats. Bien que les propriétés électrophysiologiques des neurones récepteurs matures soient bien documentées, on connait encore mal leurs évolutions lors de leur maturation.

En étudiant des cellules d'origine olfactive immortalisées par un oncogène ou isolées d'explants de muqueuse olfactive en culture, l'auteur pouvait espérer suivre les évolutions des caractéristiques électrophysiologiques des neurones en cours de différenciation. L'enjeu de cette étude était donc aussi de valider le modèle de neurones olfactifs transfectés.

Les conductances ioniques et leurs variations, après ajout de facteurs morphogènes au milieu de culture, de quatre modèles cellulaires d'origine olfactive *in vitro*, ont été caractérisés. Trois ont été obtenus par transfection d'oncogènes conférant l'immortalité dans des cellules originaires de l'épithélium olfactif de rat ou de souris, les lignées cellulaires 13s.1.22, 13s.1.24 et olf10.1.8. Le dernier modèle était constitué par des cellules directement issues de la culture d'explants d'épithélium olfactif de souris.

Les facteurs de différenciation, db-AMPc ou FGF2, induisent l'apparition de courants entrants sodiques ou calciques, indications d'une maturation électrophysiologique chez des cellules qui montrent parallèlement des signes cyto-immunochimiques de leur différenciation neuronale. Cependant les caractéristiques électrophysiologiques de ces cellules différenciées en culture sont encore éloignées de celles des neurones matures *in vivo*. En particulier, les réponses électrophysiologiques aux stimulus odorants sont restées rares. Ces résultats limitent donc l'intérêt de ces modèles pour étudier les propriétés électrophysiologiques des neurones olfactifs natifs.

Relation structure/odeur pour des composés aromatiques. Comparaison entre analyses multivariées et réseaux neuronaux, par Mohamed Chafei Aïdi

Sous la direction de Maurice Chastrette, soutenue le en 1997 à l'Université Claude Bernard, Lyon 1

Les réseaux de neurones formels sont des automates de tri programmés pour apprendre, c'est-à-dire se modifier, fruits de la pensée cybernétique. A l'entrée du réseau, des cellules d'entrées sont alimentées avec les caractéristiques choisies de chaque élément à classer. Cette information est transmise à un réseau plus ou moins complexe de cellules interconnectées dont les liens sont réglables. La

sortie du réseau est discriminante, affichant la classe à laquelle on doit attacher l'élément décrit par les entrées. Au cours d'une phase d'apprentissage, les réglages du réseau (adaptation des liens) sont réalisés par un algorithme de « rétropropagation » sur un lot d'entrainement comportant des échantillons exprimant une propriété donnée et un lot ne la comportant pas. On peut tester ensuite la performance du réseau affiné en présentant à l'entrée deux nouveaux lots d'éléments à trier, non inclus dans le jeu d'entrainement, le réseau prenant alors un caractère prédictif.
L'auteur a imaginé ici de mettre en entrée des propriétés moléculaires de stimulus chimiques, et d'imposer en sortie l'appartenance à une classe d'odeur. Il établit alors des relations structure/odeur pour plusieurs familles chimiques, et teste la pertinence des propriétés moléculaires retenues.
L'étude a commencé avec l'odeur musquée de 105 molécules (indanes, tétralines, nitrobenzènes). Des réseaux de neurones formels (d'architecture 8–6–1 ou 8–8–1) ont conduit à des taux de classification correcte de 98% à 99%. Le taux de prédiction correcte obtenu à partir de molécules non testées dans les lots d'entrainements varie entre 83% et 87%. Intérêt particulier, la contribution de chaque descripteur à la classification peut être évaluée.
Cette stratégie appliquée à l'odeur de poivron des pyrazines ou pyridines, à l'odeur de noisette ou verte des pyrazines ou thiazoles, offre des performances tout aussi remarquables.

Composantes périphériques et bulbaires de l'adaptation olfactive chez le rat respirant librement, par Monique Chalansonnet
Sous la direction de Michel Chaput. Soutenue en 1998, à l'Université Claude Bernard, Lyon 1.

L'adaptation sensorielle est une baisse transitoire de la sensibilité d'un sens exposé de manière prolongée à un stimulus invariant. Un intérêt particulier de l'étude dans le cas de l'olfaction tient au fait que présenté continument, un stimulus odorant est échantillonné rythmiquement du fait de la rythmicité respiratoire. Cette thèse compare les manifestations de l'adaptation au niveau de la muqueuse et au niveau du bulbe olfactif, respectivement entrée et premier relais de la voie sensorielle, en fonction de différents paramètres de stimulation (qualité, intensité, et durée du stimulus). Le signal électrique recueilli sur la muqueuse olfactive est une onde monophasique rythmique calée sur le cycle respiratoire, qui persiste tout au long de la stimulation. Son amplitude, sa latence et sa durée de repolarisation varient selon la qualité des stimulus et de sa concentration.

Pendant une stimulation olfactive prolongée pendant plusieurs cycles respiratoires, une adaptation précoce se manifeste par une nette réduction d'amplitude entre la première onde et la suivante, suivie de décroissances ultérieures plus progressives.

Dans les mêmes conditions de stimulation, on a aussi recueilli et analysé les réponses des cellules mitrales du bulbe olfactif au cours des cycles respiratoires successifs. À ce niveau, on distingue des modifications précoces et d'autres, plus tardives. Les décharges des cellules gardent généralement (69%) le même motif temporel, quelles que soient la nature et la concentration du stimulus.

Enfin, on peut superposer les modifications de réactivité périphériques et les réponses bulbaires.

Les changements précoces de certaines cellules mitrales peuvent être attribués en partie à l'adaptation périphérique. En revanche, certaines transformations observées sur de plus longues durées doivent être attribuées à des influences centrales.

Contribution à l'étude de la perception olfactive : Qualité des odeurs et mélanges de composés odorants, par Nicolas Godinot

Sous la direction de Gilles Sicard, soutenue en 1999, à l'Université Claude Bernard, Lyon 1.

Si des modèles psychophysiques reliant les concentrations des molécules de l'ambiance et les intensités des odeurs perçues sont aujourd'hui assez bien établis, les relations entre molécules et qualités perçues des odeurs font toujours l'objet de recherches. Dans une première partie, les évocations qualitatives face aux stimulus odorants sont rapprochées, d'une part, des compositions chimiques des stimulus, et d'autre part, des effets connus de ces stimulus sur le système récepteur périphérique. L'étude de 51 odeurs, évoquées par des corps chimiquement purs ou mélanges de molécules, montre l'influence de leur familiarité et de leur caractéristique hédonique sur les relations qualitatives qu'établissent entre ces stimulus des sujets naïfs. Elle montre l'indépendance de la composition, corps purs ou mélange, sur ces relations. L'exploration des qualités perçues d'un ensemble de stimulus évoquant les agrumes permet d'impliquer trois

niveaux différents d'intégration du message olfactif : un niveau sensoriel, un niveau perceptif et un niveau sémantique.
Dans une deuxième partie, la qualité de l'odeur d'un mélange moléculaire complexe et envisagée, représentée par les vapeurs d'un bitume chauffé. Une méthode analytique classique (dite CHARM) couple la chromatographie en phase gazeuse qui sépare les composants du mélange odorant et l'évaluation olfactométrique, qui détermine les composants les plus représentatifs du mélange. Une nouvelle, méthode, plus facile à mettre en œuvre et adaptée aux mélanges moléculaires complexes, la méthode POM est proposée. Les résultats de cette analyse, permettent d'élaborer un mélange simplifié de composés moléculaires comme modèle reproductible d'étude de l'odeur de bitume.
Enfin, à l'aide de ce modèle, des procédures de neutralisation olfactive, masquages d'odorants intempestifs, sont testées.

Etude des processus cérébraux impliqués dans le traitement de l'information olfactive chez l'homme : Données anatomo-fonctionnelles, électrophysiologiques et comportementales, par Julie Hudry
Sous la direction de Jean–Pierre Royet, soutenue en 2002, à l'Université Claude Bernard, Lyon1.

Chez les sujets sains, grâce à l'imagerie cérébrale, il a été montré, des activations de zones cérébrales distinctes correspondant à différents processus de traitement de l'information olfactive. Ces localisations diversifiées sont, par exemple, manifestes lorsqu'on observe une activation des cortex orbitofrontaux, droit lors d'un jugement de familiarité, gauche lors d'une tâche de décision hédonique.
La thèse voulait préciser les processus cérébraux impliqués dans le traitement de l'information olfactive chez l'homme. Pour les éclairer, on peut comparer les performances olfactives de sujets sains avec celles des patients épileptiques, schizophrènes ou parkinsoniens dont on sait que l'olfaction est altérée.
Chez les patients épileptiques, des mesures comportementales révèlent que l'épilepsie partielle temporale, notamment celle de l'hémisphère gauche, affecte les performances de jugement hédonique et de familiarité olfactives, ainsi que les capacités de mémorisation à court terme et d'identification.
Pour des raisons thérapeutiques, certains patients reçoivent une implantation d'électrodes intracérébrales. Chez ces patients stimulés

olfactivement, des enregistrements électrophysiologiques de l'amygdale mettent en évidence des potentiels évoqués olfactifs. La latence et l'amplitude de ces réponses sont modifiées selon les conditions expérimentales. Lors d'une tâche de reconnaissance, elles sont plus réduites pendant la phase de rappel que pendant celle de l'encodage, d'autant plus que les odeurs testées sont identiques. L'auteur pense donc que l'amygdale participe aux processus cognitifs de haut niveau tels que l'attention sélective, la mémoire et la prise de décision.
Deux études comportementales sont ensuite menées chez des patients souffrants de schizophrénie ou de la maladie de Parkinson. Elles confirment qu'ils présentent des profils de déficits olfactifs variables selon la pathologie et la tâche olfactive proposée. On peut tenter d'expliquer ces observations par des dysfonctionnements des réseaux neuronaux altérés dans ces différentes maladies neurologiques.

Etude des activités oscillatoires dans les bandes β (15-40 Hz) et γ (60-90 Hz) au sein des voies olfactives centrales chez le rat vigile : Modulation par les odeurs ou/et leur signification comportementale, par Pascal Chabaud

Sous la direction de Rémi Gervais. Soutenue en 2000, à l'Université Claude Bernard, Lyon 1.
La représentation d'un stimulus odorant dans le système nerveux fait intervenir des réseaux de neurones répartis au sein de plusieurs structures olfactives interconnectées dont le bulbe olfactif, le cortex piriforme et le cortex latéral entorhinal. L'activité électrophysiologique du réseau est caractérisée par des oscillations des potentiels de champs locaux comprises entre 1 et 90Hz, dont les implications dans la formation des représentations du stimulus restent encore à éclaircir.
L'étude, réalisée chez le rat vigile, consista à enregistrer simultanément les potentiels de champ locaux dans ces territoires et observer la réponse comportementale face à des stimulus olfactifs. Les signaux ont été traités selon une méthode d'analyse spectrale.
L'auteur montre une modulation des oscillations dans plusieurs bandes de fréquences corrélée avec le sens du stimulus.
La présentation d'une odeur non associée à un renforcement induit une augmentation de la puissance du signal dans une large bande de fréquence.
L'état nutritionnel module ces réponses dans le bulbe olfactif et le cortex latéral entorhinal, sous dépendance de fibres centrifuges cholinergiques.
En comparant des enregistrements au début et à la fin d'un apprentissage de discrimination olfactive, l'auteur montre que

l'échantillonnage du stimulus odorant induit une forte diminution de la puissance de la bande β dans le bulbe olfactif. On montre une augmentation de l'émission dans la bande γ pour tout le système, en durée et en amplitude, tandis que son organisation temporelle s'adapte selon la réponse comportementale.
En fournissant une base de temps commune pour l'organisation de la décharge des neurones, une oscillation à 20Hz commandée par le rythme de flairage, pourrait permettre la synchronisation des activités neuronales de chacune des aires et de leur réseau, contribuant ainsi à une représentation distribuée du stimulus olfactif.

Le traitement affectif des odeurs : Aspects implicites et explicites, par Moustafa Bensafi *
Sous la direction d'André Holley et de Catherine Rouby. Soutenue en 2001, à L'Université Jean Moulin, Lyon 2.

Selon que les stimulus odorants sont jugés plaisants ou déplaisants, ils provoquent des réactions d'approche ou de retrait. Ces réponses comportementales sont conscientes ou inconscientes. Elles peuvent faire l'objet d'apprentissage.
L'objectif était d'étudier le traitement affectif des odeurs implicite, (au travers des effets inconscients du stimulus olfactif sur l'activité cérébrale, sur des jugements affectifs ou sociaux) et explicite (c'est-à-dire exprimés par le sujet qui odore).
L'étude de l'interaction entre valuation hédonique et olfaction a été réalisée en trois étapes :
Tout d'abord, en considérant les effets des états affectifs évoqués par des stimulus plaisants et déplaisants sur des jugements de visages. Trois expériences ont été réalisées, utilisant des paradigmes expérimentaux de la psychologie cognitive (amorçage). Pour l'une d'entre elles, les effets neurophysiologiques ont été révélés par des enregistrements de potentiels évoqués cérébraux.
Dans un deuxième temps, deux expériences ont été conduites pour mesure et comparer les temps de réaction aux stimulus à odeurs plaisantes et déplaisantes.
Enfin, le troisième temps objectivait les variations du système nerveux autonome liées à la perception de stimulus. Durant trois expériences, le rythme cardiaque, la conductance de la peau et les réponses de certains muscles faciaux caractérisant l'état du système nerveux autonome ont été enregistrées.

Les résultats de ces recherches indiquent que les réactions affectives sont le mode spontané de réponse aux odeurs, même si elles peuvent être inhibées. Elles impliquent l'intervention de deux systèmes distincts : un système relativement lent responsable des comportements d'approche, et un autre système plus rapide impliqué dans le comportement de retrait. L'activation de chacun de ces systèmes entraîne des réactions faciales expressives et des réponses du système nerveux autonome spécifiques.

Validation de nouvelles stratégies de *Data Base Mining* appliquées à l'olfaction, par Karine Audouze
Sous la direction de Jacques R. Chrétien, soutenue en 2001 à l'Université d'Orléans.

Le domaine des parfums et des arômes reste un challenge permanent pour la recherche des déterminants chimiques de leur perception. La subjectivité des descriptions d'odeurs, l'absence de données cristallographiques sur les récepteurs olfactifs et la multiplicité des notes odorantes présentées par la plupart des molécules, nuisent à la définition des modèles prédictifs structure/odeur (SOR). L'auteur prône l'utilisation de nouveaux outils de *Data Base Mining*, bien adaptés à l'exploitation de la diversité moléculaire. Ces outils composent avec des techniques dérivées des concepts de la Logique Floue qui fournit des solutions intéressantes aux problèmes de classification dans le cadre de catégories imprécises, parmi lesquels s'insèrent *a priori* bien les descriptions de l'odeur. Proche d'un mode de raisonnement humain, la logique floue, outil mathématique, met en jeu un ensemble de règles de décision concrètes, d'utilisation courante. Elle a été utilisée avec succès pour exploiter les bases de données biochimiques. Les algorithmes de la logique floue sont combinés aux réseaux de neurones formels auto-adaptatifs, pour élaborer une classification supervisée. Les descripteurs moléculaires peuvent constituer les entrées d'un tel système de classification.
Dans les mains de l'auteur, ces techniques montrent effectivement leur capacité à établir des modèles de relation entre structures et odeurs robustes sur deux séries différentes de composés olfactifs, comportant respectivement trois et quatre notes olfactives. En effet, les modèles prédictifs obtenus les plus performants ont permis de classifier correctement, et simultanément, les molécules odorantes d'un lot test avec un taux de prédiction supérieur à 80%.

Modulation fonctionnelle de la neurogenèse dans le bulbe olfactif de mammifère adulte, par Nathalie Mandairon *
Sous la direction d'Anne Didier et de François Jourdan. Soutenue en 2004, à l'Université Claude Bernard, Lyon 1.

Comme la muqueuse olfactive, le bulbe olfactif est le siège d'une neurogenèse permanente. Mais ici elle a lieu à partir de cellules souches qui sont nées ailleurs, migrant depuis une zone de prolifération située en arrière, au niveau des ventricules latéraux de l'encéphale.
On se penche ici sur la plasticité de l'organisation cellulaire dans le bulbe olfactif de la souris adulte, en particulier sur le rôle qu'y tient la neurogenèse. L'hypothèse de travail était qu'elle pouvait être dépendante de la stimulation odorante et de ses conditions.
On confirme tout d'abord que l'entrée sensorielle est nécessaire à la survie des progéniteurs neuronaux intrabulbaires. La lésion des neurorécepteurs olfactifs induit une augmentation unilatérale de la mort cellulaire parmi les progéniteurs. Elle s'accompagne d'une augmentation nette de la prolifération dans le site de prolifération source des cellules souches et dans la zone périventriculaire du bulbe olfactif, mettant en évidence la présence locale de progéniteurs mitotiquement actifs et stimulés après axotomie.
Dans des conditions normales, un pic de cellules nouvellement engendrées est observé dans le bulbe olfactif 30 jours après leur naissance. Ces cellules néoformées disparaissent durant les 150 jours suivants, disparition accélérée par la privation sensorielle (narine bouchée) pendant une période critique (15 à 45 jours).
Enfin, grâce au développement et à la mise en œuvre d'une plateforme d'évaluation des performances olfactives, l'auteur a pu montrer que l'apprentissage olfactif modifie la distribution des cellules granulaires néoformées alors qu'elle renforce le motif d'expression du gène zif/268, marqueur de plasticité synaptique.

Modulations centrifuges sérotoninergiques et orexinergiques des neurones du bulbe olfactif de rat : étude électrophysiologique en *patch-clamp* sur tranche, par Alexandre Hardy
Sous la direction de Patricia Duchamp–Viret. Soutenue en 2004, à l'Université Claude Bernard, Lyon 1.

Le bulbe olfactif est un organe relais sur la voie d'entrée du système olfactif. Site de mise en forme du message olfactif, il reçoit des

influences modulatrices de nombreuses structures plus centrales. Parmi celles-ci, la neurochimie distingue celles supportées par les fibres à sérotonine originaires de noyaux du raphé, exerçant leurs modulations selon les états d'éveil. Des fibres à orexine, originaires de l'hypothalamus, rejoignent le bulbe olfactif et pourraient, elles, jouer un rôle sur la réactivité bulbaire sous dépendance des états nutritionnels.
Les influences de ces deux neurotransmetteurs centrifuges, la sérotonine et de l'orexine, ont été étudiées chez le rat au moyen d'enregistrements de l'activité électrophysiologique des neurones du bulbe olfactif, sur tranche, en patch-clamp.
On voit que la sérotonine active à la fois des cellules juxtaglomérulaires et des cellules mitrales via les récepteurs spécifiques alors qu'elle inhibe d'autres cellules mitrales via l'activation d'interneurones locaux dont le neuromédiateur est l'acide γ-aminobutyrique. L'orexine a également deux types d'actions, directement activatrice et, indirectement inhibitrice, sur deux groupes distincts de cellules mitrales. Ces deux effets mettent en jeu le même récepteur orexinergique. La présence et la localisation des récepteurs orexinergiques dans le bulbe sont établies respectivement par des expériences de RT-PCR et cyto-immunochimiques structurales et ultrastructurales. Originaux, ces résultats confirment l'influence des deux systèmes sur la physiologie du bulbe olfactif. D'une part, ils améliorent la compréhension du rôle de la sérotonine dans le processus de mémorisation olfactive, et d'autre part, alimentent les hypothèses sur le rôle des odeurs dans les comportements alimentaires.

Intégration de méthodes de *Data Mining* dans le domaine de l'olfaction, par Christophe Wechman
Sous la direction de Francis Delmotte et de Jacques R. Chrétien. Soutenue en 2005, à Orléans.

Les études des relations structure/odeurs (SOR) classiques rapprochent les propriétés structurales moléculaires et les descriptions des notes odorantes perçues par le sujet qui odore. Dans toutes les analyses SOR, il est évidemment important de disposer de données olfactives fiables. Or, la qualité des données utilisées dans les travaux sur les rapports entre la structure et l'odeur semble très variable. Dans les meilleurs cas, elles sont soit obtenues par l'interrogation directe de sujets soumis à des échantillons odorants, soit extraites de banques de données dont la fiabilité n'est jamais vérifiée.

L'auteur a analysé par les techniques du *Data Mining* (« fouille des données ») deux grandes bases de données olfactives. Elles sont dérivées respectivement de l'ouvrage de référence d'Arctander et de la base commerciale "*Perfumery Materials and Performance 2001*" (PMP2001, Boelens). La comparaison systématique de leurs contenus informationnels montre que le profil olfactif, (c'est-à-dire des descriptions verbales des odorants), de la plupart des composés communs aux deux bases sont globalement différents !
Il s'avère nécessaire de définir un critère "objectif" capable d'évaluer la qualité absolue et réciproque des deux bases. Ceci a été fait à l'aide de la Partition Floue Adaptative (PFA), méthode dérivée de la Logique Floue. Le critère développé indique que la base PMP2001 confrontée aux données d'Arctander contient des données olfactives de qualité supérieure.
Une analyse SOR s'est ensuite concentrée sur une série de composés extraits uniquement de la base PMP2001. Ici, l'auteur utilise un mode d'analyse alternatif, emprunté aux techniques du *Data Mining* appliqué à l'analyse de bases de données et basé sur des Algorithmes Génétiques et la Logique Floue. La procédure apporte des solutions intéressantes puisque les modèles établis conduisent à un taux de prédiction correcte d'environ 80% sur les lots d'apprentissage et de test.

L'expérience sensorielle du nouveau-né et sa rétention à long terme : une analyse expérimentale de l'apprentissage des odeurs chez l'enfant humain, par Maryse Delaunay-El Allam
Sous la direction de Benoist Schaal. Soutenue en 2007, à l'Université de Dijon.

A la naissance, bébé odore son environnement. On sait même qu'il a déjà pu apprendre à reconnaitre des substances odorantes dans le ventre de sa mère, à fixer leur souvenir jusqu'au-delà de sa naissance et à leur attribuer une valence hédonique. Alors que la vision, le sens dominant aux stades ultérieurs est incomplet, l'olfaction du nouveau-né est bien opérationnelle. Grâce à cette précocité, cette sensorialité pourrait servir de tremplin, de modèle, pour construire les algorithmes cognitifs utilisés plus tard par la vision…
Dans ce cadre, l'auteur avait 3 objectifs : 1) confirmer l'acquisition néonatale des odeurs naturelles du sein maternel ; 2) mettre en évidence la possibilité d'acquisition d'une substance odorante

artificielle lors des premiers épisodes de tétée ; 3) évaluer la qualité de la rétention à très long terme de l'odeur acquise au sein lors des premières semaines postnatales.
L'auteur confirme que le nouveau-né de 3 à 4 jours détecte bien les émissions olfactives maternelles : Il est en particulier attiré par différentes odeurs d'origine mammaire (sein, sécrétions aréolaires, lait) ou non mammaire (cou).
Des nouveau-nés exposés à un odorant exogène (camomille) associé à la tétée au sein acquièrent une préférence envers cet odorant et cette attraction olfactive devient équivalente à celle du lait maternel au bout de 3 à 4 jours si 50% des tétées sont associée à la camomille.
La rétention de l'odeur de camomille acquise lors des premières semaines de tétées est conservée lors de tests réalisés entre 6 et 8 et entre 18 et 23 mois après. Ces résultats démontrent que le nouveau-né humain est attentif aux odeurs de sa mère, et que la tétée au sein est favorable à l'établissement de préférences olfactives multiples. On peut se demander comment elles pourraient influencer les comportements alimentaires ultérieurs, ou des choix sociaux.

Perception et représentation de l'odeur chez les patients souffrant de schizophrénie : Création et exploitation d'un test olfacto-visuel, par Marie-Line Hamtat
Sous la direction de Jack Doron et de Gilles Sicard. Soutenue en 2011, à Bordeaux 2.

Dans la schizophrénie, de nombreux patients présentent un manque de soins d'hygiène personnelle, caractéristique du versant négatif de la symptomatologie. Cette négligence donne parfois naissance à une odeur corporelle nauséabonde, qui, d'antan, fut un élément déterminant du diagnostic.
L'auteur tente ici de donner du sens aux odeurs corporelles dans la schizophrénie. L'hypothèse de travail est que les comportements d'hygiène personnelle pourraient être conditionnés par les capacités altérées du système olfactif des patients, sujet tout juste effleuré jusqu'alors.
Une épreuve d'identification d'échantillons odorants au moyen d'images photographiques des sources d'odeurs potentielles a été normalisée, constituant un test olfacto-visuel (TOV). Dans ce test, l'identification des perceptions se fait en désignant des images des

sources odorantes. Son application a permis de montrer un défaut des capacités d'identification olfactive chez les patients.
Face à des odorants, les participants doivent, par ailleurs, préciser un jugement hédonique de leurs perceptions olfactives et y associer des émotions primaires sélectionnées dans une liste. Grâce à ces tests, on constate chez les témoins que la simple bipolarité attraction / répulsion est une piètre description des retentissements émotionnels de l'odeur. Mais surtout, on confirme que les liens entre odeurs perçues et émotions évoquées par les échantillons odorants sont perturbés chez les patients.
Par ailleurs, l'auteur a mis en place des ateliers thérapeutiques à médiation olfactive, qui ont eu des impacts sur les comportements alimentaires. De plus, on a constaté une évolution clinique positive des comportements d'hygiène personnelle, étayant l'hypothèse du rôle de l'odeur corporelle en tant que gardien de l'existence : L' « être-au-monde odorant » des patients possède une fonction identitaire dans la schizophrénie.

Mise en évidence de transporteurs de la résistance pléiotropique dans la muqueuse olfactive et leur implication dans la réponse aux odorants chez les rongeurs, par Adrien Molinas
Sous la direction d'Ingrid Jakob et de Gilles Sicard. Soutenue en 2011, à Dijon.

A cause de leur position dans la cavité nasale, les neurones récepteurs olfactifs sont très exposés et doivent pouvoir se défendre vis-à-vis des risques chimiques. La résistance pléiotropique qualifie la fonction cellulaire qui permet aux cellules de rejeter ou d'évacuer une très large variété de substances potentiellement toxiques qui pourraient les envahir. Les pompes à l'origine de ce rejet sont des protéines membranaires appartenant à la superfamille ABC (*ATP-Binding Cassette*). Deux membres de cette famille participent à cette résistance, Pgp (*P-glycoprotein*) et MRP1 (*Multidrug Resistance-associated Protein*).
L'expression des gènes codant pour Pgp et MRP1 dans l'épithélium olfactif a d'abord été confirmée par RT-PCR.
L'auteur a également mesuré l'efficacité de ces pompes grâce à un test fluorométrique à la calcéine (protéine porteuse d'une fluorescence sensible au calcium) sur des tranches coronales de la muqueuse olfactive. Les incubations de la préparation avec des inhibiteurs spécifiques des transporteurs de la résistance pléiotropique, vérapamil

ou cyclosporine A pour la pompe Pgp ainsi que probénécide et MK571 pour la pompe MRP1 permet de vérifier quelles sont les voies concernées. Tous ces inhibiteurs provoquent une augmentation significative de l'intensité de la fluorescence intracellulaire portée par la calcéine et captée par les neurones récepteurs olfactifs.
Les transporteurs de la résistance pléiotropique pourraient être impliqués dans la réponse olfactive. Pour s'en rendre compte, l'auteur a examiné les réponses électriques de la muqueuse olfactive évoquées par des odorants (EOG) en présence ou en absence des inhibiteurs. En présence des deux inhibiteurs de MRP1, l'amplitude maximale des EOG est significativement réduite pour chaque stimulus odorant testé, tandis que les inhibiteurs de Pgp n'ont qu'un effet modéré ou nul.

La perception hédonique de l'odeur durant le vieillissement normal et pathologique, par Pauline Joussain
Sous la direction de Moustafa Bensafi, soutenue en 2013, à l'Université Claude Bernard, Lyon 1.

La partition du monde des odeurs selon les pôles déplaisant et plaisant recrute des circuits neuronaux différents. On ne sait pas comment ceux-ci se comportent lors du vieillissement ou des atteintes pathologiques. Avec les armes de la neuro-psychophysiologie, la thèse examine l'évolution de la perception hédonique des odeurs au cours du vieillissement normal et de situations pathologiques (maladie d'Alzheimer).
On confirme une diminution du plaisir olfactif avec l'âge pour les odorants plaisants, alors que la valeur hédonique reste constante pour les odorants déplaisants. L'effet est objectivé d'abord par l'analyse d'électro-encéphalogrammes montrant une diminution de la puissance des ondes β avec l'âge spécifiquement pour les odorants plaisants, et par une étude d'imagerie cérébrale montrant des différences d'activation entre sujets jeunes et sujets âgés beaucoup plus importantes et plus étendues pour les odeurs plaisantes que pour les odeurs déplaisantes.
Puis, il est montré que ces variations de la perception hédonique au cours du vieillissement sont associées à une modification de paramètres de la qualité de vie, la prise alimentaire ou l'état nutritionnel. Par exemple, on observe que la valeur hédonique des seules odeurs alimentaires est perturbée au cours de la chimiothérapie chez des seniors atteints d'un cancer du poumon. Les réponses

physiologiques aux odeurs varient en fonction de l'état nutritionnel chez les personnes âgées. La maladie dégrade le jugement hédonique des odeurs plaisantes par rapport aux témoins, alors qu'il n'est pas modifié pour les odorants déplaisants. Ainsi, la perception des mauvaises odeurs (signalant potentiellement un danger et) impliquées dans les réactions de retrait, est préservée.

Les odeurs, une passerelle vers les souvenirs : Caractérisation des processus cognitifs et des fondements neuronaux de la mémoire épisodique olfactive, par Anne–Lise Saive

Sous la direction de Jean–Pierre Royet et de Jane Plailly, soutenue en 2015 à l'Université Claude Bernard, Lyon 1.

La mémoire épisodique permet de revivre des expériences personnelles ancrées dans un contexte défini, un vécu individuel. Le rappel épisodique olfactif est fondé sur le souvenir de circonstances de la perception, dépassant la simple impression de familiarité, qui ne contient pas l'ensemble du souvenir. Selon certains, les souvenirs rappelés par les stimulus odorants seraient plus détaillés et plus emprunts d'émotion que ceux évoqués par d'autres modalités sensorielles. L'auteur a étudié les processus cognitifs et des mécanismes neuronaux du rappel épisodique olfactif chez l'homme.
Tout d'abord, un instrument novateur proposant à un individu d'expérimenter un environnement virtuel comportant plusieurs dimensions sensorielles a été développé pour permettre l'étude de la mémoire d'épisodes « complexes ». L'univers virtuel construit comprend des stimulations olfactives par des odorants non familiers (quoi), localisées à des emplacements distincts dans un espace virtuel (où), dans un contexte émotionnel (cadre) maitrisés. L'auteur confirme en exploitant cet outil, que l'état émotionnel associé à la perception olfactive facilite le rappel épisodique. Fonctionnellement, la mémoire épisodique olfactive mobilise un large réseau neuronal, constitué de régions cérébrales typiquement impliquées dans la mémoire mise en œuvre lors des expériences de laboratoire comme lors d'évocations de la mémoire autobiographique. On s'aperçoit que les souvenirs avérés mettent en œuvre un réseau neuronal différent de celui activé soit lors de souvenirs prétendus, soit lors de la perception de l'odeur ou de sa ré-évocation lors du souvenir. L'ensemble de ces travaux suggère que le rappel épisodique est un processus dynamique complexe, conditionné dès la perception des odeurs, leur mise en

mémoire, mettant en œuvre plusieurs systèmes de mémoire comme la mémoire perceptive et la mémoire sémantique.

Modélisation des mécanismes moléculaires de la perception des odeurs, par Claire De March

Sous la direction de Jérôme Golebiowski et de Gilles Sicard. Soutenue en 2015, à l'Université de Nice–Sophia Antipolis.

Au cours des vingt dernières années, la modalisation des protéines a tiré profit à la fois de l'amélioration de la description physique des molécules et de leurs interactions (calculs des interactions hydrophobes ou des contacts électrostatiques, minimisation des énergies conformationnelles...) et de l'accroissement de la puissance des ordinateurs. En s'appuyant sur des modèles moléculaires numériques, on s'efforce de décrire l'intimité des interactions entre les molécules odorantes et des récepteurs. La séquence en acides aminés des récepteurs olfactifs est connue à la suite de leurs descriptions par les généticiens.

Dans leur simulation numérique, chaque récepteur olfactif est représenté par un système moléculaire qui est construit atome par atome. Son environnement membranaire est également représenté. Grâce à l'analyse bio-informatique des séquences des récepteurs, l'auteur a pu régler, en particulier, la technique de l'alignement des séquences des récepteurs natifs qui constitue un point clé du succès de la procédure. Ensuite, il a dessiné un protocole optimal pour prédire les structures secondaires et tertiaires de ces récepteurs.

Ainsi, les bases physico-chimiques de la relation entre la séquence d'un récepteur et son mécanisme d'activation par la structure d'une molécule odorante liée à son site accepteur ont pu être testées. Par ailleurs, l'analyse des structures de molécules d'une même famille olfactive (c'est à dire présentant une même note odorante) permet d'identifier le sous-ensemble des récepteurs impliqués dans leur reconnaissance. Les prévisions issues de ces modèles *in silico* peuvent être ensuite testées en vérifiant *in vivo*, la sélectivité des récepteurs olfactifs natifs élus transfectés dans des cellules hôtes par les physiologistes (travaux collaboratifs). La grande cohérence des résultats de ces tests et des prévisions laisse penser que ces procédures modélisatrices constituent bien les bases d'une caractérisation réaliste des relations structure/odeur à l'ère post-génomique. La construction d'un nez *in silico* est en route...

Conclusion : Continuons à être ambitieux !

Au cours de ces quarante années, la Fondation s'est d'abord penchée sur la relation entre la structure des molécules odorantes et l'odeur qu'elles évoquent. Il s'agissait de se faire une idée de la représentation du stimulus dans l'organe récepteur, de révéler la trace sensorielle de l' « odeur », le signal environnemental. Il s'agissait parallèlement de trouver les structures et les fonctions chimiques qui étaient déterminantes pour la récupération d'informations pertinentes par le système olfactif, de découvrir la fabrication d'une représentation de l'environnement chimique et d'envisager sa transmission aux territoires cérébraux de la cognition.

On constate, tout compte fait, de belles avancées sur les deux plans, chimique et biologique. A l'entrée du système olfactif, un encodage combinatoire permet de distinguer et de caractériser, donc de reconnaitre, des myriades de molécules odorantes, sur la base de leur possibilité d'interaction avec des protéines réceptrices. Sonder les neurones récepteurs qui les portent et qui forment un message est un moyen qui permet de révéler l'opinion, en fait le message, que l'organe récepteur transmet au cerveau. Cette entreprise était remarquable, isolée et courageuse. Mais face à la richesse de la combinatoire de l'encodage, l'approche électrophysiologique, l'interrogation directe de neurones uns à uns, donnait une image juste mais trop incomplète du message délivré par la muqueuse olfactive : Alors que la biologie montrait l'existence de plus d'un millier de récepteurs, les électrophysiologistes, qui interrogeaient environ une centaine de neurones récepteurs par année, ont instantanément compris que leur sondage était un peu court et que l'avenir ne leur appartenait plus.

Un autre axe de recherche consistait à décrire comment le message formé, la représentation de l'environnement chimique, était pris en charge par le système nerveux. Un grand nombre des thèses présentées ici tentent de caractériser la cible du message périphérique, le réseau de neurones du bulbe olfactif, où l'on assiste à l'augmentation du gain, au renforcement du contraste, à une mise au point. Là, s'affiche la finesse et la complexité des interactions locales entre les cellules nerveuses qu'on trouve partout dans du cerveau. Pour comble de complexité, des intérêts autres du cerveau qui surveille toute la vie de l'individu, y portent leurs influences : On découvre ainsi des influences rythmiques des centres respiratoires, la mise en alerte suivant l'état d'éveil, les liens essentiels et indispensables vers la mémoire, et même le poids de la satisfaction ou de la répulsion évoquées marque le bulbe olfactif (Kermen et al., 2016) ! En d'autres mots, dès le bulbe olfactif, on assiste à ce qu'on appelle abstraitement une « intégration ». Les acteurs de la fondation ont apporté quelques traits décisifs au dessein de la fonction de cet organe intermédiaire du système olfactif.

Quelques incursions au niveau du cortex piriforme, première cible centrale de l'information olfactive entrante ont confirmé son hétérogénéité fonctionnelle. Cependant, là, on reste, avec l'ensemble de la communauté scientifique, un peu circonspect sur le rôle qu'on doit lui attribuer.

Les chimistes, eux, ont mis tout leur savoir au service d'un phénomène biologique, l'olfaction. Ils étaient contraints, il y a quelques dizaines d'années, de faire l'impasse sur les récepteurs, ils ont inventé des procédures ou démontré l'efficacité de leurs outils pour relier la structure chimique du stimulus olfactif à la note odorante… Ce qui se ressemble sur le plan chimique peut sentir « la même chose », presque une tautologie… Ils nous ont appris que sur le plan chimique, on peut se ressembler de plusieurs manières ! Pourtant les déterminants chimiques de la ressemblance des molécules odorantes, éléments structuraux et fonctionnels, sont sortis de leur patiente, opiniâtre, investigation. Les travaux soutenus par la fondation se sont distingués par le choix des cibles étudiées, les notes odorantes, fixant ainsi le grain de l'image étudiée à une taille « utile » : La note odorante est en effet une notion intelligible, un élément commun de la description de la fragrance, une référence manipulée dans l'univers créatif des aromaticiens et des parfumeurs. Pourtant, critiques consciencieux, les chimistes se sont interrogés sur la qualité des descriptions des odeurs qu'ils manipulaient. Grâce leur alerte, on a bien compris que pour progresser, il faudrait tenter d'améliorer ces descriptions, probablement en reconsidérant les bases même sur lesquelles celles dont on dispose sont établies…

Sur ce chemin conceptuel, l'odeur elle-même, c'est-à-dire la perception olfactive, avec sa dimension mémorielle ou sa dimension émotionnelle, a été éclairée par les psychophysiologistes. Nous avons alors découvert un ensemble de travaux qui se sont préoccupés du contenu de la perception, de ses atteintes, et de sa mémoire, de ses retentissements comportementaux. On sent bien que là, il y a une réflexion à poursuivre. Observer les défaillances du cerveau, démonter

ou briser le réveil pour comprendre comment il marche… nous en sommes là.
Fruit d'une volonté du comité scientifique de la Fondation Roudnitska, mais aussi des évolutions technologiques, on peut distinguer une évolution des préoccupations et des objectifs réalisés de la fondation. La science n'échappe pas à l'air du temps où elle se développe. L'expérimentateur a une tendance à succomber aux modes technologiques. Ici, on voit s'exprimer cette influence clairement, de l'électrode à la biologie moléculaire avec une vision corpusculaire, de l'électrode à l'imagerie cérébrale, avec une vision systémique : La période observée est suffisamment longue pour s'apercevoir que cette tendance est, partiellement au moins, contrecarrée par les secrets de l'objet d'étude lui-même tenace… La matière, fût-elle biologique, est têtue !
Tous ces efforts tentent de comprendre comment le stimulus olfactif est représenté dans le système nerveux qui s'y consacre, comment naît la perception olfactive. Si l'on fait confiance aux compétences évolutives des scientifiques, tout repose sur la pertinence, (la justesse ?), de la description de l'odeur perçue, le contenu plus que le contenant. Arc-boutés sur une description qui cite le nom de la source, faut-il l'envisager d'une autre manière de penser les « odeurs »? Remarquons ici que le sens olfactif, son appréhension se démarque de la vision ou de l'audition. Parce qu'elles permettent de localiser des objets ou des événements, il a été naturel de considérer qu'elles exerçaient leurs compétences dans des « espaces », espaces visuels ou auditifs, qui sont toutefois bien autre chose qu'un espace géométrique en trois dimensions. La physiologie de l'olfaction ne pense pas souvent en ces termes… l'espace olfactif, et pourtant cela pourrait être utile. La notion de champ récepteur, elle aussi, nous semble trop rare.
Les récepteurs s'ils sont le fruit d'une sélection contiennent une part de la réponse : Comment la chercher ? Leur comparaison à grande échelle, peut-elle aider à préciser une définition pertinente de l'odeur ? Faut-il imposer peut-être non pas les « odeurs » qu'on a du mal à décrire, mais plutôt leurs sources qui représenteraient mieux leur nécessité écologique (au sens de Jacques Monod) ! On peut croire là qu'on a une chance avec les noms des « odeurs » (leurs sources), mais ceux-ci sont-ils suffisants pour représenter la nécessité ?
Dans tous les cas, et c'est sans doute remarquable sur le plan historique, pour les chimistes comme pour les biologistes, pendant ces quarante années, les récepteurs ont été considérés comme une tension,

comme des entités hypothèses… Seule la dernière thèse résumée ici, s'engage dans une nouvelle ère, celle de la biologie moléculaire, où il est possible de manipuler des molécules biologiques … et où il sera probablement nécessaire, demain, de propulser de nouvelles conceptions !

Cinquième partie

Le fondateur, Edmond Roudnitska

On trouve de nombreuses biographies d'Edmond Roudnitska. Sa vision personnelle, « Curriculum Vitae », (version française d'un article publié en 1987 dans *Perfumer and Flavorist*) est avancée dans son ouvrage « *Une vie au service du parfum* ». Là, irrépressiblement, une fois de plus, il confie un véritable plaidoyer pour la reconnaissance de l'art du parfum. Mais pour nous, ici, c'est surtout l'occasion des souvenirs. Partageons l'hommage sensible que lui rend son témoin privilégié, sa femme, Thérèse Roudnitska :

Edmond Roudnitska, 1905-1996

« *Il avait vingt ans quand il entra « en parfumerie ». Il vint à la parfumerie non par vocation mais grâce aux heureux hasards de l'existence qui, après ses études, l'avaient fait rêver de voyages lointains vers les îles tropicales où poussent les plantes à parfum, mais qui finalement le firent atterrir dans un laboratoire d'analyses d'une grande Maison grassoise de matières premières.*

Là, Edmond se familiarisa avec les différentes méthodes d'analyse, chimiques et physiques des « temps anciens » et eut à étudier toutes les essences, régionales ou d'origine lointaine. Il fit ce travail avec soin et rigueur, en sentant chaque essence soumise avec un tel intérêt, une telle acuité qu'au bout de quelques mois il pouvait, par exemple, donner la densité d'une essence d'ylang à la troisième décimale près, comme il aimait le raconter. Sa curiosité, sa perspicacité, sa mémoire olfactive n'échappèrent à personne et c'est ainsi qu'au bout de deux ans d'analyses, la place de parfumeur lui fut proposée dans la région parisienne.

Là encore, sans savoir ce qu'était la composition, Edmond accepta et travailla intensément avec le parfumeur senior qui dirigeait le laboratoire mais qui devait quitter la maison trois mois plus tard. Trois mois d'apprentissage avec un homme d'expérience, bon pédagogue, qui sut faire naître en son élève une autre passion que celle du chant, la passion de la parfumerie. Ensuite, seul, Edmond dut répondre à toutes les demandes de bases parfumantes, pour le monde entier, que la Maison recevait. Ainsi, grâce à un travail acharné, grâce à son tempérament méthodique mais imaginatif, il se forgea un métier à toute épreuve, un métier qu'il ne voulut jamais abandonner même dans les moments les plus difficiles. Nous étions dans les années 30. Puis il changea de Maison.

Dans les années 40, des rencontres personnelles lui ouvrirent les portes de la réflexion sur l'Art, sur le Beau. Il eut alors une soif de lectures philosophiques qui, de fil en aiguille, la passion aidant, le mena jusqu'à Kant et jusqu'à Etienne Souriau, professeur d'Esthétique à la Sorbonne. Il fit connaissance de ce « sage » qui avait écrit l' « Avenir de l'Esthétique » en 1929 et parlé le premier de la Science des Formes.

Alors l'esprit d'Edmond, toujours en éveil, la projection de son intelligence, au-delà du "donné", au-delà de l' « acquis » lui firent entrevoir que les parfums et leurs "formes olfactives" pouvaient relever du Beau et il se lança dans l'écriture de son livre « L'Esthétique en Question ». J'en suis témoin, ce fut un travail énorme et une aventure qui dura plusieurs années et qu'il mena de front avec ses recherches de création en parfumerie.

Au cours des années 50 et 60, alors qu'il a pris son indépendance, l'Art devint un de ses principaux objectifs : les musées, les expositions de peinture, de sculpture, des civilisations anciennes, les voyages en Égypte, en Grèce, en Crète, *au Cambodge, rien ne lui échappait. Plusieurs artistes devinrent ses amis, leurs préoccupations créatrices répondaient aux siennes et cela le confortait dans la voie qu'il avait ouverte.*

C'est à cette époque-là que le talent de parfumeur et la personnalité de E. Roudnitska éclatèrent. Bien sûr le parfum Femme *avait vu le jour en 1944, grâce à un travail personnel tenace sur une idée que sa curiosité, et son imagination sans a priori avait engendrée. Mais l'enrichissement déterminé de sa culture, l'affirmation de son goût, la perception intuitive d'un idéal de beauté contribuèrent à la naissance de* Diorissimo *en 1956 et de* l'Eau Sauvage *en 1966, à leur universalité et à leur intemporalité, le temps qui a passé le prouve maintenant. Le rêve de tout artiste se réalisait pour lui.*

Quand, au cours de ces dix dernières années, après une carrière bien remplie Edmond Roudnitska aimait rencontrer les jeunes parfumeurs

et les élèves de l'ISIPCA en particulier, il voulait leur faire comprendre comment il était devenu celui qu'ils venaient écouter. Mais je crois que "se raconter" était difficile pour lui qui était si pudique. C'est pourquoi j'ai voulu lui rendre hommage en essayant de dire comment il s'était construit et par voie de conséquence comment chacun peut, quand il a la flamme intérieure et la foi, prendre sa destinée en main ».
(Thérèse Roudnitska, janvier 1997).

Compositeur de parfums : Œuvres parfumées

Citons les œuvres du créateur de parfums, leurs noms et leurs éditeurs :

1939 : It's You	Elizabeth Arden
1944 : Femme	Marcel Rochas
1946 : Mousseline	Marcel Rochas
1947 : Mouche	Marcel Rochas
1948 : Moustache	Marcel Rochas
1948 : Diorama	Christian Dior
1949 : La Rose	Marcel Rochas
1951 : Eau d'Hermès	Hermès
1952 : On dit	Elizabeth Arden
1955 : Eau Fraîche	Christian Dior
1956 : Diorissimo	Christian Dior
1966 : Eau Sauvage	Christian Dior
1972 : Diorella	Christian Dior
1976 : Dior-Dior	Christian Dior
1987 : Grande Eau d'Hermès	Hermès
1990 : Ocean Rain	Mario Valentino
2000 : Le Parfum de Thérèse	Frédéric Malle[96]

[96] Depuis juin 2000 le *Parfum de Thérèse*, œuvre posthume d'Edmond Roudnitska, créé vraisemblablement depuis plus de cinquante ans et resté caché parce que porté exclusivement par Thérèse Roudnitska, est en vente chez un éditeur de parfums, Frédéric Malle, sous contrat d'exclusivité. Il est intéressant de noter que cette société commercialisant des parfums « de niche » a été achetée par le groupe Estée Lauder en janvier 2015. Cela traduirait-il pour l'industrie du parfum une nécessité de retrouver l'originalité de la création, après des années de production parfumée encadrée par les services marketing et devenant redondante au point d'indisposer le consommateur ? Peut-être une intuition salvatrice pour les œuvres parfumées ?

Ecrivain : Essais et articles

Edmond Roundnitska était avide de partager son art mais aussi sa science. En témoignent de nombreuses conférences qu'il a donné (dont certaines transcrites dans son ouvrage, *Une vie au service du parfum*,1991), mais aussi des écrits :

Roudnitska E. *L'intimité du parfum*. En collaboration, Bourdon R., Moreno O. Editions Olivier Perrin, L'Aigle. 1974.
Roudnistka E. *Former les hommes, mythe ou réalité*. Editions Olivier Perrin, L'Aigle. 1975.
Roudnitska E., Souriau E. *L'esthétique en question* : Introduction à une esthétique de l'odorat. Presses Universitaires De France, Paris. 1977.

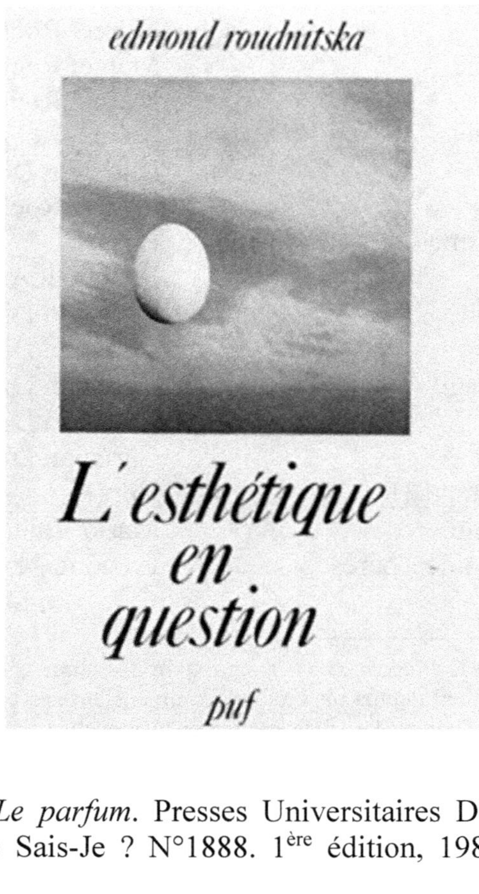

Roudnitska, E. *Le parfum*. Presses Universitaires De France, Paris. Collection : Que Sais-Je ? N°1888. 1ère édition, 1980; 6ème édition, 2000.

Roudnitska, E. *Une vie au service du parfum*. Thérèse Vian (ed.). 1991.

On trouvera aussi une série d'articles dans *Dragoco Report* qui rend compte sur vingt-cinq ans d'une relative stagnation de l'idée que la société se fait de l'art du parfumeur, et de la volonté du créateur de défendre son art :

Roudnitska E. Le jeune compositeur de parfums et les odeurs. *Dragoco Report* n°4, 1962, p. 83.

Roudnitska E. Où en sommes-nous ? *Dragoco Report* n°7, 1965, p. 144.

Roudnitska E. Formes olfactives. *Dragoco Report* n°1, 1976, p. 3.

Arthaud C. Arthaud parle de parfumerie avec Edmond Roudnitska. *Dragoco Report* n°3, 1976, p. 78.

Roudnitska E. Où en sommes-nous en 1981 ? *Dragoco Report* n°1, 1981, p. 3.

Roudnitska E. Le parfumeur débutant devant sa palette. *Dragoco Report* n°1, 1982, p. 3.

Roudnitska E. Où en est la parfumerie française et où va-t-elle ? *Dragoco Report* n°6, 1986, p. 151.

Enfin, on n'évitera pas de lire un chapitre d'un livre collectif, édité en 1991 et réédité en 1994 :

Roudnitska E. The art of perfumery. In *Perfumes: Art, Science and Technology*. Muller P.M., Lamparsky D. (eds.). Elsevier Applied Science, London, New York. 1991. p. 3–50.

Le nom de l'artiste

Jusqu'à aujourd'hui, le nom du créateur de parfums est, le plus souvent, inconnu du public : Le marché de l'Art est ici dominé par des sociétés cannibales[97] au service de la grande consommation, labélisées

---

[97] A titre d'exemple, aux cours des trente dernières années les sociétés productrices de parfums et d'arômes, par phagocytoses successives, ont été regroupées sous de grands labels : En 2015, (selon Leffingwell & Associates, http://www.leffingwell.com/top_10.htm, accédé le 5 aout 2016), les 3 premiers, Givaudan, IFF et Firmenich, se partagent près de 45% du marché des arômes et fragrances. De grandes sociétés spécialisées dans la production de matières premières ont déjà été absorbées (Barbery-Coulon, 2016). En interne, toutes ces entreprises emploient des créateurs de parfums, mais continuent à faire appel aux compositeurs indépendants. Leurs clients sont aussi bien des sociétés de l'industrie

comme « industries du luxe ». Il existe bien des maisons dont le seul objet est la vente de créations parfumées comme Guerlain, rare exemple dont l'entreprise, résistant au temps, est dirigée par une lignée de créateurs de parfum.
Pendant longtemps, ce sont surtout les maisons de haute couture qui ont commercialisé les créations des parfumeurs. Chez Chanel, Dior, Yves Saint Laurent, etc., l'objectif était de magnifier la haute couture – au mieux, le couturier, tandis que le parfum, parfois très prestigieux, apparaissait comme un accessoire abordable. Rappelons que depuis quelques années, des éditeurs de parfums, passent des contrats avec les créateurs, et proposent à une clientèle plutôt avertie, dans de bonnes conditions (en particulier leur conservation) des œuvres signées. Enfin !

Entrepreneur : Art & Parfum

Parmi les actions marquantes d'Edmond Roudnitska, on ne peut pas oublier la création d'une société de production de parfums, Art & Parfum, source de son indépendance de créateur.
Edmond Roudnitska, visionnaire, au cœur du système de production des parfums, s'inquiéta assez vite du statut du compositeur parfum. Reconnu dans son art et respecté, il créa et géra sa marque. Dès 1946, il créa un outil, la société Art & Parfum, pour maitriser sa création. L'année suivante entreprise fut implantée à Cabris, dans un lieu qu'Edmond et sa femme choisirent pour vivre, et grandir. Cet atelier, dirigé par Thérèse Roudnitska, libérait Edmond le compositeur, de certaines contingences matérielles, permettait de produire les formules nées de son esprit et de maintenir la qualité du produit, grâce, en particulier, à la maitrise des matières premières. Les assemblages originaux concentrés, les « jus », étaient livrés aux clients sous contrats d'exclusivité, les « parfumeurs » assurant la diffusion des œuvres et versant des *royalties*.

Une indépendance protectrice

En 2004, après la disparition de Thérèse Roudnitska qui dirigeait depuis toujours Art & Parfum, Michel Roudnitska cherche un

---

du luxe que de grands lessiviers, le marché mondial représente au moins 25 milliards de dollars (P. Denis, Capital, 22 janvier 2015).

successeur capable de conserver la haute image de l'entreprise. Réexaminant le contexte, il imagine en même temps une structure permettant aux créateurs de déléguer la fabrication de leurs compositions, et fournissant une aide pour leur commercialisation. C'est un ancien employé d'Art & Parfum, Olivier Maure, arrivé dans l'entreprise à 19 ans comme technicien, qui va assumer cette responsabilité. Les pépites sont souvent sous le regard des chercheurs… En 2004, il devient gérant des deux sociétés, Accords & Parfums et Art & Parfum. Ouvertes aux jeunes créateurs, le système s'ouvre aux créateurs indépendants[98]. L'entreprise s'occupe de la gestion d'un stock d'environ mille matières premières, essences, extraits ou corps purs – les odeurs, en affiche les prix, compile les articles de la réglementation, sanitaire entre autres. Les compositeurs confient leurs formules, puis grâce à une technicité artisanale aidée aujourd'hui par des robots informatisés, versatiles et précis, Art & Parfum « grave le sillon », c'est-à-dire produit le concentré de parfum prêt à livrer au client, sous contrat d'exclusivité, avec une garantie de qualité.
Trente-quatre parfumeurs indépendants travaillent en 2016 avec Art & Parfum, rémunérés par le paiement d'une redevance à chaque nouvelle pesée. Les contrats garantissent la propriété des formules, imposent une exclusivité avec le client. Dans la parfumerie mondiale, ce modèle de société serait unique.
L'objectif de ces entreprises, assumé noblement par les héritiers, est toujours de décharger les artistes parfumeurs des contraintes matérielles, comme l'avait imaginé, soixante ans plus tôt, Edmond Roudnitska en créant Art & Parfum.

Conclusion : Encore une question…

Edmond Roudnitska, une vie au service du parfum... Une vie bien remplie. Une obsession, la création, le désir de partager, un devoir, la protection des créateurs de parfums.
En 1981, dans un article publié dans *Dragoco Report,* Edmond Roudnitska s'interrogeait : « Où en sommes-nous en 1981 » ? Et il s'empressait de répondre, amer mais plein d'espoir :

---

[98] L'idée d'un centre de fabrication à façon a émergé à la suite des regroupements de sociétés dans l'industrie du parfum, et du recrutement de compositeurs salariés qui laissent beaucoup de compositeurs sur la touche.

« Il y a quinze ans, je posais la même question dans un Dragoco Report. Lorsque je relis ce numéro, je suis frappé par la permanence des mêmes problèmes. Publié aujourd'hui, ce numéro n'aurait pas grand-chose à changer, que ce soit sur les matières premières ou dont l'évolution annoncée s'est poursuive, sur les techniques commerciales dont la pression s'est accentuée, sur la carence de la composition où le nombre n'a pas supplée la qualité.
J'appelais alors de mes vœux un Sauveur, un grand manager-artiste, comme le fut François Coty au début du siècle. On l'attend toujours ».
Un peu plus loin, il constate toutefois : « *S'il y a un domaine où les progrès ont été spectaculaires, c'est celui de la physiologie de l'olfaction, qui nous touche de près. »*
Trente-cinq ans après, changerait-il un mot de ce préambule ?

Bibliographie

Ache B.W. (1994). Towards a common strategy for transducing olfactory stimulation. *Cell Biol* 194:1–21.

Adamek G.D., Gesteland R.C., Mair R.G., Oakley B. (1984). Transduction physiology of olfactory receptor cilia. *Brain Res* 310:87–97.

Adler J. (1969). Chemoreceptors in bacteria. *Science* 166:1588–97.

Adler E., Hoon M., Mueller K., Chandrashekar J., Ryba N., Zuker C. (2000). A novel family of mammalian taste receptors. *Cell* 100:693–702.

Afshar M., Hubbard R.E., Demaille J. (1998). Towards structural models of molecular recognition in olfactory receptors. *Biochimie* 80:129–35.

Ajmani G.S., Suh H.H., Wroblewski K.E., Pinto J.M. (2017). Smoking and olfactory dysfunction: A systematic literature review and met□□analysis. *Laryngoscope* 127:1753–61.

Allen C., Havlicek J., Graéig R.S. (2015). Effect of fragrance use on discrimination of individual body odor. *Front Psychol* 6:1115. DOI: 10.3389.fpsyg.2015.01115.

Alperson–Afil N. (2008). Continual fire-making by Hominins at Gesher Benot Ya'aqov, Israel. *Quaternary Science Reviews* 27: 1733–9.

Altman J. (1969). Autoradiographic and histological studies of postnatal neurogenesis. IV. Cell proliferation and migration in the anterior fore-brain, with special reference to persisting neurogenesis in the olfactory bulb. *J Comp Neurol* 137:433–57.

Amigues S. (2010). (Trad.). *Théophraste, Recherche sur les plantes. A l'origine de la botanique.* Belin, Paris.

Ammoun F. (1983). *Le legs des phéniciens à la Philosophie.* Publications de l'Université libanaise. Section des études philosophiques et sociales. La Librairie Orientale, Beyrouth.

Amoore J.E. (1967). Specific anosmia: a clue to the olfactory code. *Nature* 214:1095–8.

Amoore, J. E (1982). Odor theory and odor classification. In: *Fragrance Chemistry.* Theimer, E.T. (ed.), Academic Press, New York, p. 27–76.

Ampère M.A. (1834). *Essai sur la philosophie des sciences, ou Exposition analytique d'une classification naturelle de toutes les connaissances humaines.* (vol 1). Bachelier, Paris. https://gallica.bnf.fr/ark:/12148/bpt6k3806c. Accédé le 1/03/2019.

Anati E. (2003). *Aux origines de l'art, 50000 ans d'art préhistorique et tribal,* Éditions Fayar.

Annett J.M. (1996). Olfactory memory: A case study of in cognitive psychology. *J Psychol* 130:309–19.

Ardouin P., David C., Maillet M. (1968). Histochimie de la muqueuse olfactive de quelques mammifères. *Acta Oto–Laryngologica* 66:151–160.

Asada R., Kageyama K., Tanaka H., Saitoh Y., Miwa N. (2012). Antitumor and anti-invasive effects of diverse musk-fragrant macrocyclic ketones and their enhancement by hyperthermia. *Mol Med Rep* 5:148–52.

Astic L., Saucier D., Holley A. (1987). Topographical relationships between olfactory receptor cells and glomerular foci in the rat olfactory bulb. *Brain Res* 424:144–52.

Barbery-Coulon L. (2016). Parfums : quand les grands groupes avalent les indépendants. *Le Monde.* https://www.lemonde.fr/m-styles/article/2016/04/26/parfums-quand-les-grands-groupes-avalent-les-independants_4909045_4497319.html

Bargmann C.I. (2006). Chemosensation in C. elegans. *WormBook* 25:1–29. DOI: 10.1895/wormbook.1.123.1, http://www.wormbook.org.

Barkat S., Le Berre E., Coureaud G., Sicard G., Thomas–Danguin T. (2012). Perceptual blending in odor mixtures depends on the nature of odorants and human olfactory expertise. *Chemical Senses* 37:159–66.

Barkat–Defradas M., Motte–Florac E. (2016). *Words for Odours*. Cambridge Scholar Publishing, Cambridge.

Bartels A., Zeki S. (2004). The neural correlates of maternal and romantic love. *NeuroImage* 21:1155–66.

Bartheld C.S. (2004). The terminal nerve and its relation with extrabulbar ''olfactory'' projections: Lessons from lampreys and lungfishes. *Microsc Res Tech* 65:13–24.

Barton R.A., Purvis A., Harvey P.H. (1995). Evolutionary radiation of visual and olfactory brain systems in primates, bats and insectivores. *Phil Trans R Soc Lond B Biol Sci* 348: 381–92.

Başer K.H.C., Altintaş A., Kürkçüoglu M. (2012). A review of the history, ethnobotany, and modern uses of rose petals, rose oil, rose water, and other rose products.. *http://cms.herbalgram.org/herbalgram/issue96/hg96-feat-rose.html*. Accédé le 21 aout 2017.

Basketter D., Kimber I. (2015). Fragrance sensitizers: Is inhalation an allergy risk? *Regul Toxicol and Pharmacol* 73:897–902.

Bastir M., Rosas A., Gunz P., Pena–Melian A., Manzi G., et al. (2011). Evolution of the base of the brain in highly encephalized human species. *Nature Comm* 2–558. DOI: 10–1038/ncomms1593.

Baylin F., Moulton D.G. (1979). Adaptation and cross-adaptation to odor stimulation of olfactory receptors in the Tiger Salamander. *J. Gen. Physiol* 74: 37-55.

Beets M.G.J., Theimer E. (1970). Odour similarity between structurally unrelated odorants. In *Ciba Foundation Symposium on Taste and Smell in Vertebrates.* Eds Wolstenholme G.E.W., Knight. J., Churchill A. London. p. 313–23.

Belgiorno M.R. (2017). *The Perfume of Cyprus from Pyrgos to François Coty the route of a millenary charm*. De Strobel A. (ed.). Nicosia, Cyprus.

Bell G.A., Laing D.G., Panhuber H. (1987). Odour mixture suppression: evidence for a peripheral mechanism in human and rat. *Brain Res.* 426: 8-18.

Bende M., Nordin, S. (1997). Perceptual learning in olfaction b: professional wine tasters versus controls. *Physiology and Behavior* 62:1065–70.

Bensafi M., Brown W., Tsutsui T., Mainland J., Johnson B., et al. (2003). Sex-steroid derived compounds induce sex-specific effects on autonomic nervous system function in humans. *Behav Neurosci* 117:1125–34.

Bensafi M., Tsutsui T., Khan R., Levenson R.W., Sobel N. (2004). Sniffing a human sex-steroid derived compound affects mood and autonomic arousal in a dose dependent manner. *Psychoneuroendocrinol* 29:1290–9.

Benton R., Vannice K.S., Gomez–Diaz C., Vosshall L.B. (2009). Variant ionotropic glutamate receptors as chemosensory receptors in Drosophila. *Cell* 136:149–62.

Berglund H., Lindstrom P., Savic I. (2006). Brain response to putative pheromones in lesbian women. *Proc Natl Acad Sci U SA* 103: 8269–74.

Berta A., Ekdale E.G., Cranford T.W. (2014). Review of the cetacean nose: form, function, and evolution. *Anat Rec (Hoboken)* 297:2205–15.

Billig A.J., Davis M.H., Carlyon R.P. (2018). Neural decoding of bistable sounds reveals an effect of intention on perceptual organization. *J Neuroscience* 38:2844 –53.

Boekhoff I., Tareilus E., Breer H. (1990). Rapid activation of alternative second messenger pathways in olfactory cilia from rats by different odorants. *The EMBO J* 9:2453–58.

Boehm N., Gasser B. (1993). Sensory receptor-like cells in the human foetal vomeronasal organ. *Neuroreport* 4:867-70.

Bohncke S. (1983). The pollen analysis of deposits in a food vessel from the henge monument in North Mains. In *Sites of the third millennium be to the first millennium ad at North Mains, Strathallan, Perthshire.* Barclay G.J. (ed.), Proceedings of the Society of Antiquaries of Scotland 113, 178–80.

Bramerson A., Johansson L., Ek L., Nordin S., Bende M. (2004). Prevalence of olfactory dysfunction: the Skövde population-based study. *Laryngoscope* 114:733–7.

Brandt I., Brittebo E.B., Feil V.J., Bakke J.E. (1990). Irreversible binding and toxicity of the herbicide dichlobenil (2,6-dichloro-benzonitrile) in the olfactory mucosa of mice. *Toxicol Appl Pharmacol* 103:491–501.

Bremner E.A., Mainland J.D., Rehan M., Khan R.H., Sobel N. (2003). The prevalence of androstenone anosmia. *Chem Senses* 28:423–32.

Bren A., Eisenbach M. (2000). How signals are heard during bacterial chemotaxis: protein-protein interactions in sensory signal propagation. *J Bacteriol* 182:6865–73.

Bressler S.L. (1988). Changes in electrical activity of rabbit olfactory bulb and cortex to conditioned odor stimulation. *Behav Neurosci* 102:740-7.

Brooksbank B.W., Cunningham A.E., Wilson D.A. (1969). The detection of androst□□4,16-dien-3-one in peripheral plasma of adult men. Steroids 13:29-50.

Bruce H.M. (1959). An exteroceptive block to pregnancy in the mouse. *Nature* 184:105.

Brun J.P. (1999). Laudatissimum fuit antiquitus in Delo insula. La maison IB du Quartier du stade et la production des parfums à Délos. *Bull Corr Hellénique* 123: 87–155.

Brun J.P. (2003). Une parfumerie romaine sur le forum de Paestum. http://www.centre–jean–berard.cnrs.fr/article/article.pdf. Accédé le 15/02/2019.

Buchbauer G., Jirovetz L., Jager W., Plank C., Dietrich H. (1993). Fragrance compounds and essential oils with sedative effects upon inhalation. *J Pharm Sci* 82:660–4.

Buck L., Axel R. (1991). A novel multigene family may encode odorant receptors: A molecular basis for odor recognition. *Cell* 65:175–87.

Buettner A. (2007). A selective and sensitive approach to characterize odour-active and volatile constituents in small–scale human milk samples. *Flavour Fragrance J* 22:465–73.

Burke S.M., Veltman D.J., Gerber J., Hummel T., Bakker J. (2012). Heterosexual men and women both show a hypothalamic response to the chemo-signal androstadienone. *PLoS ONE* 2012 7:e40993. DOI: 10.1371/journal.pone.0040993.

Buonviso N., Chaput M.A. (1990). Response similarity to odors in olfactory bulb output cells resumed to be connected to the same glomerulus: electrophysiological study using simultaneous single–unit recordings. *J Neurophysiol* 63:447–54.

Buonviso N., Chaput M.A. (2000). Olfactory experience decreases responsiveness in the olfactory bulb in the adult rat. *Neuroscience* 95:325–32.

Bushdid C., Magnasco M.O., Vosshall L.B., Keller A. (2014). Humans can discriminate more than one trillion olfactory stimuli. *Science* 343:1370–2.

Cabuche L. (1901). *Contribution à l'étude des accidents réflexes d'origine nasale.* Carré G. & Naud C. Paris. p. 3.

Cain W. S. (1979). To know with the nose: keys to odor identification. *Science* 203:467–70.

Cain W.S. (1989). Testing olfaction in a clinical setting. *Ear Nose Throat J* 68:322–18.

Cameron E.L. (2014). Pregnancy does not affect human olfactory detection thresholds. *Chem Senses* 39:143–50.

Candau J., Jeanjean A. (2006). Des odeurs à ne pas regarder… *Terrain* 47:51–68.

Carter H. (1978), *La fabuleuse découverte de la tombe de Toutankhamon.* Trad. : Watelet G. J'ai Lu, Editions Pygmalion, Paris. p. 178.

Casanova M. (2007). Les vases à parfum et cosmétiques au Proche-Orient ancien (IVe–IIe millénaire av. J.-C.). In *Une histoire mondiale du parfum*, Grasse M. (ed.), Somogy Edition d'Art, Paris. p. 60–7.

Castel C., Fernandez X., Filippi J.J., Brun J.P. (2009). Perfumes in Mediterranean antiquity. *Flavour Fragrance J* 2: 326–334.

Charlier L., Topin J., Ronin C., Kim S.K., Goddard W.A., et al. (2012). How broadly tuned olfactory receptors equally recognize their agonists. Human OR1G1 as a test case. *Cell Mol Life Sci* 6:4205–13.

Charlier L., Topin J., de March C.A., Lai P.C., Crasto C.J., et al. (2013). Molecular modelling of odorant/olfactory receptor complexes. *Methods Mol Biol.* 1003:53–65.

Chastrette M. (1981). An approach to a classification of odours using physicochemical parameters. *Chemical Senses* 6 :157–63

Chastrette M., Zakarya D. (1988). Sur le rôle de la liaison hydrogène dans l'interaction entre les récepteurs olfactifs et les molécules à odeur de musc. *CR Acad Sci Paris* 307:1185–8.

Chastrette M., De Saint Laumer J.Y., Peyraud J.F. (1993). Adapting the structure of a neural network to extract chemical information. Application to structure-odour relationships. *SAR QSAR Environ Res* 1:221–31.

Chastrette M., Cretin D., el Aïdi C. (1996). Structure-odor relationships: using neural networks in the estimation of camphoraceous or fruity odors and olfactory thresholds of aliphatic alcohols. *J Chem Inf Comput Sci* 36:108–13.

Chastrette M., Elmouaffek A., Sauvegrain P. (1998). A multidimensional statistical study of similarities between 74 notes used in perfumery. *Chem Senses* 13:295–305.

Chaudhari N. (2014). Synaptic communication and signal processing among sensory cells in taste buds. *J Physiol* 592:3387–92.

Chen Y., Getchell M.L., Ding X., Getchell T.V. (1992). Immunolocalization of two cytochrome P450 isozymes in rat nasal chemosensory tissue. *Neuroreport* 3:749–52.

Chen G.Q., Cui C., Mayer M.L., Gouaux E. (1999). Functional characterization of a potassium-selective prokaryotic glutamate receptor. *Nature* 402:817–21.

Chen D., Haviland–Jones J. (2000). Human olfactory communication of emotion. *Percept Mot Skills* 91:771–81.

Chen Z., Zhao H., Fu N., Chen L. (2018). The diversified function and potential therapy of ectopic olfactory receptors in non-olfactory tissues. *J Cell Physiol.* 233:2104–15.

Chuang H.C., Jones T., Chen Y., Bell J., Wenger J., BéruBé K. (2011). Characterisation of airborne particles and associated organic components produced from incense burning. *Anal Bioanal Chem* 401:3095–102.

Cloquet H. (1821). *Dissertations sur les odeurs, sur le sens et les organes de l'olfaction.* Méquignon–Marvis (ed.), Paris.

Clyne P.J., Warr C.G., Freeman M.R., Lessing D., Kim J., Carlson J.R. (1999). A novel family of divergent seven-transmembrane proteins: candidate odorant receptors in Drosophila. *Neuron* 22:327–38.

Corbin A. (1982). *Le miasme et la jonquille. L'odorat et l'imaginaire social, XVIII–XIXe siècles.* Aubier–Montaigne, Paris.

Cornwell R.E., Boothroyd L., Burt D.M., Feinberg D.R., Jones B.C., et al. (2004). Concordant preferences for opposite-sex signals ? Human pheromones and facial characteristics. *Proc R Soc Lond B Biol Sci* 271:635–40.

Costanzo R.M. (2000). Rewiring the olfactory bulb: changes in odor maps following recovery from nerve transection. *Chem Senses* 25:199–205.

Coureaud G., Schaal B., Hudson R., Orgeur P., Coudert P. (2002). Transnatal olfactory continuity in the rabbit: behavioral evidence and short-term consequence of its disruption. *Dev Psychobiol* 40:372–90.

Cox D.F. (1967). The sorting rule model of the consumer product evaluation process. In *Risk taking and information handling in consumer behavior.* Graduate School of Business Administration, Harvard University, Boston, MA, USA. p. 324–69.

Craven B.A., Paterson E.G., Settles G.S. (2010). The fluid dynamics of canine olfaction: unique nasal airflow patterns as an explanation of macrosmia. J R Soc Interface 7 :933–43.

Dade L.A, Zatorre R.J., Jones-Gotman M. (2002). Olfactory learning: convergent findings from lesion and brain imaging studies in humans. *Brain* 125:86-101.

Dalley S. (2013). *The mystery of the hanging garden of Babylon: An elusive world wonder traced.* Oxford University Press. New York.

Damasio A.R. (1995). *L'erreur de Descartes, la raison des émotions.* Trad. Blanc M. Editions Odile Jacob, Paris.

D'aniello B., Luongo L., Rastogi R.K., Di Meglio M., Pinelli C. (2015). Tract-tracing study of the extrabulbar olfactory projections in the brain of some teleosts. *Microsc Res Tech* 78:268–76.

Davis R. G. (1977). Acquisition of verbal associations to olfactory stimuli of varying familiarity and to abstract visual stimuli. *J Experim Psychol : Human Learning & Memory,* 3:37–51.

Debay A. (1856). *Nouveau Manuel du Parfumeur-Chimiste. Les parfums de la toilette et les cosmétiques les plus favorables à la beauté sans nuire à la santé.* Dentu E., Paris. p. 26–7. https://gallica.bnf.fr/ark:/12148/bpt6k96222071?rk=21459;2. Accédé le 1/7/2018 .

De Feydeau E. (2011). *Les Parfums : Histoire, Anthologie, Dictionnaire.* Robert Laffont, Paris.

Dekeirsschieter J., Stefanuto P.H., Brasseur C., Haubruge E., Focant J.F., et al. (2012). Enhanced characterization of the smell of death by comprehensive two-dimensional gas chromatography-time-of-flight mass spectrometry (GCxGC-TOFMS). *PLoS ONE* 7(6):e39005. DOI: 10.1371/journal.pone.0039005t.

Delaleu J.C., Sicard G. (1995). Physiological and histological recovery of the olfactory mucosa of the frog after a dichlobenil injection. *Chem Senses* 20:433–40.

de March C.A., Golebiowski J. (2014). A computational microscope focused on the sense of smell. *Biochimie* 107 3–10.

de March C.A., Ryu S.E., Sicard G., Moon C., Golebiowski J. (2015). Structure–odor relationships reviewed in the postgenomic era". *Flavour and Fragrance Journal.* 30:342–61.

Demski L.S., Northcutt R.G. (1983). The terminal nerve: a new chemosensory system in vertebrates ? *Science* 220:435–7.

Deniz F., Ay S.A., Salihoglu M., Kurt O., Baskoy K, et al. (2016). Thyroid hormone replacement therapy improves olfaction and taste sensitivity in primary hypothyroid patients: A prospective randomised clinical trial. *Exp Clin Endocrinol Diabetes* 124:562-7.

De Rosnay J. (1975). *Le Macroscope : vers une vision globale.* Éditions du Seuil, Paris.

Devanand D.P., Lee S., Manly J., Andrews H., Schupf N., et al. (2015). Olfactory identification deficits and increased mortality in the community. *Ann Neurol* 78:401–11.

Diego M.A., Jones N.A., Field F., Hernandez–Reif M., Schanberg S., et al. (1998). Aromatherapy positively affects mood, EEG patterns of alertness and math computations. *Internac J Neurosci 96:*217–24.

Ding X., Spink D.C., Bhama J.K., Sheng J.J., Vaz A.D., et al. (1996). Metabolic activation of 2,6-dichlorobenzonitrile, an olfactory-specific toxicant, by rat, rabbit and human cytochromes P450. *Mol Pharmacol* 49:1113–21.

Dittman A.H., Quinn T.P., Nevitt G.A. (1996). Timing of imprinting to natural and artificial odors by coho salmon (*Oncorhynchus kisutch*). *Can J Fish Aquat Sci* 53:434–42.

Djordjevic J., Zatorre R.J., Petrides M., Boyle J.A., Jones-Gotman M. (2005).Functional neuroimaging of odor imagery. *Neuroimage* 24:791-801.

Dodinet E. (2007) . Les parfums en Méditerranée et au proche Orient à l'âge du bronze. In *Une histoire mondiale du Parfum.* Grasse M.C (ed.), Somogy Edition d'Art, Paris. p. 77.

Dodinet E. (2008). Le rôle des substances parfumées dans leurs fonctions matérielles et symboliques au Proche-Orient à l'Âge du Bronze (3400–1300 avant notre ère). In *Parfums et odeurs dans l'Antiquité.* Bodiou L., Frère D., Merle V. (eds.). Presse Universitaire de Rennes, Rennes. p. 119–27.

Dodinet E. (2014). Les fonctions des substances odorantes à l'âge du bronze au Levant, quels antécédents pour les parfums ? In *Corps Sensibles - Usages et langages des sens.* Gélard M.L. (ed.). Presses Universitaires De Nancy.

Dodinet E. (2018). Odeurs et parfums en Méditerranée archaïque. Analyse critique des sources. *Pallas* 106 : 17–41.

Dorries K.M., Adkins, R.E., Halpern, B.P. (1997). Sensitivity and behavioral responses to the pheromone androstenone are not mediated by the vomeronasal organ in domestic pigs. *Brain Behav Evol* 49:53–62.

Doty R.L., Ford M., Preti G., Huggins G.R. (1975). Changes in intensity and pleasantness of human vaginal odors during menstrual-cycle. *Science* 190:1316–8.

Doty R.L., Brugger W.E., Jurs P.C., Orndorff M.A., Snyder P.J., et al. (1978a). Intranasal trigeminal stimulation from odorous volatiles: psychometric responses from anosmic and normal humans. *Physiol Behav* 20:175–85

Doty R.L., Orndorff M.M., Leyden J., Kligman A. (1978b). Communication of gender from human axillary odors: Relationship to perceived intensity and hedonicity. *Behavioral Biology* 23:373–80.

Doty R.L., Green P.A., Ram C., Yankell S.L. (1982). Communication of gender from human breath odors: relationship to perceived intensity and pleasantness. *Horm Behav* 16:13–22.

Doty R.L., Shaman P., Dann M. (1984). Development of the University of Pennsylvania Smell Identification Test: a standardized microencapsulated test of olfactory function. *Physiol Behav* 32:489–502.

Doty R.L., Ferguson–Segall M. (1989). Influence of adult castration on the olfactory sensitivity of the male rat: a signal detection analysis. *Behav Neurosci* 103:691–4.

Doty R.L. (2001). Olfaction. *Annu. Rev. Psychol* 52:423–52.

Doty R.L., Bromley S.M. (2004). Effects of drugs on olfaction and taste. *Otolaryngol Clin N Am* 37:1229–54.

Doty R.L., Cameron E.L. (2009). Sex differences and reproductive hormone influences on human odor perception. *Physiol Behav* 97:213–28.

Doucette W., Gire D.H., Whitesell, J., Carmean V., Lucero M.T., et al. (2011). Associative Cortex Features in the First Olfactory Brain Relay Station. *Neuron* 69:1176–87.

Dubas J., Heijkoop M., Aken M. (2009). A preliminary investigation of parent-progeny olfactory recognition and parental investment. *Human Nature* 20:80–92.

Dubur–Jarrige M.A. (2001). L'atelier du parfumeur en Crète et en Grèce à l'Âge du Bronze. In Brun J.P., Jockey P. (eds.), *Techniques et sociétés en Méditerranée.* Maisonneuve & Larose, Paris. p. 423–440.

Duchamp A., Revial M.F., Holley A., Mac Leod P. (1974). Odor discrimination by frog olfactory receptors. *Chem Senses* 1:213–33.

Duchamp–Viret P., Duchamp A., Sicard G. (1990). Olfactory discrimination over a wide concentration range. Comparison of receptor cell and bulb neurons abilities. *Brain Res* 517:256–62.

Edwards M., Roudnitska M. (2000). *Fragrances of the World.* Auto-édition, *imprimée par* The Pot Still Press, Sydney.

Egid K., Brown J.L. (1989). The Major Histocompatibility Complex and female mating preferences in mice. *Anim Behav* 38:548–50.

Elisseeff D. (2007). Le parfum en Chine. In *Une histoire mondiale du parfum*. M. Grasse (ed.), Somogy Edition d'Art, Paris. p. 282–84.

Ellena J.C. (2011). *Journal d'un Parfumeur*. Sabine Wespieser éditeur, Paris.

Ellena J.C. (2012). Le Parfum. *Que sais-je ? N° 1888*, Presses Universitaires de France, Paris.

Elsner R.J. (2001). Odor threshold, recognition, discrimination and identification in centenarians. *Archiv Gerontol Geriatr* 33:81–94.

Eminet B.P., Chastrette M. (1983). Discrimination of camphoraceous substances using physicochemical parameters. *Chemical Senses* 7:293–300.

Engen T., Lipsitt L.P. (1965) Decrement and recovery of responses to olfactory stimuli in the human neonate. *J Comp Physiol Psychol* 59:312–6.

Engen T., Kuisma J.E., Eimas P.D. (1973a). Short-term memory of odors. *J Experim Psychol* 99:222–5.

Engen T., Ross B.M. (1973b). Long-term memory of odors with and without verbal descriptions. *J Experim Psychol* 100:221–7.

Erikson R.P. (1963). Sensory neural patterns and gustation. In *Olfaction and Taste.* Zotterman Y. (ed.), Pergamon Press, Oxford. p. 205–13.

Farrar L. (2016). *Gardens and gardeners of the ancient world. History, myth & archaeology*. Windgather Press, Oxford. p. 55.

Faurion A. (1988). Naissance et obsolescence du concept de quatre qualités en gustation. *J Agric Trad Bot Applic* 35:21–40.

Fechnet A., Fong S. McGovern P. (2008). A review of Kallmann syndrome: genetics, pathophysiology, and clinical management. *Obstet Gynecol Surv* 63:189–94.

Fendt M., Endres T., Lowry C.A., Apfelbach R., McGregor I.S. (2005). TMT-induced autonomic and behavioral changes and the neural basis of its processing. *Neurosci Biobehav Rev* 29:1145–56.

Ferry B., Wirth S., Di Scala G. (1999). Functional interaction between entorhinal cortex and basolateral amygdala during trace conditioning of odor aversion in the rat. *Behav Neurosci* 113:118–25.

Fields D. (2007). Sex and the Secret Nerve. *Scientific American MIND* 18:21–7.

Floriano W.B., Vaidehi N., Goddard W.A., Singer M.S., Shepherd D. (2000). Molecular mechanisms underlying differential odor responses of a mouse olfactory receptor. *Proc Natl Acad Sci USA* 97:10712–16.

Fourcroy A.F. (1798). Sur l'esprit recteur de Boerhaave, l'arôme des chimistes français. Ou le principe de l'odeur des végétaux, *Annales de chimie. Recueil de mémoires concernant la chimie et les arts qui en dépendent*, Paris, Fuchs et Guillaume, n° 26, p. 232–50.

Frank R.A., Rybalsky K., Brearton M., Mannea E. (2011). Odor Recognition Memory as a Function of Odor-Naming Performance. *Chem Senses* 36:29–41.

Freitag J., Ludwig, G., Andreini I., Rossler P., Breer H. (1998). Olfactory receptors in aquatic and terrestrial vertebrates. *J Comp Physiol [A]* 183:635–50.

Frye R.E., Schwartz B.S., Doty R.L. (1990). Dose-related effects of cigarette smoking on olfactory function. *J Amer Med Assoc* 263:1233–6.

Fukui H., Komaki R., Okui M., Toyoshima K., Kuda K. (2007). The effects of odor on cortisol and testosterone in healthy adults. *Neuroendocrinol Lett* 28:433–7.

Garnier N., Dodinet E. (2012). L'étude interdisciplinaire des parfums anciens au prisme de l'archéologie, la chimie et la botanique : L'exemple de contenus de vases en verre sur noyau d'argile (Sardaigne, VIe–IVe s. av. J.-C.). *Archeo–Sciences* 36:47–59.

Gaudel F., Stephan D., Landel V., Sicard G., Féron F., et al. (2018). Expression of the cerebral olfactory receptors Olfr110/111 and Olfr544 is altered during aging and in Alzheimer's disease-like mice. *Mol Neurobiol* 56:2057-2072.

Gayoso J.A., Castro A., Anadon R., Manso M.J. (2011). Differential bulbar and Extrabulbar projections of diverse olfactory receptor neuron populations in the adult zebrafish (Danio rerio). *J Comp Neurol* 519:247–76.

Gerkin R.C., Castro J.B. (2015). The number of olfactory stimuli that humans can discriminate is still unknown. *eLife* 4:e08127 DOI: 10.7554/eLife.08127.

Gesteland R.C., Lettvin J.Y., Pitts W.H., Rojas A. (1963). Chemical transmission in the nose of the frog. *J Physiol London* 181:525–59.

Getchell TV, Margolis FL, Getchell ML. (1984). Perireceptor and receptor events in vertebrate olfaction. *Prog Neurobiol* 23:317–45.

Getchell, M.L., Chen, Y., Sparks, D.L., Ding, X., Getchell, T.V. (1993). Immunohistochemical localization of a cytochrome P-450 isoenzyme in human nasal mucosa: Age-related trends. *Ann. Otol. Rhin. Laryngol.* 102:368–74.

Girard M., Maley J. (1999). La sépulture féminine du cercueil en plomb du quartier Trion-Gerlier de Lyon (IVe siècle ap. J.-C.). Analyses polliniques. *Rev Archeol. de l'Est* 50 : 397-405.

Gittleman J.L. (1991). Carnivore olfactory bulb size: allometry, phylogeny and ecology. *J Zool* 225: 253–72.

Govorunova E.G., Sineshchekov O.A. (2005). Chemotaxis in the green flagellate alga Chlamydomonas. *Biochemistry (Mosc)* 70:717–25.

Gower D.B., Holland K.T., Mallet A.I., Rennie P.J., Watkins W.J. (1994). Comparison of 16-androstene steroid concentrations in sterile apocrine sweat and axillary secretions: interconversions of 16-androstenes by the axillary microflora – a mechanism for axillary odour production in man? *J Steroid Biochem Mol Biol* 48: 409–18.

Greer P. L., Bear D.M., Lassance J.M., Bloom M.L., Tsukahara T., et al. (2016). A Family of non-GPCR Chemosensors Defines an Alternative Logic for Mammalian Olfaction. *Cell*, 165:1734–48.

Groot J.H.B., Smeets M.A.M. (2017). Human fear chemosignaling: Evidence from a meta-analysis. *Chem Senses* 42:663–73

Gross–Isseroff R., Lancet D. (1988). Concentration-dependent changes of perceived odor quality. *Chem Senses* 13:191–204.

Gheusi G, Cremer H, McLean H, Chazal G, Vincent JD, et al. (2000). Importance of newly generated neurons in the adult olfactory bulb for odor discrimination. *Proc Natl Acad Sci USA* 97:1823–8.

Guillot M. (1948). Anosmies partielles et odeurs fondamentales. *C R Acad Sci Paris* 226:1307–9.

Guillot M. (1948). Sur quelques caractères des phénomènes d'anosmie partielle. *C R Soc Biol Paris* 142:161–62.

Guthrie K.M., Holmes J., Leon M. (1995). Focal 2-DG uptake persists following olfactory bulb lesions. *Brain Res Bull* 38:129–34.

Hamdy R. (2007). The plant remains of intact garlands present at the Egyptian museum of Cairo. In *Fields of change. Progress in African Archaeobotany*. Cappers R.T.J. (ed.), Barkhuis Publishing, Groningen University Library, Groningen. p. 115–26.

Hamm S., Bleton J., Connan J., Tchapla A. (2005). A chemical investigation by headspace SPME and GC-MS of volatile and semi-volatile terpenes in various olibanum samples. *Phytochemistry* 66: 1499–514.

Hanifin J.M., Reed M.L. (2007). Eczema Prevalence and Impact Working Group. A population-based survey of eczema prevalence in the United States. *Dermatitis* 18:82–91.

Hatt H., Gisselmann G., Wetzel C.H. (1999). Cloning, functional expression and characterization of a human olfactory receptor. *Cell Mol Biol (Noisy-le-Grand)*. 45:285-91.

Havlicek J., Lenochova P. (2006). The effect of meat consumption on body odor attractiveness. *Chem Senses* 31:747-52.

Hayden S., Bekaert M., Crider T.A., Mariani S., Murphy W.J., et al. (2010). Ecological adaptation determines functional mammalian olfactory subgenomes. *Genome Res* 20:1–9.

Hayes J.E., McGreevy P.D., Forbes S.L., Laing G., Stuetz R.M. (2018). Critical review of dog detection and the influences of physiology, training, and analytical methodologies. *Talanta* 185:499–512.

Hepper P.G., Waldman B. (1992). Embryonic olfactory learning in frogs. *J Quart Exp Psychol* 44B :179–97.

Hepper F.N. (2009). Pharaoh's Flowers: The Botanical Treasures of Tutankhamun, Second Edition. KWS Publishers, Chicago.

Herr C.E., Zur Nieden A., Kopka I., Rethage T., Gieler U., et al. (2009). Assessment of somatic complaints in environmental health. *Int J Hyg Environ Health* 212:27–36.

Herz R.S. (2002). Influences of Odors on *Mood* and Affective Cognition. In *Olfaction taste and cognition.* Rouby et al. (eds.). Cambridge University Press, Cambridge. p. 160–177.
Herz R.S., Schankler C., Beland S. (2004). Olfaction, emotion and associative learning: Effects on motivated behavior. *Motiv Emot* 28:363–83.
Hildebrand E., Dencher N. (1975). Two photosystems controlling behavioural responses of *Halobacterium halobium. Nature* 257:46–8.
Hladik C.M., Robbe B., Pagézy H. (1986). Sensibilité gustative différentielle des populations pygmées et de forêt dense de soudaniens et d'Eskimos en rapport avec l'environnement. *C R Acad Sci* 303:453–8.
Holland R.W., Hendriks M., Aarts H. (2005). Smells like clean spirit: Nonconscious effects of scent on cognition and behavior. *Psychol Sci* 16: 689–93.
Howard J.D., Gottfried J.A. (2014). Configural and elemental coding of natural odor mixture components in the human brain. *Neuron* 84:857–69.
Hu J., Zhong C., Ding C., Chi Q., Walz A., et al. (2007). Detection of near-atmospheric concentrations of CO2 by an olfactory subsystem in the mouse. *Science* 317:953–7.
Hublin J.J., Seyre B. (2011). *Quand d'autres hommes peuplaient la Terre. Nouveaux regards sur nos origines.* Champs, Flammarion, Paris.
Hudson R., Distel H. (1983). Nipple location by newborn rabbits: Behavioural evidence for pheromonal guidance. *Behaviour* 85:206–275.
Hudson, R., Distel, H. (1987). Regional autonomy in the peripheral processing of odor signals in newborn rabbits. *Brain Res* 421:85–94.
Hughes G.M., Teeling E.C., Higgins D.G. (2014). Loss of olfactory receptor function in hominin evolution. *PLoS ONE* 9(1):e84714. DOI: 10.1371/journal.pone.0084714.
Husson F., Le Dien S., Pagès J. (2001). Which value can be granted to sensory profiles given by consumers? Methodology and results. *Food Quality and Preference* 12:291–296.
Jacob S., McClintock M.K. (2000). Psychological state and mood effects of steroidal chemosignals in women and men. *Horm. Behav.* 37: 57–78.
Jacob S., Garcia S., Hayreh D., McClintock M.K. (2002). Psychological effects of musky compounds: comparison of androstadienone with androstenol and muscone. *Horm Behav* 42:274–83.
Jadauji J.B., Djordjevic J., Lundström J.N., Pack C.C. (2012). Modulation of olfactory perception by visual cortex stimulation. *J Neurosci* 32:3095–100.
Jehl C., Royet J.P., Holley A. (1995). Odor discrimination and recognition memory as a function of familiarization. *Percept Psychophys* 57:1002-11.
Jemiolo B., Harvey S., Novotny M. (1986). Promotion of the Whitten effect in female mice by synthetic analogs of male urinary constituents. *Proc Natl Acad Sci USA* 83:4576-9.
Jinks A., Laing D.G. (1999). A limit in the processing of components in odour mixtures. *Perception* 28:395–404.
Joal J. (1903). Odeurs et troubles digestifs. M*onographie imprimée.* Rueff J. et Cie, Paris. 23 pages. http://gallica.bnf.fr/ark:/12148/bpt6k5545629d.
Johnson B.A., Woo C.C., Hingco E.E., Pham K.L., Leon M. (1999). Multidimensional chemotopic responses to n-aliphatic acid odorants in the rat olfactory bulb. *J Comp Neurol* 409:529–48.

Kadohisa M. (2013). Effects of odor on emotion, with applications. *Frontiers in Syst Neurosc* 7(66). DOI: 10.3389/fnsys.2013.00066

Karlson P., Luscher M. (1959). 'Pheromones': a new term for a class of biologically active substances. *Nature* 183:55–56.

Katada S., Nakagawa T., Kataoka H., Touhara K. (2003). Odorant response assays for a heterologously expressed olfactory receptor, Biochem. *Biophys Res Commun* 305:964–69

Katotomichelakis M., Balatsouras D., Tripsianis G., Davris S., Maroudias N., et al. (2007). The effect of smoking on the olfactory function. *Rhinology* 45:273–80.

Kaupp U.B. (2010). Olfactory signalling in vertebrates and insects: differences and commonalities. *Nat Rev Neurosci* 11:188–200.

Kavoi B.M., Jameela H. (2011). Comparative morphometry of the olfactory bulb, tract and stria in the human, dog and goat. *Int J Morphol 29*:939–46.

Kay L.M., Laurent G. (1999). Odor and context-dependent modulation of mitral cell activity in behaving rats. *Nature Neuroscience* 2:1003–9.

Keller A., Margolis F.L. (1975) Immunological studies of the rat olfactory marker protein. *J Neurochem* 24:1101–6.

Keller A., Zhuang H., Chi Q., Vosshall L.B., Matsunami H. (2007). Genetic variation in a human odorant receptor alters odour perception. *Nature* 449:468–72.

Kenneth J.H. (1923). Mental reactions to smell stimuli. *Psychol Rev* 30:77–9.

Kent P.F., Youngentob S.L., Sheehe P.R. (1995). Odorant-specific patterns in mucosal activity predict perceptual differences among odorants. *J Neurophysiol* 74:1777–81.

Kermen F., Midroit M., Kuczewski N., Forest J., Thévenet M., et al. (2016). Topographical representation of odor hedonics in the olfactory bulb. *Nat Neurosci* 19:876–8.

Keverne E.B., Kendrick K.M. (1992). Oxytocin facilitation of maternal behavior in sheep. *Ann N-Y Acad Sci* 652:83-101

Kimura D. (2001). *Cerveau d'homme, cerveau de femme ?* Trad. Desjeux M.F. Editions Odile Jacob, Paris.

Kilgard M.P., Pandya P.K., Vazquez J., Gehi A., Schreiner C.E. et al.(2001). Sensory input directs spatial and temporal plasticity in primary auditory cortex. *J Neurophysiol* 86, 326–38.

Kirk–Smith M.D., Van Toller C., Dodd G.H. (1983). Unconscious odour conditioning in human subjects. *Biol Psychol* 17:221–31.

Kishida T., Thewissen J., Usip S., Suydam R.S., George J.C. (2015). Organi-zation and distribution of glomeruli in the bowhead whale olfactory bulb. *PeerJ, 3*:e897 DOI: 10.7717/peerj.897.

Knasko S.C., Gilbert A.N., Sabini J. (1990). Emotional state, physical well-being, and performance in the presence of feigned ambient odor. *J Appl Soc Psychol* 20:1345–1357.

Ko H.J., Lee S.H., Oh E.H., Park T.H. (2010). Specificity of odorant-binding proteins: a factor influencing the sensitivity of olfactory receptor-based biosensors. *Bioprocess Biosyst Eng* 33:55–62.

Koelega H.S. (1994a). Diurnal variations in olfactory sensitivity and the relationship to food intake. *Percept Mot Skills* 78:215–26.

Koelega H.S. (1994b). Sex differences in olfactory sensitivity and the problem of the generality of smell acuity. *Percept Mot Skills* 78:203–13.
Kohonen T. (1982). Self–Organized Formation of topologically correct feature maps. *Biological Cybernetics* 46:59–69.
Komori T., Matsumoto T., Motomura E., Shiroyama T. (2006). The sleep-enhancing effect of valerian inhalation and sleep–shortening effect of lemon inhalation. *Chem Senses* 31:731–737.
Kramer S.N. (1963) *The Sumerians. Their history, culture and character.* The University of Chicago Press, Chicago & London. p.93-8.
Krautwurst D., Yau K.W., Reed R.R. (1998). Identification of ligands for olfactory receptors by functional expression of a receptor library. *Cell* 95:917–26.
Krestel D., Passe D., Smith J.C., Jonsson D.L. (1984). Behavioral determination of olfactory thresholds to amyl acetate in Dogs. *Neuroscience & Bio-behavioral Review,* 8:169–74.
Laborit H., Weber B. (1959). The value of application of cybernetic principles to physiological regulatory mechanisms. *Intern Bec Méd* 172:258–70.
Laing D.G., Glemarec A. (1992). Selective attention and the perceptual analysis of odor mixtures. *Physiol Behav* 52:1047–53.
Lajoux J.D. (2012). *Murs d'images, Art rupestre du Sahara préhistorique.* Actes Sud, Arles.
Lang J., Rakasz V., Magyar A., Pallinger E., Kőhidai L. (2011). Chemotactic effect of odorants and tastants on the ciliate Tetrahymena pyriformis. *J. Receptors and Signal Transduction* 31: 423–433).
Larsson M., Finkel D., Pedersen N.L. (2000). Odor identification: influences of age, gender, cognition, and personality. *J Gerontol B Psychol Sci Soc Sci* 55:304–10.
Larsson M., Willander J. (2009). Autobiographical Odor Memory. *Ann NY Acad Sci* 1170:318–23.
Larsson L., Laska M. (2011). Ultra-high olfactory sensitivity for the human sperm-attractant aromatic aldehyde bourgeonal in CD-1 mice. *Neurosci Res* 71:355-60.
Laska M., Hudson R. (1993). Discriminating parts from the whole determinants of odor mixture perception in squirrel-monkeys, Saimiri-Sciureus. *J Comp Physiol Sensory Neural Behav Physiol* 173:249–56.
Laska M., Koch B., Heid B., Hudson R. (1996). Failure to demonstrate systematic changes in olfactory perception in the course of pregnancy: a longitudinal study. *Chem Senses* 21:567–5.
Laska M., Fendt M., Wieser A., Endres T., Hernandez Salazar L.T., et al. (2005). Detecting danger – or just another odorant? Olfactory sensitivity for the fox odor component 2,4,5-trimethylthiazoline in four species of mammals. *Physiol Behav* 84:211–5.
Laurent G., Werh M., Macleod K., Stopfer M.,Leitch B., Davidowitz H. (1996). Dynamic encoding of odors with oscillating neuronal assemblies in the locust brain. *Biol Bull* 191:70–5.
Laurent G. (1999). A systems perspective on early olfactory coding. *Science* 286:723–728.
Lawless H., Engen T. (1977). Associations to odors: Interference, mnemonics, and verbal labeling. *J Experim Psychol Human Learning and Memory* 3:52–59.

Le Berre E., Thomas–Danguin T., Béno N., Coureaud G., Etiévant P., et al. (2008). Perceptual processing strategy and exposure influence the perception of odor mixtures. *Chem. Senses* 33:193–9.
Le Berre E., Jarmuzek E., Béno N., Etiévant P., Prescott J., et al. (2010). Learning influences the perception of odor mixtures. *Chemosens Percept* 3:156–66.
Le Guérer A. (2005). *Le Parfum : des origines à nos jours*, Odile Jacob, Paris.
Lehrner J., Marwinski, G., Lehr, S., Johren, P., Deecke, L. (2005). Ambient odours of orange and lavender reduce anxiety and improve mood in a dental office. *Physiology and Behaviour* 86:92–5.
Leibovici M., Lapointe F., Aletta P., Ayer–Le Lievre C. (1996). Avian olfactory receptors: differentiation of olfactory neurons under normal and experimental conditions. *Dev Biol* 175:118–31.
Le Magnen J. (1948). Un cas de sensibilité olfactive se présentant comme un caractère sexuel secondaire féminin. *C R Hebd Seances Acad Sci 226*:694–5.
Le Magnen J. (1952). Les phénomènes olfacto-sexuels chez l'homme. *C R Acad Sci Biol* 6:125–60.
Lenochová P., Vohnoutová P., Roberts S.C., Oberzaucher E., K., Havlíček J. (2012). Psychology of fragrance use: perception of individual odor and perfume blends reveals a mechanism for idiosyncratic: effects on fragrance choice. *PLoS ONE* 7(3):e33810. DOI: 10.1371/journal.pone.0033810.
Levey M. (1954). Perfumery in ancient Babylonia. *J Chem Educ* 31:375–7.
Levey M. (1960). A group of Akkedian texts on perfumery. *Chymia* 6:11–9.
Levy F., Kendrick K.M., Goode J.A., Guevara–Guzman R., Keverne E.B. (1995). Oxytocin and vasopressin release in the olfactory bulb of parturient ewes: changes with maternal experience and effects of acetylcholine, γ-aminobutyric acid, glutamate and noradrenaline release. *Brain Res* 669: 197–206.
Li W., Luxenberg E., Parrish T., Gottfried J.A. (2006). Learning to smell the roses: experience-dependent neural plasticity in human piriform and orbitofrontal cortices. *Neuron* 52:1097–108.
Li W., Moallem I., Paller K.A., Gottfried J.A. (2007). Subliminal smells can guide social preferences. *Psychol Sci* 18:1044–9.
Liberles S.D., Buck L.B. (2006). A second class of chemosensory receptors in the olfactory epithelium. *Nature* 442:645–50.
Liman E.R., Innan H. (2003). Relaxed selective pressure on an essential component of pheromone transduction in primate evolution. *Proc Natl Acad Sci USA* 100:3328–32.
Linster C., Cleland T.A. (2004). Configurational et elemental odor mixture perception can arise from local inhibition. *J Comput Neurosci* 16:39–47.
Liu J.J., Sturrock R., Ekramoddoullah A.K. (2010). The superfamily of thaumatin-like proteins: its origin, evolution, and expression towards biological function. *Plant Cell Rep* 29:419–36.
Livermore A., Hummel, T., Kobal G. (1992). Chemosensory event-related potentials in the investigation of interactions between the olfactory and the somato-sensory (trigeminal) system. *Electroencephal clinic Neurophysiol* 83:201–10.
Livermore A., Hutson M., Ngo V., Hadjisimos R., Derby C.D. (1997). Elemental and configural learning and the perception of odorant mixtures by the spiny lobster Panulirus argus. *Physiol Behav* 62:169–74.

Löbel D., Marchese S., Krieger J., Pelosi P., Breer H. (1998). Subtypes of odorant-binding proteins-heterologous expression and ligand binding. *Eur J Biochem* 254:318–24.

Loch D., Breer H., Strotmann J. (2015). Endocrine Modulation of Olfactory Responsiveness: Effects of the Orexigenic Hormone Ghrelin. *Chem Senses* 40:469–79.

Lorenz K. (1960). Companionship in bird life. Fellow Members of the Species as Releasers of Social Behavior. In Instinctive Behavior. The development of modern concept. Schiller C.H. (ed., trad.), International Universities Press, New York. p. 84-128.

Lorig T.S., Schwartz G.E. (1987). EEG activity during relaxation and food imagery. *Psychophysiol* 24:599.

Lorig T.S., Roberts M. (1990). Odor and cognitive alteration of the contingent negative variation. *Chemical Senses* 15:537–45.

Lorig T.S. (1994). EEG and ERP studies of low-level odor exposure in normal subjects. *Toxicol Ind Health* 10:579–86.

Loup F., Tribollet E., Dubois-Dauphin M., Dreifuss J.J. (1991). Localization of high-affinity binding sites for oxytocin and vasopressin in the human brain. An autoradiographic study. *Brain Res* 555:220-32.

Lötsch J., Geisslinger G., Hummel T. (2012). Sniffing out pharmacology: interactions of drugs with human olfaction. *Trends Pharmacol Sci* 3:193–9.

Lötsch J., Knothe C., Lippmann C., Ultsch A., Hummel T., Walter C. (2015). Olfactory drug effects approached from human-derived data. *Drug Discov Today* 20:1398–406.

Ludvigson H.W., Rottman R. (1989). Effects of ambient odours of lavender and cloves on cognition, memory, affect and mood. *Chemical Senses* 14:525–36.

Lundström J.N., Gonzalves M., Esteves F., Olsson M.J. (2003). Psychological effects of subthreshold exposure to the putative human pheromone 4,16-androstadien-3-one. *Horm Behav* 44:395–401.

Lundström JN, Olsson MJ. (2005). Subthreshold amounts of social odorant affect mood, but not behavior, in heterosexual women when tested by a male, but not a female, experimenter. *Biol Psychol* 70:197-204.

Lundström J.N., McClintock M.K., Olsson M.J. (2006). Effects of reproductive state on olfactory sensitivity suggest odor specificity. *Biological Psychology* 71:244–47.

Mackay–Sim A., Kesteven S. (1994). Topographic patterns of responsiveness to odorants in the rat olfactory epithelium. *J Neurophysiol* 71:150–60.

Mainland J.D., Bremner E.A., Young N., Johnson B.N., Khan R.M., et al. (2002). One nostril knows what the other learns. *Nature* 419:802.

Malnic B., Hirono J., Sato T., Buck L.B. (1999). Combinatorial receptor codes for odors. *Cell* 96:713–23.

Mandairon N., Sacquet J., Garcia S., Ravel N., Jourdan F., et al. (2006). Neurogenic correlates of an olfactory discrimination task in the adult olfactory bulb. *Eur J Neurosci* 24:3578–88.

Mandairon N., Kermen F., Charpentier C., Sacquet J., Linster C., et al. (2014). Context-driven activation of odor representations in the absence of olfactory stimuli in the olfactory bulb and piriform cortex. *Frontiers in Behavioral Neuroscience* 8:138. DOI: 10.3389/fnbeh.2014.00138.

Maresh A., Rodriguez Gil D., Whitman M.C., Greer C.A. (2008). Principles of glomerular organization in the human olfactory bulb – implications for odor processing. *PLoS ONE* 9;3(7):e2640. DOI: 10.1371/journal.pone. 0002640.

Martin C., Gervais R., Chabaud P., Messaoudi B., Ravel N. (2004a) Learning-induced modulation of oscillatory activities in the mammalian olfactory system: the role of the centrifugal fibres. *J Physiol Paris* 98 :467–78.

Martin C., Gervais R., Hugues E., Messaoudi B., Ravel N. (2004b). Learning modulation of odor-induced oscillatory responses in the rat olfactory bulb: a correlate of odor recognition? *J Neurosci* 24:389–97.

Martins Y., Preti G., Crabtree C.R, Runyan T., Vainius A.A., et al. (2005). Preference for human body odors is influenced by gender and sexual orientation. *Psychol Sci* 16:694-701.

Matarazzo V., Clot–Faybesse O., Marcet B., Guiraudie–Capraz G., et al. (2005). Functional characterization of two human olfactory receptors expressed in the baculovirus Sf9 insect cell system, *Chem Sens* 30:195–207.

Matsunami H., Montmayeur J.P., Buck L.B. (2000). A family of candidate taste receptors in human and mouse. *Nature* 404:601–4.

McGovern P.E., Zhang J., Tang J., Zhang Z., Hall G.R., et al. (2004). Fermented beverages of pre- and proto-historic China. *PNAS* 101:17593–8.

McGovern P.E., Mirzoian A., Hall G.R. (2009). Ancient Egyptian herbal wines. *Proc Natl Acad Sci U S* 106:7361-6.

McGowen M.R., Clark C., Gatesy J. (2008). The vestigial olfactory receptor subgenome of odontocete whales: Phylogenetic congruence between gene-tree reconciliation and supermatrix methods. *Syst Biol* 57:574–5.

McGregor I.S., Schrama L., Ambermoon P., Dielenberg R.A. (2002). Not all 'predator odours' are equal: cat odour but not 2,4,5-tri-methylthiazoline (TMT; fox odour) elicits specific defensive behaviours in rats. *Behav Br Res* 129: 1–16.

McClintock M.K. (1971). Menstrual synchrony and suppression. *Nature* 229:244–45.

Meadows D.H., Meadows D.L., Randers J., Behrens W.W. (1972). *The limits of the growth. A Report for the Club of Rome's project on the predicament of mankind*, Universe Books, New York.

Meister M. (2015). On the dimensionality of odor space. *eLife* 4:e07865 DOI: 10.7554/eLife.07865.

Menashe I., Man O., Lancet D., Gilad Y. (2003). Different noses for different people. *Nat Genet* 34:143–4.

Menco B.P.M., Farbman A.I. (1992). Ultrastructural evidence for multiple mucous domains in frog olfactory epithelium. *Cell. Tiss. Res* 270: 47–56.

Meyer M., Elmer S., Jäncke L. (2012). Musical expertise induces neuroplasticity of the planum temporale. *Ann NY Acad Sci* 1252:116–123.

Minic J., Persuy M.A., Godel E., Aioun J., Connerton I., et al. (2005). Functional expression of olfactory receptors in yeast and development of a bioassay for odorant screening. *FEBS J* 272:524–37.

Michel C. (2007). La production, la transformation et l'usage des parfums en Mésopothamie ancienne. In *Une histoire mondiale du parfum*, M. Grasse (ed.), Somogy édition d'art, Paris. p. 57–59.

Mitchell D.J., Kahn B.E., Knasko S.C. (1995). There's something in the air: effects of congruent or incongruent ambient odor on consumer decision making. *J Consumer Res* 22:229–38.

Molinas A., Sicard G., Jakob I. (2012). Functional evidence of multidrug resistance transporters (MDR) in rodent olfactory epithelium. *PLoS One.* 2012;7(5):e36167. doi: 10.1371/journal.pone.0036167.

Moncrieff R.W. (1949). What is odor? A new Theory. *American Perfumer* 54: 453.

Moncrieff R.W. (1957). Smoking: its effect on the sense of smell. *Am Perfum* 60:40–3.

Monin E. (1886). *Les odeurs du corps humain dans la maladie et les états de santé.* G. Carré, Paris, A. Manceaux, Bruxelles.

Monnery-Patris S., Rouby C., Nicklaus S., Issanchou S. (2009). Development of olfactory ability in children: sensitivity and identification. *Dev Psychobiol* 51:268-76.

Monod B., Mouly A.M., Vigouroux M., Holley A. (1985). An investigation of some temporal aspects of olfactory coding with the model of multi-site electrical stimulation of the olfactory bulb in the rat. *Behav Brain Res* 33:51–63.

Monod J. (1970). *Le hasard ou la nécessité,* Edition du Seuil, Paris.

Monti–Bloch L., Grosser B.I. (1991). Effect of putative pheromones on the electrical activity of the human vomeronasal organ and olfactory epithelium. *J Steroid Biochem Mol Bio* 39:573–82.

Monti–Bloch L., Jennings–White C., Dolberg D.S., Berliner D.L. (1994). The human vomeronasal system. *Psychoneuroendocrinol* 19:673–86.

Moran D.T., Monti–Bloch L., Stensaas L.J., Berliner D.L. (1995). Structure and function of the human vomeronasal organ. In *Handbook of Olfaction and Gustation.* Doty R.L. (ed.), Marcel Dekker, New York. p. 793–820.

Moreno M., Linster C., Escanilla O., Sacquet J., Didier A., Mandairon N. (2009). Olfactory perceptual learning requires adult neurogenesis. *Proc Natl Acad Sci USA* 106:17980–5.

Mori K, Kishi, K., Ojima, H.J. (1983). Distribution of dendrites of mitral, displaced mitral, tufted and granule cells in the rabbit olfactory bulb. *J Comp Neurol* 219:339–55.

Moshkin M., Litvinova N., Litvinova E.A., Bedareva A., Lutsyuk A., Gerlinskaya L. (2012). Scent recognition of infected status in humans. *J Sex Med* 9:3211–8.

Mosienko V., Andy J. Chang A.J., Alenina N., Teschemacher A.G., et al. (2017). Rodents and humans are able to detect the odour of L-lactate. *PLoS ONE* 12(5): e0178478. DOI: 10.1371/journal.pone.0178478

Moskowitz H. R. (1996). Experts versus consumers: A comparison. *J Sensory Studies* 11:19–37.

Moss M., Hewitt S., Moss L. (2008). Modulation of cognitive performance and mood by aromas of peppermint and ylang-ylang. *Intern J Neuroscience* 118:59–77.

Mouly A.M., Vigouroux M., Holley A. (1985). On the ability of rats to discriminate between microstimulations of the olfactory bulb in different locations. *Behav Brain Res* 17:45-58.

Mouly A.M., Holley A. (1986). Perceptive properties of the multi-site electrical microstimulation of the olfactory bulb in the rat. *Behav Brain Res* 21:1–12.

Mouly A.M., Fort A., Ben–Boutayab N., Gervais R. (2001). Olfactory learning induces differential long-lasting changes in rat central olfactory pathways. *Neuroscience* 102:11–21.
Mujica–Parodi L.R., Strey H.H., Frederick B., Savoy R., Cox D., et al. (2009). Chemosensory Cues to Conspecific Emotional Stress Activate Amygdala in Humans. *PLoS ONE* 4(7):e6415. DOI: 10.1371/journal.pone.0006415.
Müller–Schwarze D., Müller–Schwarze C. (1971). Olfactory imprinting in a precocial mammal. *Nature* 229:55–6.
Mullis K., Faloona F., Scharf S., Saiki R., Horn G., et al. (1986). Specific enzymatic amplification of DNA in vitro: the polymerase chain reaction. *Cold Spring Harbor Symposia on Quantitative Biology*, 51:263–273.
Münte T.F., Altenmuller E;, Jancke L. (2002). The musicians' brain as a model of neuroplasticity. *Nat Rev Neurosci* 3:473–7.
Murphy C., Nordin S., Jinich S. (1999). Very early decline in recognition memory for odors in Alzheimer's disease. *Aging Neuropsychol Cogn* 6:229–240.
Nakamura T., Gold H.G. (1987). A cyclic nucleotide-gated conductance in olfactory receptor cilia. *Nature* 325:442–4.
Neugebauer–Maresc C. (1999). *Le Paléolithique en Autriche*. Trad. Malengreau G.R. Editions Jérôme Millon, Grenoble.
Neuhaus E.M., Zhang W., Gelis L., Deng Y., Noldus J., et al. (2009). Activation of an olfactory receptor inhibits proliferation of prostate cancer cells. *J Biol Chem* 284:16218-25.
Niimura Y., Nei M. (2003). Evolution of olfactory receptor genes in the human genome. *Proc Natl Acad Sci USA* 100:12235–40.
Nixon A., Mallet A.I, Gower D.B. (1988). Simultaneous quantification of five odorous steroids (16-androstenes) in the axillary hair of men. *J Steroid Biochem* 29:505-10.
Noé J., Breer H. (1998). Functional and molecular characterisation of individual olfactory neurons. *J Neurochem* 71:2286–93.
Odobleja S. (1938). *Psychologie consonantiste*. Paris, Librairie Maloine.
Oelschläger H.A. (1992). Development of the olfactory and terminalis systems in whales and dolphins. In *Chemical signals in vertebrates* VI. Doty R.L., Müller–Schwarze D., (eds.). Plenum Press, New York. p. 141–77.
Oesterhelweg L., Krober S., Rottmann K., Willhoft J., Braun C. et al. (2008). Cadaver dogs – a study on detection of contaminated carpet squares. *Forensic Sci Int* 174:35–9. Ohloff G., Gierch W. (1980). Stereochemistry-activity relationships in olfaction. Odorants containing a proton donor/proton acceptor unit. *Helv chim Acta* 63:76–94.
Olofsson J.K., Nordin S. (2004). Gender differences in chemosensory perception and event-related potentials. *Chem Senses* 29:629–37.
Olsson S.B., Barnard J., Turri L.J. (2006). Olfaction and identification of unrelated individuals: examination of the mysteries of human odor recognition. *Chem Ecol* 32: 1635–45.
Ottoson D. (1956). Analysis of the electrical activity of the olfactory epithelium. Acta Physiol Scand 35 suppl.122:1-83.
Ozturk H.A., Tascioglu B., Aktekin M., Kurtoglu Z., Erden I. (2002). Morphometric comparison of the human corpus callosum in professional musicians and non-

musicians by using in vivo magnetic resonance imaging. *J Neuroradiology* 29:29-34.
Pager J. (1974). A selective modulation of the olfactory bulb electrical activity in relation to the learning of palatability in hungry and satiated rats. *Physiol. Behav* 12:189–195.
Passy J. (1895). Revue générale sur les sensations olfactives. *L'année psychologique.* 2 : 363-410;
Pallesen K.J., Brattico E., Bailey C.J., Korvenoja A., Koivisto J., et al. (2010) Cognitive control in auditory working memory is enhanced in musicians. *PloS One* 5(6): e11120.
Parr W.V., Heatherbell D., White K.G. (2002) Demystifying wine expertise: olfactory threshold, perceptual skill and semantic memory in expert and novice wine judges. *Chem Senses* 27:747–55.
Pastorello E.A., Farioli L., Pravettoni V., Ortolani C., Fortunato D., et al. (2003). Identification of grape and wine allergens as an endochitinase 4, a lipid-transfer protein, and a thaumatin. *J Allergy Clin Immunol* 111:350–9.
Peng G., Hakim M., Broza Y.Y., Billan S., Abdah–Bortnyak R., et al. (2010) Detection of lung, breast, colorectal, and prostate cancers from exhaled breath using a single array of nanosensors. *Br J Cancer* 103: 542–551.
Penn D.J., Oberzaucher E., Grammer K., Fischer G., Soini H.A., et al. (2007). Individual and gender fingerprints in human body odour. *J R Soc Interface* 4 :331–40.
Perl E., Shay U., Hamburger R., Steiner J.E. (1992). Taste and odor reactivity in elderly demented patients. *Chem Senses* 17:779–794.
Perrouty-Perret S., (2006). *Rhétorique des senteurs.* L'Harmattan, Paris.
Peterlin Z., Firestein S., M.E. Rogers M.E. (2014). The state of the art of odorant receptor deorphanization: A report from the orphanage. *J Gen Physiol* 143:527–42.
Pevsner J., Reed R.R., Feinstein P.G., Snyder S.H. (1988). Molecular cloning of odorant-binding protein: member of a ligand carrier family. *Science* 241:336–9.
Pfaffman C. (1959). The sense of taste. In: *Handbook of Physiology. Section 1. Neurophysiology, vol. 1.* American Physiological Society, Washington, D.C. p. 507–33.
Pierce J.D., Zeng X.N., Aronov E.V., Preti G., Wysocki C.J. (1995). Cross-adaptation of sweaty-smelling 3-methyl-2-hexenoic acid by a structurally-similar, pleasant-smelling odorant. *Chem Senses* 20:401-11.
Pinto J.M., Wroblewski K.E., Kern D.W., Schumm L.P., McClintock M.K. (2014). Olfactory dysfunction predicts 5-year mortality in older adults. *PLoS ONE* 9:e107541. DOI: 10.1371/journal.pone.0107541
Pintore M., Wechman C., Sicard G., Chastrette M, Amaury N., et al. (2006). Comparing the information content of two large olfactory databases. *J Chem Inf Model* 46:32–8.
Plailly J., Delon-Martin C., Royet J.P.(2012). Experience induces functional reorganization in brain regions involved in odor imagery in perfumers. *Hum Brain Mapp* 33:224-34.

Plotto A., Barnes K.W., Goodner K.L. (2006). Specific Anosmia Observed for β-Ionone, but not for α-Ionone: Significance for Flavor Research. *J. Food Sci* 71:S401–406.
Plutchik R. (1962). The emotions: facts, theories, and a new model. Random House, New York.
Poitou F., Martelotto A. (2008). Expertise et contrefaçon en parfumerie. *Experts* 79:46–49.
Porter R.H., Moore J.D. (1981). Human kin recognition by olfactory cues. *Physiol Behav* 7:493–5.
Preti G., Wysocki C.J., Barnhart K.T., Sondheimer S., Leyden J.J. (2003). Male axillary extracts contain pheromones that affect pulsatile secretion of luteinizing hormone and mood in women recipients. *Biol Reprod* 68:2107-13.
Punter P.H. (1983). Measurement of human olfactory thresholds for several groups of structurally related compounds. *Chem Senses* 7:215–35.
Pylyshyn Z. (2003). Return of the mental image: are there really pictures in the brain? Trends Cogn Sci 7:113-8.
Quignon P., Rimbault M., Robin S., Galibert F. (2012). Genetics of canine olfaction and receptor diversity. *Mamm Genome* 23:132–43.
Rahayel S., Frasnelli J., Joubert S. (2012). The effect of Alzheimer's disease and Parkinson's disease on olfaction: a meta-analysis. *Behav Brain Res* 231:60–74.
Ressler K.J., Sullivan S.L., Buck L.B. (1994). Information coding in the olfactory system: evidence for a stereotyped and highly organized map in the olfactory bulb. *Cell* 79:1245–55.
Restrepo D., Teeter J.H., Schild D. (1996). Second messenger signaling in olfactory transduction. *J Neurobiol* 30:37–48.
Revial M.F., Sicard G., Duchamp A., Holley A. (1982). New studies on odour discrimination in the frog's olfactory receptor cells. I – Experimental results. *Chem Senses* 7:175–190.
Revial M.F., Sicard G., Duchamp A., Holley A. (1983). New studies on odour discrimination in the frog's olfactory receptor cells. II – Mathematical analysis of electrophysiological responses. *Chem Senses* 8:179–184.
Rikowski A., Grammer K. (1999). Human body odour, symmetry and attractiveness. *Proc Biol Sci* 266:869–74.
Robertson H.M., Wanner K.W. (2006). The chemoreceptor superfamily in the honey bee, *Apis mellifera:* Expansion of the odorant, but not gustatory, receptor family. *Genome Res* 16:1395–403.
Roberts E.K., Lu A., Thore J., Bergman T.J., Beehner J.C (2012). A Bruce effect in Wild Geladas. *Science* 335:1222–5.
Robin J. (1989). *Changer d'ère.* Éditions du Seuil, Paris.
Robin S., Tacher S., Rimbault M., Vaysse A., Dréano S., et al. (2009). Genetic diversity of canine olfactory receptors. *BMC Genomics* 14:10–21.
Rodriguez I., Greer C.A., Mok M.Y., Mombaerts P. (2000). A putative pheromone receptor gene expressed in human olfactory mucosa. *Nat Genet.* 26:18–9.
Roget J. et Garreau C. (1990). Recherches sur l'origine de la distillation et la préparation de l'alcool les eaux de vie traditionnelles et d'origine viticole. In *C R Ist Symp Int.* Lavoisier, Paris. p. 54-9.

Rolls E.T., Baylis L.L. (1994). Gustatory, olfactory, and visual convergence within the primate orbitofrontal cortex. *J Neurosci* 14:5437–52.

Roman F.S., Truchet B., Chaillan F.A., Marchetti E., Soumireu–Mourat B. (2004). Olfactory associative discrimination: a model for studying modifications of synaptic efficacy in neuronal networks supporting long-term memory. *Rev Neurosci* 15:1–17.

Rosch M, (2005). Pollen analysis of the contents of excavated vessels – Direct archaeobotanical evidence of beverages. *Vegetation History and Archaeobotany*. 14:179–188.

Rossiter K.J. (1996). Structure-odor relationships. *Chem Rev 96* :3201–40.

Rouby C., Schaal B., Dubois D., Gervais R., Holley A. (eds.). (2002). *Olfaction, taste and cognition.* Cambridge University Press, Cambridge.

Rouby C., Sicard G. (1997). Des catégories d'odeurs ? In *Catégorisation, représentation et systèmes symboliques*. Edition Kimé, Paris.

Roudnitska E., Souriau E. (1977). *L'Esthétique en question : Introduction à une esthétique de l'odorat,* Presses Universitaires de France, Paris.

Roudnitska E. (1981). Où en sommes-nous en 1981 ? *Dragoco Report*, 28:3–26.

Roudnitska E. (1988). Curriculum vitae. *Perfumer & Flavorist* 12:2–11.

Roudnitska E. (1991a). The art of perfumery. In *Perfumes: Art, Science and Technology*. Muller P.M., Lamparsky D. (eds.). Elsevier Applied Science, London, New York. p. 3–50.

Roudnitska E. (1991b). Formes olfactives. In *Une vie au service du Parfum*. Editions Thérèse Vian. p. 176–84.

Royet J.P., Distel H., Hudson R., Gervais R. (1998). A re-estimation of the number of glomeruli and mitral cells in the olfactory bulb of rabbit. *Brain Res* 788:35–42.

Royet J.P., Koenig O., Gregoire M.C. Cinotti L., Lavenne F., et al. (1999). Functional anatomy of perceptual and semantic processing for odors. J Cogn Neurosci. 1999 Jan;11:94-109.

Rusiniak K.W., Palmerino C.C., Rice A.G., Forthman D.L., Garcia J. (1982). Flavor-illness aversions: potentiation of odor by taste with toxin but not shock in rats. *J Comp Physiol Psychol* 96:527–39.

Russell G.F., Hills J.L. (1971). Odor differences between enantiomeric isomers. *Science* 172 :1043–4.

Rysanek J., Vaclavu V. (1989). Distillation equipment from Spissky Styrtok (in Czech). *Archeologické rozhledy* 41:196-201.

Saito H, Kubota M, Roberts RW, Chi Q, Matsunami H. (2004). RTP family members induce functional expression of mammalian odorant receptors. *Cell* 119:679-91.

Saito H., Chi Q., Zhuang H., Matsunami H., Mainland J.D. (2009). Odor coding by a mammalian receptor repertoire. *Sci Signal* 2:ra9. DOI: 10.1126 /scisignal.2000016.

Saku M., Ellgring H. (1992). Emotional reactions to odours in Parkinson's disease: a clinical application of ethological methods. *J Ethol* 10:47–52.

Sato T., Hirono J., Tonoike M., Takebayashi M. (1991). Two types of increases in free Ca^{2+} evoked by odor in isolated frog olfactory receptor neurons. *Neuroreport* 2:229–32.

Sato T., Hirono J., Tonoike M., Takebayashi M. (1994). Tuning specificities to aliphatic odorants in mouse olfactory receptor neurons and their local distribution. *J Neurophysiol* 72:2980–98.

Sato–Akuhara N., Horio N., Kato–Namba A., Yoshikawa K., Niimura Y., et al. (2016). Ligand specificity and evolution of Mammalian musk odor receptors: Effect of single receptor deletion on odor detection. *J Neurosci* 36:4482–91.

Saul H, Madella M, Fischer A, Glykou A, Hartz S, et al. (2013) Phytoliths in pottery reveal the use of spice in European prehistoric cuisine. PLoS ONE 8(8): e70583. DOI: 10.1371/journal.pone.0070583

Savic I., Berglund H., Gulyas B., Roland P. (2001). Smelling f odorous sex hormone-like compounds causes sex-differentiated hypothalamic activations in humans. *Neuron* 31:661–8.

Savic I., Berglund H., Lindstrom P. (2005). Brain response to putative pheromones in homosexual men. *Proc Natl Acad Sci USA* 102:7356–61.

Savic I., Berglund H. (2010). Androstenol – a steroid derived odor activates the hypothalamus in women. *PLoS ONE* 5(2):e8651. DOI: 10.1371/ journal.pone.0008651

Schaal B., Marlier L., Soussignan R. (2000). Human foetuses learn odours from their pregnant mother's diet. *Chem Senses* 25:729–37.

Schaal B., Coureaud G., Langlois D., Ginies C., Sémon E., et al. (2003). The mammary pheromone of the rabbit chemical and behavioural characterisation. *Nature* 424: 68–72.

Schleidt M., Hold B., Attili G. (1981). A cross cultural study on the attitude towards personal odors. *J Chem Ecol* 7:19–31.

Schnuch A., Uter W., Geier J. (2007). Sensitization to 26 fragrances to the labelled according to current European regulation. Results of the IVDK and review of the literature. *Contact Dertitis* 57: 32–9.

Scholz A.T., Horrall R.M., Cooper J.C., Hasler A.D. (1976). Imprinting to chemical cues: the basis for home stream selection in salmon. *Science* 192:1247–9.

Schoumacker R., Robert–Hazotte A., Hedeyl J.M., Faure P., Le Quéré J.L. (2016). Real-time monitoring of the metabolic capacity of ex vivo rat olfactory mucosa by proton transfer reaction mass spectrometry (PTR–MS). *Anal Bioanal Chem* 408:1539–43. DOI: 10.1007/s00216–015–9289–7.

Schriever V A, Reither N, Gerber J, Iannilli E, Hummel T. (2013). Olfactory bulb volume in smokers. *Exp Brain Res* 225:153–57.

Scott J.W., Davis L.M., Shannon D., Kaplan C. (1996). Relation of chemical structure to spatial distribution of sensory responses in rat olfactory epithelium. *J Neurophysiol* 75:2036–48.

Sechaud E. (2001). Figurabilité olfactive. *Revue française de psychanalyse* 65:1141–45.

Sell C.S. (2003). Examples of designed Fragrance ingredients. In *A fragrant introduction to terpenoid chemistry*. Royal Soc Chem, Cambridge. p. 338–43.

Sengupta P., Chou J.C., Bargmann C.I. (1996). *Odr-10* encodes a seven transmembrane domain olfactory receptor required for responses to the odorant diacetyl. *Cell 84*, 899–909.

Shelmerdine C. (1985). *The Perfume Industry of Mycenaean Pylos*. Göteborg, Paul Aströms Förlag, Göteborg.

Shirasu M., Touhara K. (2011). The scent of disease: volatile organic compounds of the human body related to disease and disorder. *J Biochem* 150:257–66.

Shirasu M., Yoshikawa K., Takai Y., Nakashima A., Takeuchi H., et al. (2014). Olfactory receptor and neural pathway responsible for highly selective sensing of musk odors. *Neuron* 81:165–78.

Shustermann D. (1992). Critical review: The health significance of environmental odor pollution. *Archiv Envir Health* 47:76–87.

Sicard G., Holley A. (1984). Receptor cell responses to odorants: similarities and differences among odorants. *Brain Res* 292:283–96.

Sicard G. (1986). Electrophysiological recordings from olfactory receptor cells in adult mice. *Brain Res* 397:405–8.

Sicard G., Royet J.P., Jourdan F. (1989). A comparative study of 2-deoxyglucose patterns of glomerular activation in the olfactory bulbs of C57 BL/6J and AKR/J mice. *Brain Res* 481: 325–34.

Sicard G., Hamtat M.L., Tempere S., Moghrabi A. (2016). What is the purpose of smell? In *Words for odours.* Barkat–Defradas M., Motte–Florac E. (eds.). Cambridge Scholar Publishing, Cambridge. p. 117–32.

Singer M.S., Shepherd G.M. (1994). Molecular modeling of ligand–receptor interactions in the OR5 olfactory receptor. *Neuroreport* 5:1297–300.

Singer, W. (1995). Development and plasticity of cortical processing architectures. *Science* 270 :758–64.

Singh D., Bronstad P.M. (2001). Female body odour is a potential cue to ovulation. *Proc Biol Sci* 268:797–801.

Siniscalchi M., d'Ingeo S., Quaranta A. (2016). The dog nose "knows" fear: Asymmetric nostril use during sniffing at canine and human emotional stimuli. *Behav Brain Res* 304:34–41

Sjölund S., Larsson M., Olofsson J.K., Seubert J., Laukka E.J. (2017). Phantom smells: prevalence and correlate in a population–based sample of older adults. *Chem Senses* 42:309–318.

Slotnick B.M., Graham S., Laing D.G., Bell G.A. (1987). Detection of propionic acid vapor by rats with lesions of olfactory bulb areas associated with high 2-DG uptake. *Brain Res* 417:343–6.

Small D.M., Prescott J. (2005). Odor/taste integration and the perception of flavor. *Exp Brain Res* 166: 345–57.

Sobel N., Prabhakaran V., Hartley C.A., Desmond J.E., Glover G.H., et al. (1999). Blind smell: brain activation induced by an undetected air-borne chemical. *Brain* 122:209–17.

Soussignan R., Schaal B., Marlier L., Jiang T. (1997) Facial and autonomic responses to biological and artificial olfactory stimuli in human neonates: re-examining early hedonic discrimination of odors. *Physiol Behav* 62:745–58.

Spehr M., Schwane K., Riffell J.A., Zimmer R.K., Hatt H. (2006). Odorant receptors and olfactory-like signaling mechanisms in mammalian sperm. *Mol Cell Endocrinol.* 250:128–36.

Spudich J.L., Yang C.S., Jung K.H., Spudich E.N. (2000). Retinylidene proteins: Structures and functions from Archaea to Humans. *Ann Rev Cell Develop Biol* 16:365–92.

Steinbach S., Hummel T., Böhner C., Berktold S., Hundt W. (2009). Qualitative and Quantitative Assessment of Taste and Smell Changes in Patients

Undergoing chemotherapy for Breast Cancer or Gynecologic Malignancies. *J Clin Oncol* 27:1899-1905.

Steiner J.E. (1979). Human facial expressions in response to taste and smell stimulation. *Adv Child Deve Behav* 13: 257–95.

Stern K., McClintock M. (1998). Regulation of ovulation by human pheromones. *Nature* 392:177–9.

Stern–Bach Y., Bettler B., Hartley M., Sheppard P.O., O'Hara P.J., *et al.* (1994). Agonist-selectivity of glutamate receptors is specified by two domains structurally related to bacterial amino acid binding proteins. *Neuron* 13: 1345–57.

Strotmann J., Wanner I., Krieger J., Raming K., Breer H. (1992). Expression of odorant receptors in spatially restricted subsets of chemosensory neurons. *Neuroreport* 3:1053–6.

Strotmann J., Hope R., Conzelmann S., Feinstein P., Mombaerts P., et al. (1999). Small subfamily of olfactory receptor genes: structural features, expression pattern and genomic organization. *Gene*, 236:281–91.

Sugano H. (1992). Psychophysiological studies of fragrance. In Toller S.V., Dodd G.H. (eds.) *Fragrance. The psychology and biology of perfume.* Elsevier Applied Science, London. pp. 221-8

Sulston J.E., Horvitz H.R. (1977). Post-embryonic cell lineages of the nematode, Caenorhabditis elegans. *Dev Biol* 56:110–56.

Szabo T., Blähser S. Denizot J.P., Ravaille–Veron M. (1991). Projection olfactive primaire extrabulbaire chez certains poissons teleosteens. *C R Acad Sci Paris* 312:555–60.

Szurmant H., Ordal G.W. (2004). Diversity in chemotaxis mechanisms among the bacteria and archaea. *Microbiol Mol Biol Rev* 68:301–19.

Tacher S., Quignon P., Rimbault M., Dreano S., Andre C., et al. (2005). Olfactory receptor sequence polymorphism within and between breeds of dogs. *J Hered* 96:812-6.

Tempere S., Cuzange E., Malak J., Bougeant J.C., de Revel G., et al. (2011). The training level of experts influences their detection thresholds for key wine compounds. *Chemosensory Perception* 4:99–115.

Tempere S., Cuzange E., Bougeant J.C., de Revel G., Sicard G. (2012). Explicit sensory training improves the olfactory sensitivity of wine experts. *Chem.Percept.* 5:205–13.

Tempere S., Hamtat M.L., Bougeant J.C., De Revel G., Sicard G. (2014). Learning odors: the impact of visual and olactory mental imagery training on odor perception. *J. Sensory Studies* 29:435–49.

Ter Burg W., Bouma K., Schalker D.J., Wijnhoven S.W.P., van Engelen J., et al. (2014). Assessment of the risk respiratory sensitization from fragrance allergens released by air fresheners. *Inhal Toxicol* 26:310–18.

Tipping R. (1994). "Ritual" floral tribute in the Scotisch bronze age: Palynological evidence. *J Archaeol Sci* 21:133–9.

Thewissen J.G.M., George J., Rosa C., Kishida T. (2011). Olfaction and brain size in the bowhead whale (*Balaena mysticetus*). *Marine Mammal Sci* 27: 282–94.

Thiebaud N., Veloso Da Silva S., Jakob I., Sicard G., et al. (2013). Odorant metabolism catalyzed by olfactory mucosal enzymes influences peripheral olfactory responses in rats. *PLoS ONE* 8(3):e59547.22. DOI: 10.1371/journal.pone.0059547.

Thomas–Danguin T., Sinding C., Romagny S., El Mountassir F., Atanasova B., et al. (2014). The perception of odor objects in everyday life: a review on the processing of odor mixtures. *Front Psychol* 5:504. DOI: 10.3389/fpsyg.2014.00504.

Thompson R. C. (1949) *A Dictionary of Assyrian Botany*. The British Academy, London, England.

Tong J., Mannea E., Aimé P., Pfluger P.T., Yi C.X., et al. (2011). Ghrelin enhances olfactory sensitivity and exploratory sniffing in rodents and humans. *J Neurosci* 31:5841–6.

Topin J., de March C.A., Charlier L., Ronin C., Antonczak S., et al. (2014). Discrimination between olfactory receptor agonists and non-agonists. *Chemistry* 20:10227–30.

Torii S., Fukuda H., Kanemoto H., Miyauchi R., Hamausu Y., et al. (1988). Contingent negative variation (CNV) and the psychological effects of odor. In *Perfumery: the psychology and biology of fragrance*. Toller S.V., Dodd G.H. (eds.). Chapman and Hall, London. p. 107–20.

Triller A., Boulden A.E., Churchill A., Hatt H., Englund J., et al. (2008). Odorant-receptor interactions and odor percept: a chemical perspective. *Chem Biodiversity*. 5:862–86.

Trotier D., Eloit C., Wassef M., Talmain G., Bensimon J.L., et al. (2000). The vomeronasal cavity in adult humans. *Chem Senses* 25:369–80.

Vanderhaeghen P., Schurmans S., Vassart G., Parmentier M. (1993). Olfactory receptors are displayed on dog mature sperm cells. *J Cell Biol* 123:1441–52.

van Es S., Devreotes P.N. (1999). Molecular basis of localized responses during chemotaxis in amoebae and leukocytes. *Cell Mol Life Sci* 55:1341–51.

Varendi H., Porter R.H., Winberg J. (1974). Does the newborn baby find the nipple by smell ? *Lancet* 344:989–90.

Vass A.A., Smith R.R, Thompson C.V., Burnett M.N., Dulgerian N. et al. (2008). Odor analysis of decomposing buried human remains. *J Forensic Sci* 3:384–91.

Vassar R., Chao S.K., Sitcheran R., Nunez J.M., Vosshall L.B., et al. (1994). Topographic organization of sensory projections to the olfactory bulb. *Cell* 79:981–91.

Vennemann M.M., Hummel T., Berger K. (2008). The association between smoking and smell and taste impairment in the general population. *J_Neurol* 255:1121–6.

Venstrom D., Amoore J.E. (1968). Olfactory threshold in relation to age, sex or smoking. *J Food Sci* 33:264–5.

Verbank–Piérard A., Massar N., Frère D. (2008). In Catalogue – *Parfums de l'Antiquité. La rose et l'encens en Méditerranée*. Musée Royal de Mariemont. p. 331–451.

Vernet–Maury E. (1980). Trimethyl-thiazoline in fox feces: A natural alarming substance for the rat. In *Olfaction Taste VII*. Proceedings of the Seventh International Symposium on Olfaction and Taste and of the Fourth Congress of the European Chemoreception Research Organization. Van Der Starre H. (ed.), IRL Press Ltd, London. p. 407.

Vernet-Maury E., Alaoui-Ismaïli O., Dittmar A., Delhomme G., Chanel J. (1999). Basic emotions induced by odorants: a new approach based on autonomic pattern results. *J Auton Nerv Syst* 75:176-83.

Vidic J., Grosclaude J., Monnerie R., Persuy M.A., Badonnel K. et al. (2008). On a chip demonstration of a functional role for odorant binding protein in the preservation of olfactory receptor activity at high odorant concentration. *Lab Chip* 8:678–88.

Vierling J.S., Rock J. (1967). Variations in olfactory sensitivity to exaltolide during menstrual cycle. *J Appl Physiol* 22:311–5.

Vilensky J.A. (2014). The neglected cranial nerve: nervus terminalis (cranial nerve N). *Clin Anat* 27:46–53.

Vincent J.D. (1986). *La Biologie des passions.* Editions Odile Jacob, Paris.

Vlazaki, M. (2010). "Iris cretica" and the Prepalatial workshop of Chamalevri. *Brit Sch Athens Studies*, 18:359–66.

Vogl A., Noé J., Breer H., Boekhoff I. (2000). Cross-talk between second messenger pathways. *Eur J Biochem* 267:4529–35.

Vogt R.G., Lindsay S.M., Byrd C.A., Sun M. (1997). Spatial patterns of olfactory neurons expressing specific odor receptor genes in 48-hour-old embryos of zebrafish Danio rerio. *J Exp Biol* 2000:433–43.

Von der Weid B., Rossier D., Lindup M., Tuberosa J., Widmer A., et al. (2015). Large-scale transcriptional profiling of chemosensory neurons identifies receptor-ligand pairs in vivo. *Nat Neurosci* 18:1455–63.

Von Haller A. (1763). *Olfactus. Elementa physiologiae corporis humani.* Francisci Grasset, Lausanne. Livre XIV, tome V, p. 125–85.

Vosshall L.B, Amrein H., Morozov P.S., Rzhetsky A., Axel R. (1999). A spatial map of olfactory receptor expression in the Drosophila antenna. *Cell* 9:725–36.

Walker DB, Walker JC, Cavnar PJ, Taylor JL, Pickel DH, et al. (2006). Naturalistic quantification of canine olfactory sensitivity. *Appl Anim Behav Sci* (2006) 97:241–54.

Walter C., Oertel B.G., Felden L., Nöth U., Vermehren J., et al. (2017). Effects of oral Δ-9-tetrahydrocannabinol on the cerebral processing of olfactory input in healthy non-addicted subjects. *Eur J Clin Pharmacol* 73:1579–1587.

Wang H.W., Wysocki C.J., Gold G.H. (1993). Induction of olfactory receptor sensitivity in mice. *Science* 260:998–1000.

Wang F., Nemes A., Mendelson M., Axel R. (1998). Odorant receptors govern the formation of a precise topographic map. *Cell* 93:47–60.

Watt W.C., Storm D.R. (2001). Odorants stimulate the ERK/mitogen-activated protein kinase pathway and activate cAMP-response element-mediated transcription in olfactory sensory neurons. *J Biol Chem* 276:2047–52.

Watt W.C., Sakano H., Lee Z.Y, Reusch J.E., Trinh K., et al. (2004). Odorant stimulation enhances survival of olfactory sensory neurons via MAPK and CREB. *Neuron* 41:955–967.

Webre D.J., Wolanin P.M., Stock J.B. (2004). Modulated receptor interactions in bacterial transmembrane signaling. *Trends in Cell Biology* 14:478–482.

Weisfeld G.E., Czilli T., Phillips K.A., Gall J.A., Lichtman C.M. (2003). Possible olfaction-based mechanisms in human kin recognition and inbreeding avoidance. *J Exp Child Psychol* 85:279–95.

Wiener N. (1948). *Cybernetics or Control and Communication in the Animal and the Machine,* John Wiley & Sons Inc., New York.
Willis C.M., Church S.M., Guest C.M., Cook W.A., McCarthy N., et al. (2004). Olfactory detection of human bladder cancer by dogs: proof of principle study. *Brit Med J* 329:712–714.
Wood W.F., Sollers B.G., Dragoo G.A., Dragoo J.W. (2002). Skunk volatile components in defensive spray of the hooded. *J Chem Ecol* 28:1865–70.
Worch T., Lê S., Punter P. (2010). How reliable are the consumers ? Comparison of sensory profiles from consumers and experts. *Food Quality and Preference* 21:309–18.
Wyart C., Webster W.W., Chen J.H., Wilson S.R., McClary A., et al. (2007). Smelling a single component of male sweat alters levels of cortisol in women. *J Neurosci* 27:1261–65.
Wysocki C.J., Whitney G., Tucker D. (1977). Specific anosmia in the laboratory mouse. *Behav Genet* 7:171-88.
Wysocki C.J., Dorries K.M., Beauchamp G.K. (1989). Ability to perceive androstenone can be acquired by ostensibly anosmic people. *Proc Natl Acad Sci USA* 86:7976–8.
Wysocki C.J., Pierce J.D., Gilbert A.N. (1991). Geographical, cross-cultural, and individual variation in human olfaction. In: Getchell T.V., Doty R.L., Bartoshuk L.M., Snow J.B., editors. *Smell and taste in health and disease.* New York: Raven Press. p. 287–314.
Wysocki C.J. and Pretti G. (2004). Facts, fallacies, fears, and frustrations With Human Pheromones. *Anat Rec* 281A:1201–1211.
Yamaguchi M., Yamazaki K., Beauchamp G.K., Bard J., Thomas L., Boyse E.A. (1981). Distinctive urinary odors governed by the major histocompatibility locus of the mouse. *Proc Natl Acad Sci USA* 78:5817-20.
Yamazaki K., Beauchamp G.K., Kupniewski D., Bard J., Thomas L., et al. (1988). Familial imprinting determines H-2 selective mating preferences. *Science* 240:1331–2.
Ye W., Chang R.B., Bushman J.D., Tu Y.H., Mulhall E.M., et al. (2016). The K^+ channel KIR2.1 functions in tandem with proton influx to mediate sour taste transduction. *Proc Natl Acad Sci USA* 112:229–38.
Yee K.K., Wysocki C.J. (2001). Odorant exposure increases olfactory sensitivity: olfactory epithelium is implicated. *Physiol Behav* 72:705–11.
Yildirim E., Birnbaumer L. (2007). TRPC2: molecular biology and functional importance. *Handbook Exp Pharmacol* 179:53–75.
Yopak K.E., Lisney T.J., Collin S.P. (2015). Not all sharks are 'swimming noses' : variation in olfactory bulb size in cartilaginous fishes. *Brain Struct Funct,* 220:1127–43.
Young J.M., Trask B.J. (2007). V2R gene families degenerated in primates, dog and cow, but expanded in opossum. *Trends Genet* 23:212–5.
Young J.M., Massa H.F., L. Hsu, Trask B.J. (2010). Extreme variability among mammalian V1R gene families. *Genome Res* 20:10–18.
Yousem D.M., Maldjian J.A., Siddiqi F., Hummel T., Alsop D.C., et al. (1999). Gender effects on odor-stimulated functional magnetic resonance imaging. *Brain Res* 818:480–7.

Yu Y., Boyer N.P., Zhang C. (2014). Three structurally similar odorants trigger distinct signaling pathways in a mouse olfactory neuron. *Neuroscience* 275:194–210.

Zatorre R.J., Jones-Gotman M., Evans A.C., Meyer E. (1992). Functional localization and lateralization of human olfactory cortex. *Nature* 360:339-40.

Zatorre R.J., Delhommeau K., Zarate J.M. (2012). Modulation of auditory cortex response to pitch variation following training with microtonal melodies. Front Psychol 3, 544. DOI: 10.3389/fpsyg.2012.00544.

Zhang N., Zhang L., Feng L., Yao L. (2016). The anxiolytic effect of essential oil of *Cananga odorata* exposure on mice and determination of its major active constituents. *Phytomedicine* 23:1727–34.

Zhao H., Ivic L., Otaki J.M., Hashimoto M., Mikoshiba K., et al. (1998). Functional expression of a mammalian odorant receptor. *Science* 279:237–42.

Zucchi R., Chiellini G., Scanlan T.S., Grandy D.K. (2006). Trace amine-associated receptors and their ligands. *Brit J Pharmacol* 149:967–78.

Zwaardemaker H. (1925). *L'odorat*. Doin, Paris.

Index

N

O

P

R

S

T

V

W

www.ingramcontent.com/pod-product-compliance
Lightning Source LLC
LaVergne TN
LVHW010920061026
849535LV00007B/2161
* 9 7 8 2 3 4 3 1 9 9 8 7 0 *